全国技工院校计算机类专业教材（中／高级技能层级）

计算机网络基础与应用

（第三版）

主　编　颜玉贞　郑路明
副主编　蓝　曦　吴剑滨　冯　洁

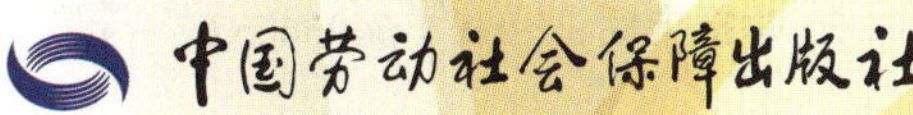

简介

本书主要内容包括对计算机网络的初步认识、网络地址、常用网络命令、网络构建与拓扑、小型局域网的组建、局域网资源共享、互联网的接入、无线局域网的组建、服务器操作系统、局域网服务器的架设以及局域网安全等。本书结合技工院校学生的认知规律，以通俗易懂的方式讲解计算机网络知识，帮助学生快速掌握和应用知识，提高在计算机网络领域的实际能力和应用水平。

本书由颜玉贞、郑路明任主编，蓝曦、吴剑滨、冯洁任副主编。

图书在版编目（CIP）数据

计算机网络基础与应用 / 颜玉贞，郑路明主编．--3 版．-- 北京：中国劳动社会保障出版社，2024

全国技工院校计算机类专业教材．中 / 高级技能层级

ISBN 978-7-5167-6463-3

Ⅰ．①计… Ⅱ．①颜… ②郑… Ⅲ．①计算机网络 - 技工学校 - 教材 Ⅳ．①TP393

中国国家版本馆 CIP 数据核字（2024）第 104792 号

中国劳动社会保障出版社出版发行

（北京市惠新东街 1 号　邮政编码：100029）

*

北京宏伟双华印刷有限公司印刷装订　　新华书店经销

787 毫米 ×1092 毫米　16 开本　17.25 印张　337 千字

2024 年 6 月第 3 版　　2024 年 6 月第 1 次印刷

定价：43.00 元

营销中心电话：400-606-6496

出版社网址：http://www.class.com.cn

http://jg.class.com.cn

前　言

为了更好地满足全国技工院校计算机类专业的教学要求，适应计算机行业的发展现状，全面提升教学质量，我们组织全国有关学校的一线教师和行业、企业专家，在充分调研企业用人需求和学校教学情况、吸收借鉴各地技工院校教学改革的成功经验的基础上，根据人力资源社会保障部颁布的《全国技工院校专业目录》及相关教学文件，对全国技工院校计算机类专业教材进行了修订和新编。

本次修订（新编）的教材涉及计算机类专业通用基础模块及办公软件、多媒体应用软件、辅助设计软件、计算机应用维修、网络应用、程序设计、操作指导等多个专业模块。

本次修订（新编）工作的重点主要有以下几个方面。

突出技工教育特色

坚持以能力为本位，突出技工教育特色。根据计算机类专业毕业生就业岗位的实际需要和行业发展趋势，合理确定学生应具备的能力和知识结构，对教材内容及其深度、难度进行了调整。同时，进一步突出实际应用能力的培养，以满足社会对技能型人才的需求。

针对计算机软、硬件更新迅速的特点，在教学内容选取上，既注重体现新软件、新知识，又兼顾技工院校教学实际条件。在教学内容组织上，不仅局限于某一计算机软件版本或硬件产品的具体功能，而是更注重学生应用能力的拓展，使学生能够触类

旁通，提升综合能力，为后续专业课程的学习和未来工作中解决实际问题打下良好的基础。

创新教材内容形式

在编写模式上，根据技工院校学生认知规律，以完成具体工作任务为主线组织教材内容，将理论知识的讲解与工作任务载体有机结合，激发学生的学习兴趣，提高学生的实践能力。

在表现形式上，通过丰富的操作步骤图片和软件截图详尽地指导学生了解软件功能并完成工作任务，使教材内容更加直观、形象。结合计算机类专业教材的特点，多数教材采用四色印刷，图文并茂，增强了教材内容的表现效果，提高了教材的可读性。

本次修订（新编）工作还针对大部分教材创新开发了配套的实训题集，在教材所学内容基础上提供了丰富的实训练习题目和素材，供学生巩固练习使用，既节省了教材篇幅，又能帮助学生进一步提高所学知识与技能的实际应用能力。

提供丰富教学资源

在教学服务方面，为方便教师教学和学生学习，配套提供了制作素材、电子课件、教案示例等教学资源，可通过技工教育网（http://jg.class.com.cn）下载使用。除此之外，在部分教材中还借助二维码技术，针对教材中的重点、难点内容，开发制作了操作演示微视频，可使用移动设备扫描书中二维码在线观看。

致谢

本次修订（新编）工作得到了河北、山西、黑龙江、江苏、山东、河南、湖北、湖南、广东、重庆等省（直辖市）人力资源社会保障厅（局）及有关学校的大力支持，在此我们表示诚挚的谢意。

编者

2023 年 4 月

目　录

CONTENTS

项目一
对计算机网络的初步认识

任务 1　感受计算机网络

1. 理解计算机网络的概念和主要发展历程。
2. 认识计算机网络应用的主要场景。
3. 认识计算机网络的分类与组成。

提起计算机网络，生活在互联网（Internet）时代的人们第一时间想到的就是上网。当大家在互联网上畅游的时候，有没有想过什么是计算机网络？计算机网络又是如何发展成互联网以及物联网的呢？了解计算机网络及其分类与组成对于计算机网络知识的学习是至关重要的。本任务结合相关知识的学习，通过实际操作体验和现场参观，带领读者初步感受计算机网络的特点。

一、计算机网络的概念

网络是由“节点”和“连线”构成的，表示诸多对象及其相互间的联系。以生活

中同学之间的关系网络为例，同学构成了网络中的“节点”，大家相互的联系和联系方式构成了网络中的“连线”，这样就构成了同学之间的关系网络。

在计算机网络中，通过网络建立各计算机之间的联系，网络中的计算机可以相互进行信息传输甚至资源共享，通过网络把各个点、面、体的信息联系到一起。计算机网络是人类发展史上最重要的发明之一，它极大地推动了现代科技和人类社会的发展。

二、常见的网络应用场景

网络给人们的学习与生活带来许多便利，时时刻刻影响和改变着人们的生活。网上冲浪已经成为许多人喜爱的工作和休闲方式，不但拉近了人与人之间的距离，更拉近了人们与世界的距离。

1. 即时信息

即时信息（instant mcssaging，IM）指在线实时交流的信息，也就是通常所说的在线聊天信息。

即时信息早在 1996 年开始流行，当时人们使用的即时通信工具为 ICQ。ICQ 最初由 3 个以色列人开发，1998 年被美国在线（AOL）公司收购。随着人们对即时通信的需求大幅增加，如今有大量的即时通信工具，如常见的 QQ、微信、skype 等，如图 1–1 所示。

图 1–1　常见的即时通信工具
a）QQ　b）微信　c）skype

2. 网页浏览

浏览网页（俗称“上网”）是指使用专用的网页浏览器程序（如 IE 浏览器、Chrome 浏览器等），通过网络浏览 HTML（超文本标记语言）或 XHTML（可扩展超文本标记语言）格式的网页。

通过浏览网页，人们可以查询到许多资讯，可以通过网络了解时事、实时天气、旅游指南、学习资料等信息，这为人们的生活带来了极大的便利，图 1–2 所示为使用浏览器查看网页的场景。

3. 电子邮件

电子邮件是一种用电子手段进行信息交换的通信方式，是互联网中应用得最广泛

图 1-2　使用浏览器查看网页

的服务之一。通过电子邮件系统，用户只需负担网络的使用费用，就可以快速地（一般在几秒之内）给世界上任何一个地方的网络用户发送信息。

电子邮件可以发送多种形式的信息，如文字、图像、声音等。除了满足通信需求，用户还可以利用该途径订阅大量免费的新闻、专题邮件，从而轻松地实现信息搜索。除此之外，电子邮件还是企业办公系统的重要组成部分，一封电子邮件可以发送给一个收件人，也可以同时发送给许多人，还可以查看收件人是否阅读等信息，十分适合两地或多地的用户进行交流。

4. 网上购物

网上购物是目前常用的购买商品的方式，它是指通过互联网搜索人们需要的商品信息，并通过电子订单的方式发出购物请求，使用银行卡或者电子现金等支付方式进行支付操作后，厂商通过邮寄的方式发货，甚至可以通过快递公司送货上门。

网购给人们带来了极大的便利，人们足不出户就可以买到世界各地的商品。各大网上购物平台早已是人们生活中不可缺少的一部分，图 1–3 所示为浏览网购平台进行网购的场景。

5. 媒体服务

茶余饭后，听一首悦耳的歌曲，看一场精彩的电影，甚至看一场激动人心的球赛……如今，这些媒体服务都可以通过计算机网络实现了，人们只需要安坐家中就可以享受多种服务。图 1–4 所示为通过网络观看体育盛事的场景。

图 1-3　浏览网购平台进行网购

图 1-4　通过网络观看体育盛事

三、计算机网络的发展

计算机网络发展的 4 个阶段如下。

1. 面向终端的远程联机系统（20 世纪六七十年代）

多个处于不同物理环境中的终端，通过网络通信线路连接到一台中心计算机上，用户可以在其中一台终端上输入程序或指令，这些程序或指令通过网络通信线路传输到中心计算机，由中心计算机对程序或指令进行处理或执行，处理结果再通过网络通信线路送回用户所在的终端并输出。这种以单一中心计算机为核心的联机系统称作面向终端的远程联机系统。

20 世纪 60 年代末到 20 世纪 70 年代初为计算机网络发展的萌芽阶段。当时，为了增强计算机的计算能力和资源共享能力，把小型计算机连接成网络。第一个远程分组交换网络叫 ARPAnet（主要服务于军方），是由美国国防部于 1969 年建成的，它是由通信网络和资源网络复合构成的计算机网络系统，标志着计算机网络的真正诞生，因此，也可以说 ARPAnet 是现代计算机网络的鼻祖。

2. 计算机与计算机之间互联的网络（20 世纪 70 年代中后期）

在 20 世纪 70 年代中后期，网络核心不再是单一的计算机了，网络中的计算机通过通信线路组成了多台计算机互联的网络。网络上的用户可以通过当前操作的本地计算机使用本地的软件、硬件与数据资源，还可以使用网络中的其他计算机的软件、硬件与数据资源，以达到资源共享的目的，这也是现代局域网的雏形。

这个阶段是局域网发展的重要阶段，局域网作为一种新型的计算机网络体系结构开始进入产业部门。局域网技术是从远程分组交换网络和 I/O 总线结构计算机系统派生出来的。1974 年，英国剑桥大学计算机研究所开发了著名的剑桥环局域网。1976 年，美国施乐（Xerox）公司的 Palo Alto 研究中心推出的以太网成功地采用了夏威夷大学 ALOHA 无线电网络系统的基本原理，发展成为第一个总线竞争式局域网。

3. 网络体系结构标准化网络（20 世纪 80 年代）

国际标准化组织（ISO）提出的网络体系结构模型制定了新一代计算机网络的标准，称为开放系统互连参考模型（open system interconnection reference model，OSI-RM），通常简称为 OSI 参考模型。此后，各种符合 OSI 参考模型的远程计算机网络、局部计算机网络与城市地区计算机网络开始被广泛应用。

在 20 世纪 80 年代，局域网完全从硬件上实现了 OSI 参考模型协议的应用。计算机局域网及其互联产品的集成使局域网与局域网互联、局域网与各类主机互联，以及局域网与广域网互联的技术越来越成熟。综合业务数字网（ISDN）和智能化网络（IN）的发展标志着局域网的飞速发展。1980 年 2 月，IEEE（电气电子工程师学会）下属的局域网络标准委员会宣告成立，相继提出 IEEE 801.5 ~ 802.6 等局域网络标准草案，并已被 ISO 正式认可，作为局域网的国际标准，它标志着局域网协议及其标准化的确定，为局域网的进一步发展奠定了基础。

4. 网络互联阶段（20 世纪 90 年代初至今）

各种网络互联形成更大规模的互联网络。全球性的互联网作为其中最为典型的代表发展至今，其特点是互联、高速、智能与更为广泛的应用。

20 世纪 90 年代初至今是计算机网络飞速发展的阶段，在这一阶段中计算机网络化、协同计算能力发展以及全球性的互联网盛行，计算机的发展已经完全与网络融为一体。随着智能手机的普及，人们开始进入移动互联网时代，5G、6G、移动互联、人工智能、物联网、云计算、区块链、大数据等新技术和工具的出现，进一步推动了互联网、大数据、人工智能和实体经济的深度融合。计算机不再是计算中心，甚至是数据中心、媒体中心、资讯中心，互联网的发展每天都在更新迭代，网络信息技术日新月异。

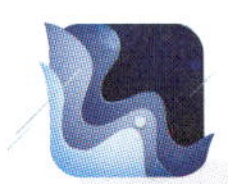

提示

6G 即第六代移动通信标准，也被称为第六代移动通信技术。

四、计算机网络的分类

用于计算机网络分类的标准有很多，其中最具代表性的是按网络覆盖范围、按网络拓扑结构和按网络工作（服务）的模式进行分类。

1．按网络覆盖范围分类

（1）局域网

局域网（local area network，LAN）是指在一个局部的地理范围（区域）内（如某机构、企业内），覆盖范围一般在几千米以内，将区域内的各种计算机、外部设备和数据库等相互连接起来的计算机通信网络，可以通过数据通信网或专用数据电路，与远方的局域网、数据库或处理中心连接，构成一个较大范围的信息处理系统。局域网可以实现文件管理、应用软件共享、打印机共享、扫描仪共享、工作组内的日程安排共享、电子邮件和传真通信服务等功能。局域网在严格意义上是封闭的，可以由范围内的几台甚至成千上万台计算机组成。

局域网是在企业内使用最为广泛的一种计算机网络，其网络架设方便，内部访问速度快。

（2）城域网

城域网（metropolitan area network，MAN）顾名思义是在一个城市范围内所建立的计算机通信网，其覆盖范围可达 10 km^2 甚至是 100 km^2。它的传输介质主要是光缆，其传输速率在 100 Mbps 以上。

可以将城域网简单地理解为一个大型的局域网，随着局域网技术的快速发展，局域网中使用光缆早就不是什么新鲜事了，现在城域网已经逐渐被大型的局域网代替，甚至直接划进局域网的范畴。

（3）广域网

广域网（wide area network，WAN）又称远程网，通常跨接很大的物理范围，所覆盖的范围从几十平方千米到几千甚至上万平方千米，广域网能连接多个城市或国家，甚至横跨几大洲，并能提供远距离通信，形成国际性的远程网络，前面提到的互联网就是最典型的广域网。从某种意义上来说，甚至可以把广域网理解为互联网。互联网连接了全球的大部分计算机网络，形成了逻辑上单一且巨大的全球性网络。

2. 按网络拓扑结构分类

计算机网络拓扑结构是指网络中各个站点相互连接的形式，明确来说，在局域网中就是文件服务器、工作站和电缆等的连接形式。目前，最主要的网络拓扑结构有总线型网络、星形网络、环形网络以及混合型网络。

（1）总线型网络

总线型网络是将所有的节点都连接到一条电缆上，并把这条电缆称为总线。总线型网络的连接形式简单、易于安装、成本低，增加和撤销网络设备都比较灵活，在网络发展的早期被大量局域网所采用。总线型网络示意图如图 1–5 所示。

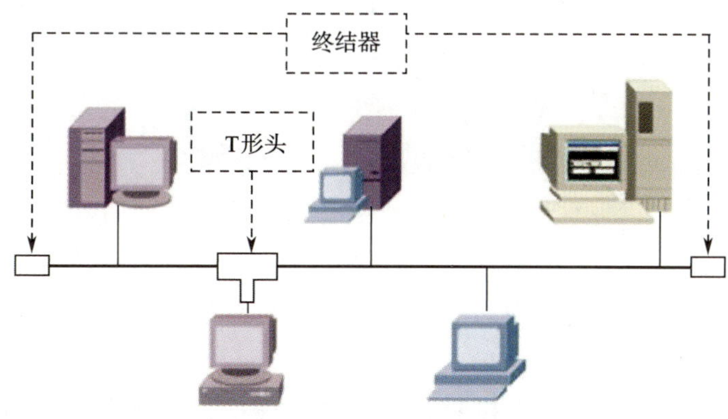

图 1–5　总线型网络示意图

1）优点

- 所需成本较少。图 1–5 所示的总线型网络只需要线缆和接头即可。
- 结构简单，无源（无须电源）工作时有较高的可靠性。
- 易于扩充，在网络上增加计算机只需要使用 T 形头即可。

2）缺点

- 总线传输距离有限，通信范围受到限制。
- 故障诊断和隔离比较困难，总线上的任何一处故障都将造成全网瘫痪。
- 所有信息都在一条总线上传输，为了避免拥堵，站点必须有介质访问控制功能

（如检测到总线上有数据传输时会自动等待，需等到总线空闲才能开始下一次数据的传输），从而增加了站点的硬件和软件开销。

在总线型网络中，任意节点故障都会导致网络的阻塞甚至不可访问；同时，总线型网络还难以查找故障，如今，总线型网络的使用场景较少。目前广电宽带的主要组网方式就是使用已有的电视线路的同轴电缆进行构建，是典型的总线型网络。

（2）星形网络（树形、Y 形）

星形网络中的各节点通过点到点的方式连接到一个中央节点（又称中央转接站，一般是集线器或交换机）上，由该中央节点向目的节点传输信息。中央节点执行集中式通信控制策略，因此中央节点相当复杂，其负担比各节点重得多。在星形网络中，任何两个节点要进行通信都必须经过中央节点的控制。星形网络示意图如图 1–6 所示。

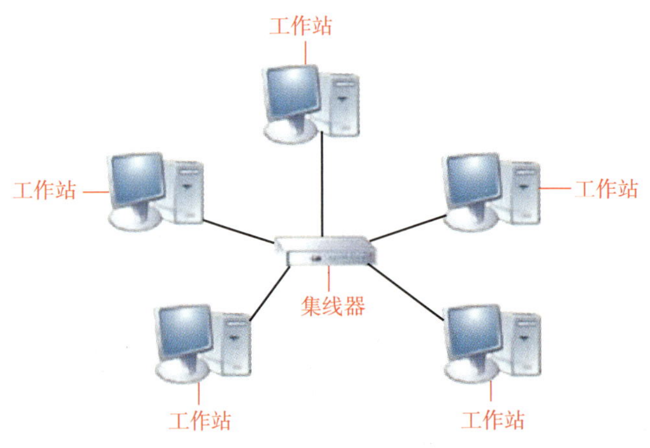

图 1–6　星形网络示意图

1）优点

● 控制简单。任何一台计算机只和中央节点连接，因此介质访问控制方法简单，从而使访问协议也十分简单，易于网络监控和管理。

● 故障诊断和隔离容易。发生故障时，中央节点可以逐一隔离连接线路进行故障检测和定位，单个连接点的故障只影响一个设备，不会影响全网。

● 方便服务。中央节点可以方便地对各个站点提供服务，并进行网络重新配置。

2）缺点

● 需要耗费大量的电缆，安装、维护的工作量也较大。

● 因为全部数据都必须经过中央节点传输，所以中央节点负担重，会形成“瓶颈”，一旦中央节点发生故障，全网就会受到影响。

● 各站点的分布处理能力较弱。

随着交换技术的成熟、交换机成本的大幅下降以及交换机稳定性和数据传输能力的提高，中央节点的“瓶颈”不再出现，星形网络被大量采用，是目前最主要的局域网连接方式，如大多数的多媒体机房都采用星形网络。

（3）环形网络

环形网络是使用公共电缆组成一个封闭的环，各节点直接连到环上，信息沿着环按一定方向从一个节点传输到另一个节点。为了保证数据传输，在环形拓扑结构中有一个控制数据发送权的“令牌”，它按一定方向单向环绕传送，数据每经过一个节点都要被接收判断一次，是发给该节点的则被接收，否则该节点就将数据送回环中继续往下传，也就是说，拥有“令牌”的计算机才有权发送数据，这样既保证了数据传输不容易拥堵，也保证了数据的安全性。环形网络示意图如图 1–7 所示。

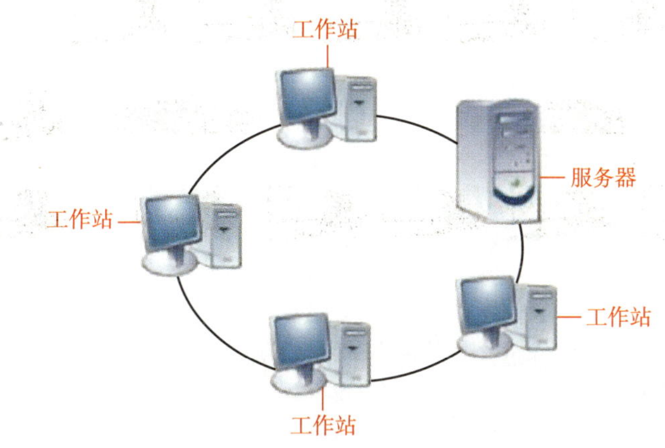

图 1–7 环形网络示意图

1）优点

- 电缆长度短，只需要将各节点逐次相连。
- 可使用光纤。光纤的传输速率很高，十分适用于环形网络的单向传输。
- 所有站点都能公平访问网络的其他部分，网络性能稳定。

2）缺点

- 节点故障会引起全网故障，因为数据传输需要通过环上的每一个节点，若某一节点发生故障，则会引起全网故障。
- 节点的加入和撤销过程复杂。
- 介质访问控制协议采用“令牌”传递的方式，在负载很轻时，信道利用率相对较低。

为了避免个别节点故障造成全网故障，便派生出了“双环网”，而环形网络因其可

靠性与安全性，被广泛应用于金融等对安全性和稳定性要求较高的领域，如银行。

（4）混合型网络

将上述 3 种最基本的拓扑结构混合起来运用就是混合型网络。图 1-8 所示的计算机网络就是典型的混合型网络，该计算机网络的上半部分为总线型网络，下半部分为星形网络。

混合型网络主要用于较大型的局域网中，如地理位置上分布较远的大学或者公司等。

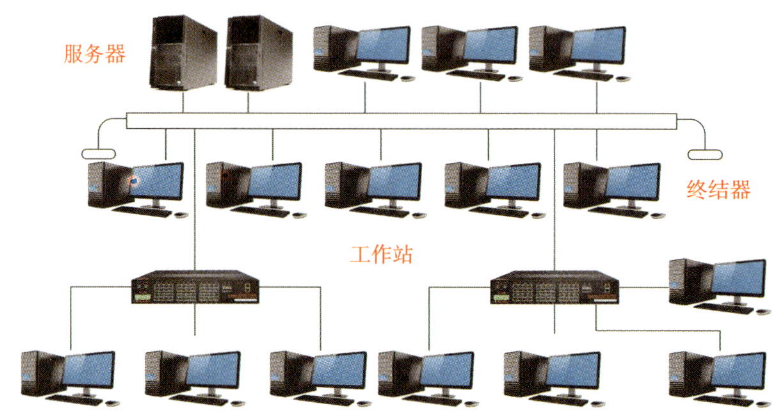

图 1-8　混合型网络示意图

3. 按网络工作（服务）的模式分类

（1）对等网络

对等网络（peer-to-peer，P2P）采用分散管理的方式，网络中的每台计算机既可作为客户机又可作为服务器，每个用户都管理自己计算机上的资源，也可以使用网络中其他计算机提供的共享资源。

对等网络不需要使用专门的服务器为网络提供服务，成本非常低廉，适合规模较小的网络（一般在十台计算机以下）。图 1-9 所示为典型的对等网络示意图。

（2）客户机 / 服务器网络

客户机 / 服务器（client/server）结构简称 C/S 结构，是一种网络架构，把客户机（client）与服务器（server）区分开。服务器面向网络中所有的客户机，为其提供指定的网络资源和服务，客户机向服务器发送其使用资源的请求。

C/S 结构通过不同的途径应用于很多需求不同的网络场景，最常见的莫过于互联网上的网页或者网站。例如，当用户在新浪网上浏览新闻资讯时，计算机和网页浏览器就相当于一台客户机，同时，储存了新浪网相关新闻资讯等网页信息的计算机就被当作服务器。当网页浏览器向新浪网的这台网页服务器请求一个新闻页面时，该网页服务器就从储存的相关新闻网页中找到该新闻页面，并将其发送到用户的计算机，计算

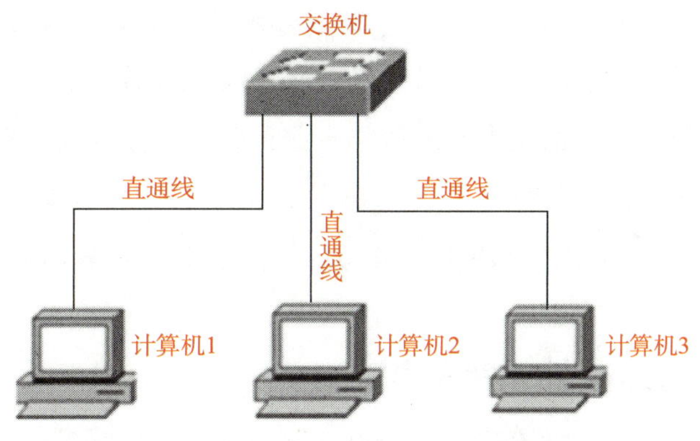

图 1-9　典型的对等网络示意图

机的网页浏览器再把这些数据以网页的形式呈现在计算机屏幕上。

C/S 结构是一个逻辑概念，而不是指计算机设备。在 C/S 结构中，任何一台请求服务的计算机都可以被称为客户机，同样，任何一台响应请求的计算机都可以被称为服务器。客户机与服务器是相对的，如果一台服务器在响应客户机请求时不能单独完成任务，那么它可以向其他服务器发出请求。这时，发出请求的服务器就成为另一台服务器的客户机。也就是说，一台计算机在网络中可以同时担任客户机与服务器的角色。从双方建立联系的方式来看，主动启动通信的计算机被称为客户机，被动等待通信的计算机被称为服务器。

C/S 网络示意图如图 1-10 所示。

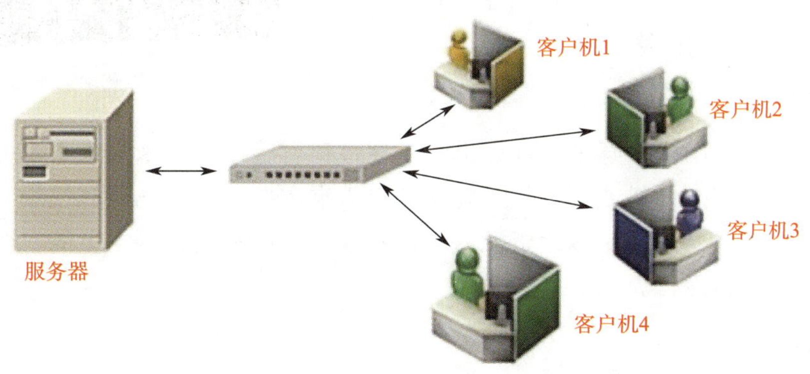

图 1-10　C/S 网络示意图

1）C/S 网络的优势

在大多数情况下，C/S 网络中的服务器通过网络向特定的互相独立的计算机分发数据，这种体系结构会提高维护的简便性。例如，这种结构可以方便地更换、维修、升级，甚至迁移服务器，同时完全不会影响用户的使用，用户可以继续使用网络资源。

所有数据都存储在服务器上，通常比数据分布在大多数客户机上更安全。服务器可以更好地控制访问和资源，以保证只有具有适当权限的用户才可以访问和更改数据。

由于数据的集中存储，相比于 P2P 网络，这种网络对数据的更新更容易管理。

2）C/S 网络的劣势

如果网络中同时增加大量客户机请求服务器的数据，服务器很可能因超出负载而崩溃。

五、计算机网络硬件系统的组成

计算机网络硬件系统由计算机（服务器、客户机和其他终端等）、通信处理机（集线器、交换机、路由器等）、通信线路（同轴电缆、双绞线、光纤等）、信息变换设备（调制解调器、编码解码器等）组成。

1．服务器

在一般的局域网中，服务器是为用户提供各种长效、稳定的服务的计算机，因此对其有严格技术指标要求，除对其主、辅存储容量及其中央处理器处理速度要求较高外，对服务器网络的吞吐能力（同时请求服务器发送、接收与处理数据的最大客户机数量）与不间断（365 天，每天 24 小时）工作的稳定性方面都有严格的要求。根据服务器在网络中所提供的服务不同，可将其划分为文件服务器、打印服务器、通信服务器、域名服务器、数据库服务器等。

图 1–11、图 1–12 所示是一种常见的机架服务器及其内部结构，从图中可以看出，该服务器的设计要求比一般的计算机更高。

图 1–11　常见的机架服务器

2．客户机

除服务器外，网络上其余的计算机主要通过执行应用程序来完成工作任务，人们把这种计算机称为客户机或工作站，它是网络数据主要的发生场所和使用场所，用户主要通过使用工作站来利用网络资源并完成作业。一般来说，网络上的一台普通个人计算机（PC）都可以作为一个工作站。

3．其他终端

目前，计算机网络上的终端远远不止服务器和客户机。越来越多的智能设备都可以使用计算机网络资源，这些设备可以被统称为网络终端，如智能手机、平板电脑、智能电视、网络摄像头等，如图 1–13 所示。

随着计算机网络和网络终端的发展，现在流行的智能家居也是借助计算机网络来工作的。图 1–14 所示为智能家居的拓扑图。

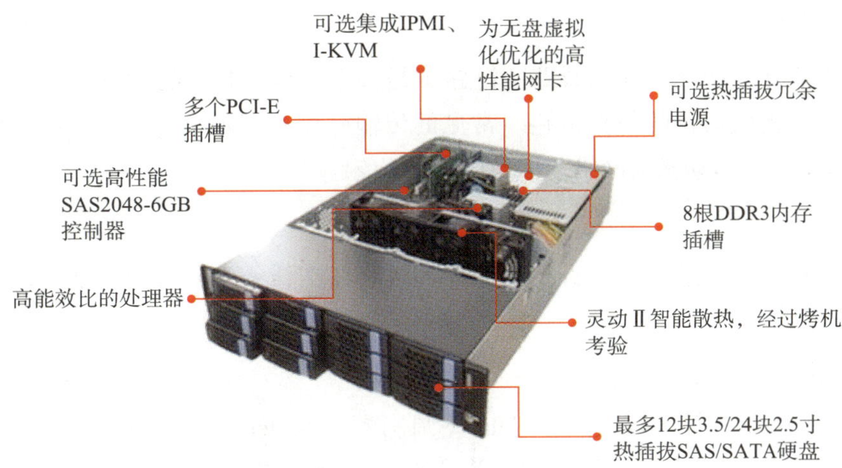

图 1-12　常见的机架服务器内部结构

智能手机　平板电脑　智能电视　网络摄像头

图 1-13　常见的网络终端

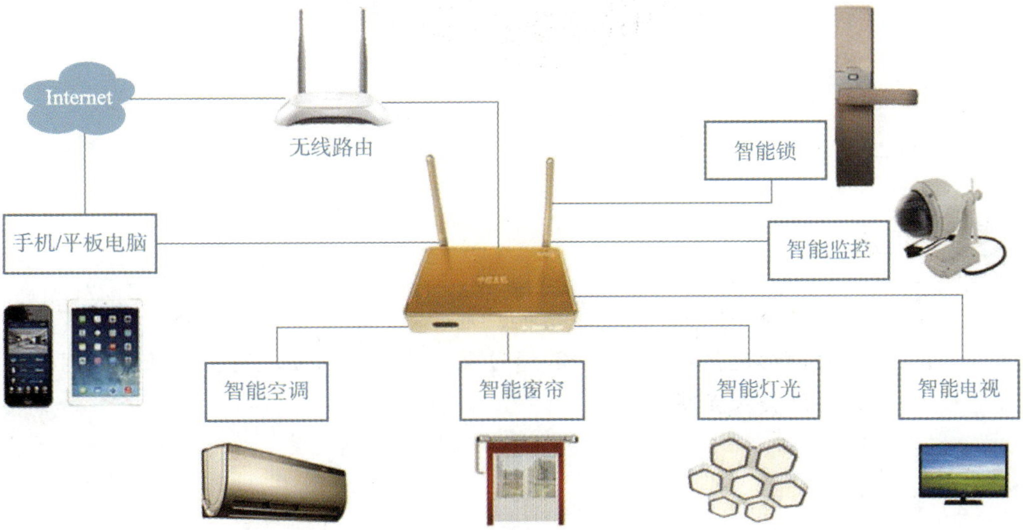

Internet
无线路由
智能锁
手机/平板电脑
智能监控
智能空调
智能窗帘
智能灯光
智能电视

图 1-14　智能家居的拓扑图

4. 通信线路

网络传输介质构成的通信线路（链路）是为通信处理机与通信处理机、通信处理机与主机之间提供通信的数据链路。常见的传输介质有同轴电缆、双绞线、光纤和电磁波（如 Wi-Fi、移动蜂窝网络，以及微波、蓝牙等）。

5. 通信设备

通信设备包括信息变换设备和通信处理机，在本任务中只对部分常用的通信设备进行简单的介绍。

（1）调制解调器

modem（调制解调器）是 modulator（调制器）与 demodulator（解调器）的统称，根据 modem 的谐音，大家也喜欢称之为“猫”，它是在发送端通过调制将数字信号转换为模拟信号，在接收端通过解调再将模拟信号转换为数字信号的一种装置。以往家庭宽带使用的 ADSL（非对称数字用户线）宽带调制解调器就是用于将用户计算机上的数字信号与电话线上传输的模拟网络信号进行相互转换，如图 1-15 所示。目前较为常见的“光猫”也是调制解调器，一般指光调制解调器。光纤宽带就是把要传输的数据由电信号转换为光信号进行通信的，在光纤的两端分别装有“光猫”进行信号转换。

图 1-15 ADSL 宽带调制解调器

提示

ADSL 是一种拨号的技术，光纤是一种硬件的网络介质，宽带是一种网络连接技术，ADSL 通过电话线路接入互联网，光纤宽带则通过光纤接入互联网。

（2）集线器

集线器（hub）是一种将多条以太网双绞线或光纤集合连接在同一段物理介质下的设备。集线器运作在 OSI 参考模型中的物理层，可以将其视作多端口的中继器，仅对网络信号进行复制与分发。图 1–16 所示为常见的集线器。

（3）交换机

交换机（switch）是一种用于转发电（光）信号的网络设备，它可以为接入交换机的任意两个网络节点提供独享的电信号通路，最常见的交换机是以太网交换机。交换机工作在 OSI 参考模型的数据链路层，具备点到点的智能数据传输能力。交换机在外形上很像集线器，工作中也可以把它理解为“比较聪明的集线器”，它的工作不是信号的简单复制与分发，而是根据 MAC 地址表把数据发给指定的端口。图 1–17 所示为常见的以太网交换机。

图 1–16　常见的集线器

图 1–17　常见的以太网交换机

（4）路由器

路由器（router）又称网关（gateway）设备，用于连接多个逻辑上分开的网络，简单来说就是负责在不同网络之间传输数据的设备。数据从一个网络传输到另一个网络的工作可通过路由器的路由功能来完成。因此，路由器具有判断网络地址和选择 IP 路径的功能，它能在多网络互联环境中建立灵活的连接，可用完全不同的数据分组和介质访问方法连接各种子网，是属于网络层的一种互联设备。图 1–18 所示为华为 AR1220 路由器。

图 1–18　华为 AR1220 路由器

六、计算机网络软件的组成

在计算机网络系统中，除各种网络硬件设备外，还必须具有网络软件。

1. 网络操作系统

网络操作系统是网络软件中最主要的软件，用于实现不同主机之间的用户通信，以及全网硬件和软件资源的共享，并向用户提供统一的、方便的网络接口，便于用户使用网络。目前，网络操作系统主要有 UNIX、Linux 和 Windows，我国使用最广泛的是 Windows 网络操作系统，如 Windows Server 2012、Windows Server 2016 等。

2. 网络协议软件

网络协议是网络通信的数据传输规范和标准，就像是网络上数据传输所共同使用的一种“语言”，网络协议软件是用于实现网络协议功能的软件。

目前，典型的网络协议有 TCP/IP 协议族、IPX/SPX 协议、IEEE 802 标准协议系列等。其中，TCP/IP 协议族是当前异种网络互联中应用最为广泛的网络协议。

3．网络管理软件

网络管理软件是用来对网络资源进行管理以及对网络进行维护的软件，如性能管理、配置管理、故障管理、计费管理、安全管理、网络运行状态监视与统计等软件。图 1-19 所示为常见的网吧计费管理软件，图 1-20 所示为某网络教学管理软件。

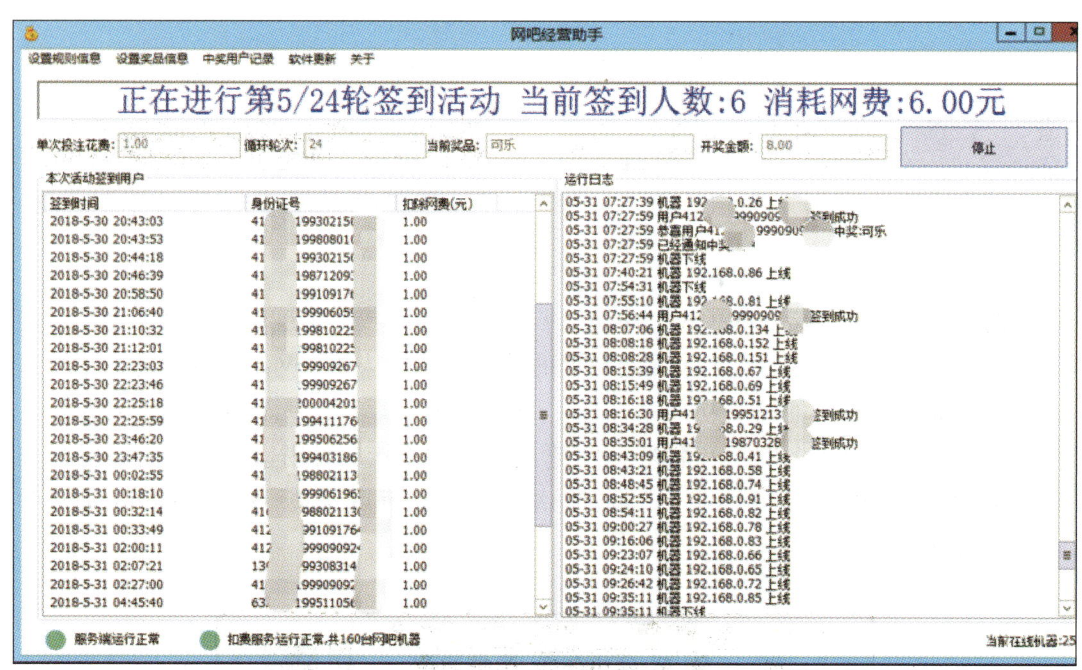

图 1-19 网吧经营助手

4．网络通信软件

网络通信软件是用于实现网络中各种设备之间通信的软件，使用户能够在不详细了解通信控制规程的情况下，控制应用程序与多个设备进行通信，并对大量的通信数据进行加工和管理。本任务中介绍的 QQ、微信、skype 等软件都属于网络通信软件。

5．网络应用软件

网络应用软件为网络用户提供服务，其最重要的特征是它研究的重点不是网络中各个独立计算机本身的功能，而是如何实现网络特有的功能，如网络设备的管理软件。

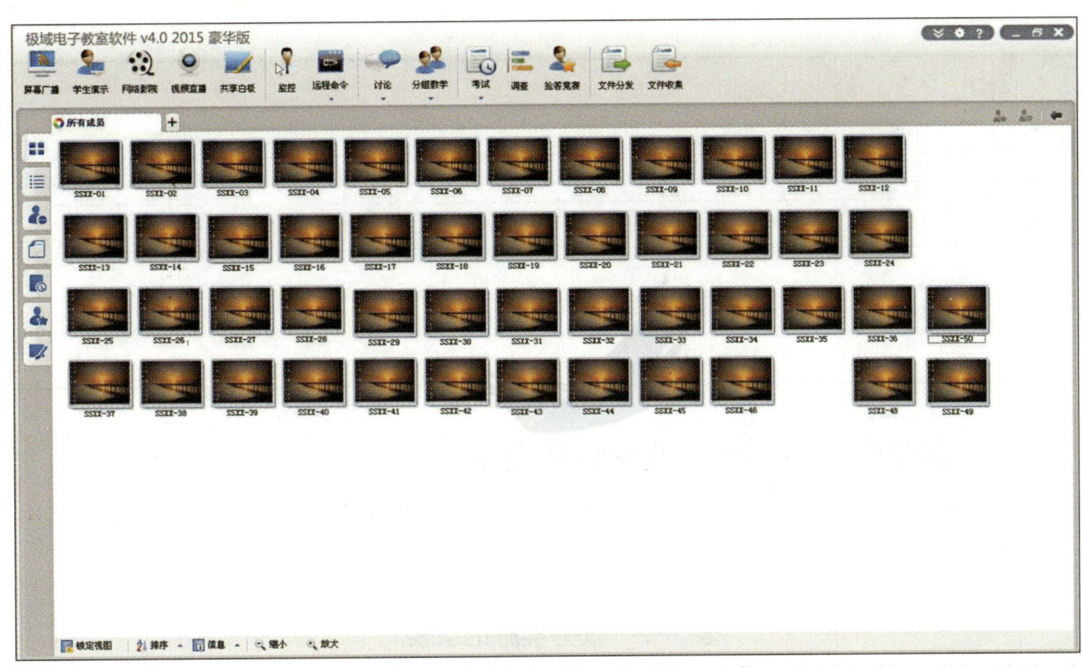

图 1-20　极域电子教室软件

一、感受计算机网络的功能和特点

开通机房上网功能，在互联网上畅游，感受互联网带来的便利，参照表 1-1 中的示例完成表格，并填写心得体会。

表 1-1　任务实施记录表一

序号	应用场景	软件名称	软件用途（简单表达）
例	浏览网页	IE 浏览器	查看网站、浏览网页内容、获取资讯
1			
2			
3			
4			
5			
6			
7			

续表

序号	应用场景	软件名称	软件用途（简单表达）
8			
9			
10			
心得体会			

二、参观学校中心机房或网络实训室

结合所学知识，认识常见的网络硬件与软件，了解这些网络硬件与软件在网络中的作用，并完成表 1–2 的填写。

表 1–2　任务实施记录表二

序号	网络硬件 / 软件名称	该网络硬件 / 软件的具体功能
例	软件：极域电子教室	此软件是一种多媒体教学网络平台，方便教师机对学生机统一地进行教学、管理与监控，辅助学生完成计算机软件的学习和使用
1		
2		
3		
4		
5		
6		
7		
8		
9		
10		
心得体会		

任务 2　认识 OSI 参考模型

1. 掌握 OSI 参考模型的组成。
2. 了解 OSI 参考模型的工作原理。
3. 了解 OSI 参考模型的基本功能。

学习计算机网络必须认识 OSI 参考模型，虽然此参考模型的实际应用意义不是很大，但对于理解网络协议内部的运作很有帮助，也为人们学习网络协议提供了一个很好的参考。本任务将学习 OSI 参考模型的相关知识，并结合情景演练加深认识。

一、OSI 参考模型

世界上第一个网络体系的标准是由国际商用机器公司（IBM）提出的系统网络结构（SNA），此后其他公司也相继提出自己的网络体系结构。多种网络体系结构并存带来的结果是如果网络采用 IBM 的结构，只能选用 IBM 的产品，只能与同种结构的网络互联，这对网络的互联不利，因此需要一个统一的标准来规范网络的体系结构。

为了促进计算机网络的发展，ISO 于 1977 年成立了一个委员会，在现有网络的基础上，提出了不基于具体机型、操作系统或公司的网络体系结构，称为 OSI 参考模型。

二、OSI 参考模型的设计目的

OSI 参考模型的设计目的是用开放网络模型克服使用众多私有网络模型所带来的困难和低效性。OSI 参考模型采用的方法是将整个复杂的网络细分成 7 个层次，由低到高分别是物理层（physical layer）、数据链路层（data link layer）、网络层（network layer）、传输层（transport layer）、会话层（session layer）、表示层（presentation layer）和应用层（application layer），每个层次负责指定的功能，OSI 参考模型的结构图如图 1-21 所示。

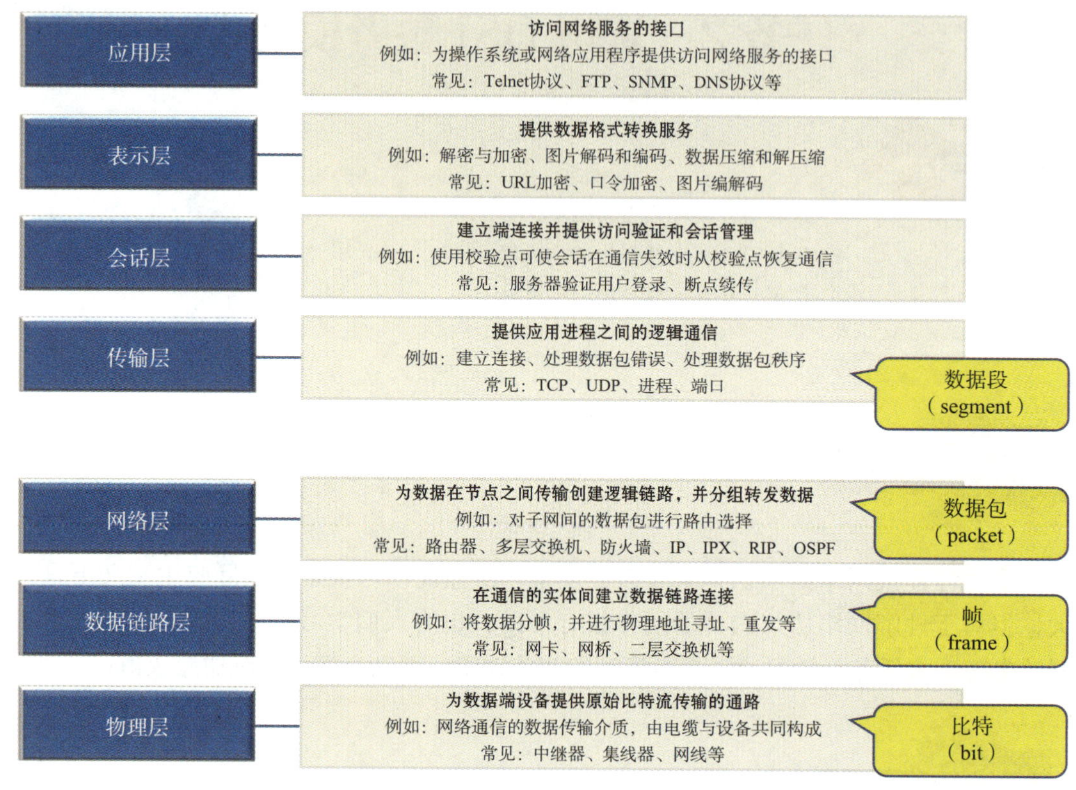

图 1-21　OSI 参考模型的结构图

每一层都用于完成某种功能，并直接为其上层提供服务，网络通信数据在数据发送端从第七层往第一层传输，在数据接收端从第一层往第七层传输。当然并不是所有的数据都必须经过全部的 7 层，如物理接口之间的转接，以及中继器与中继器之间的连接就只需在物理层中进行即可，路由器与路由器之间的连接则只需经过网络层、数据链路层、物理层即可。总的来说，双方的通信是在对等层次上进行的，不能在不对等层次上进行。数据传输过程的示意图如图 1–22 所示。

三、OSI 参考模型 7 层结构的功能

1. 第一层：物理层（physical layer）

在这一层，传输数据的单位为比特（bit）。物理层规定通信设备的机械、电气、功能和过程特性，用以建立、维护和拆除物理链路连接。具体地讲，机械特性规定了网络连接时所需接插件的规格尺寸、引脚数量和排列情况等；电气特性规定了在物理连接上传输比特流时线路上信号电平的大小、阻抗匹配、传输速率、距离限制等；功能特性是指对各个信号先分配确切的信号含义，即定义了计算机和数据通信设备之间各个线路的功能；过程特性定义了利用信号线进行比特流传输的一组操作规程，是指在建立、维护物理连接以及信息交换时，计算机和数据通信设备双方在各自电路上的动

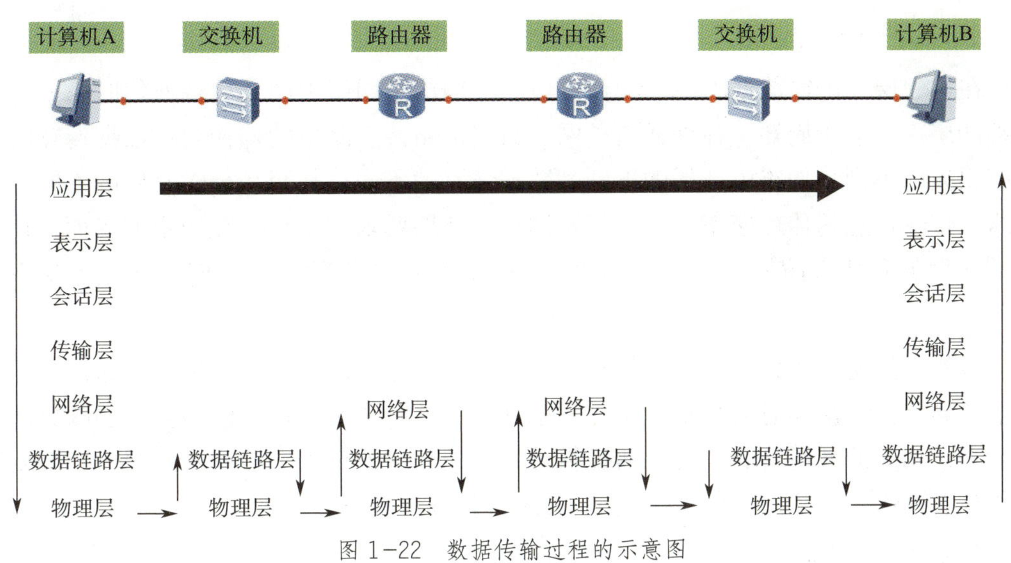

图 1-22　数据传输过程的示意图

作系列。

属于物理层定义的常见通信规范有 EIA/TIA RS-232、EIA/TIA RS-449、V.35、RJ-45 等。

2. 第二层：数据链路层（data link layer）

在这一层，传输数据的单位为帧（frame）。数据链路层在物理层提供比特流服务的基础上，建立相邻节点之间的数据链路，通过差错控制提供数据帧（frame）在信道上无差错的传输。

数据链路层在发送数据时为网络层的数据包（packet）添加帧信息，再将数据送到物理层进行传输，在不可靠的物理介质上提供可靠的传输。数据链路层在接收到物理层送来的比特流数据时，会对帧信息进行界定与分离，得到送往网络层的数据包。

数据链路层的协议有 SDLC 协议、HDLC 协议、PPP、STP、帧中继协议等。

3. 第三层：网络层（network layer）

在这一层，传输数据的单位为数据包。网络中两台计算机的通信除了会经过前面说到的各种数据链路，还会在不同的网络或子网之间传输。网络层的任务就是在路由表中选择合适的路由（也就是去指定的子网或网络选择合适的路由信息）和交换节点，确保数据及时传输。网络层将数据传输到数据链路层之前会为数据封装网络层包头，这时数据成为数据包，其中含有逻辑地址、源网络地址和目的网络地址（IP 地址）信息。另外，网络层还可以实现拥塞控制、网际互联等功能。

网络层的协议有 IP、IPX 协议、RIP、OSPF 等。

4. 第四层：传输层（transport layer）

在这一层，传输数据的单位为数据段。传输层是网络中两个节点通信时第一个端到端的层次，众所周知，各种通信子网、数据链路甚至路由的选择会让数据传输的性能有很大的不同，如路由选择的不同、数据链路的不同，甚至是传输介质的不同会使网络上传输信息的传输速率、延时都不同。会话层要求有一个性能稳定的界面，传输层的作用就是建立这样一个稳定的界面，保证数据传输的稳定，使会话层感受不到变化。

另外，传输层还具有差错恢复和流量控制等功能，以此对会话层屏蔽通信子网的细节差异。传输层面对的数据对象已不是网络地址和主机地址，而是会话层的界面端口。上述功能的最终目的是为会话提供可靠无误的数据传输。传输层的服务一般要经历传输连接建立阶段、数据传输阶段、传输连接释放阶段。

传输层的协议有 TCP、UDP、SPX 协议等。

5. 第五层：会话层（session layer）

会话层提供的服务使网络应用能够建立和维持会话，并保持会话的同步。会话层使用数据校验的方式建立校验点，假如通信失效使传输中断，在恢复通信后，数据可以在校验点继续开始传输（常说的断点续传），这种功能在网络中传输大文件时尤为重要。

在会话层、表示层、应用层中，数据传输的单位不再另外命名，统称为报文。会话层不参与具体的传输，它只提供用于建立和维护应用之间通信的机制，包括访问验证和会话管理，例如，服务器验证用户登录这一过程就是由会话层负责完成的。

6. 第六层：表示层（presentation layer）

表示层的主要功能是将应用数据转换为适用于 OSI 参考模型的传输语法，即提供格式化的表示和转换数据服务。数据的压缩和解压缩、加密和解密等工作都由表示层负责，如图像格式的显示就是由位于表示层的协议来支持的。

7. 第七层：应用层（application layer）

应用层为操作系统或网络应用软件提供访问网络服务的接口，应用层的协议有 Telnet 协议、FTP、HTTP、SNMP 等。

由上述可知，OSI 参考模型的 7 层结构会对上一层传输来的数据添加控制信息，如在网络层添加包头、在数据链路层添加帧头。

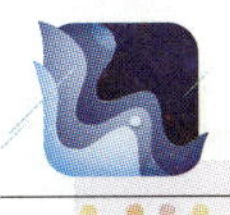

提示

对于从上一层传输来的数据，附加在其前面的控制信息称为“头”，附加在其后面的控制信息称为“尾”。

四、OSI 参考模型的工作原理

当数据在各层之间传输时，每一层都可以在数据上增加“头”和“尾”，而这些数据已经包含了上一层增加的“头”和“尾”。就像数据经过每一层的时候都加上一个当前层专用的“信封”，这个过程称为封装。反之，数据在经过接收方的每一层的时候，每一层也只能拆除自己那层的专用“信封”，这个过程称为解封装。数据就是在这样装上“信封”和拆除“信封”的过程中完成传输的，数据封装与解封装的过程可以参考图 1-23（因数据封装过程中数据一般不加“尾”，为了便于理解，图中数据没有加“尾”）。

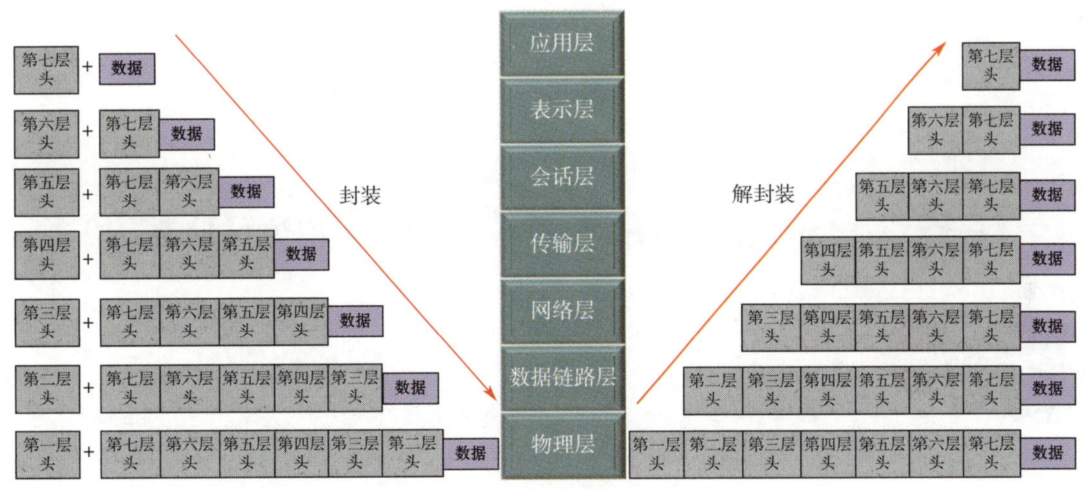

图 1-23　数据封装与解封装的过程

五、OSI 参考模型分层的优点

（1）把复杂的网络细分成了多个层次，方便进行研究与使用。

（2）标准化的层次关系大大方便了工程模块化。

（3）创建了一个更好的连接环境。

（4）大大降低了网络传输的复杂度，使程序更容易进行针对性修改，从而加快产品开发的速度。

任务实施

按照以下步骤，结合相关知识，通过情景演练（参考图 1–22）进一步加深对 OSI 参考模型的认识。

将学生分为 6 组（由计算机 A 到计算机 B）。

（1）第一组 7 人分别代表计算机 A 的 7 层结构。

（2）第二组两人分别代表左侧交换机的两层结构。

（3）第三组 3 人分别代表左侧路由器的 3 层结构，以此类推。

为每人准备标识了不同层次名称的信封（用于模拟封装与解封装的过程），并且在将数据交给下一个人之前进行该层数据的描述（可用记号笔直接写在信封上）。

任务 3　对比 OSI 参考模型与 TCP/IP 模型

学习目标

掌握 OSI 参考模型与 TCP/IP 模型的关系与区别。

任务引入

OSI 参考模型是制定各种网络通信协议的参考，但是目前在互联网中或者各种局域网内使用最广泛的是 TCP/IP 模型（也称为 TCP/IP 协议族）。什么是 TCP/IP 协议族，它与 OSI 参考模型又有什么关系呢？本任务主要学习 OSI 参考模型与 TCP/IP 模型的关系，以及它们之间的主要区别等相关知识。

一、OSI 参考模型与 TCP/IP 协议族

TCP/IP 协议族作为如今网络上使用最广泛的一种通信协议族，其实也是按照 OSI 参考模型制定的。虽然人们所了解的 TCP/IP 模型只有 4 个层次（网络接口层、网络层、传输层、应用层），但是通过图 1–24 所示的 OSI 参考模型与 TCP/IP 模型的对比可以看出来，二者有共通之处。TCP/IP 模型的应用层完成了 OSI 参考模型中应用层、表示层、会话层的功能；TCP/IP 模型的传输层完成了 OSI 参考模型中传输层的功能；TCP/IP 模型的网络层对应 OSI 参考模型中的网络层；OSI 参考模型的数据链路层和物理层则被合并成了 TCP/IP 模型的网络接口层。

实际上二者并不冲突，所以 TCP/IP 模型也是完全符合 OSI 参考模型标准的。

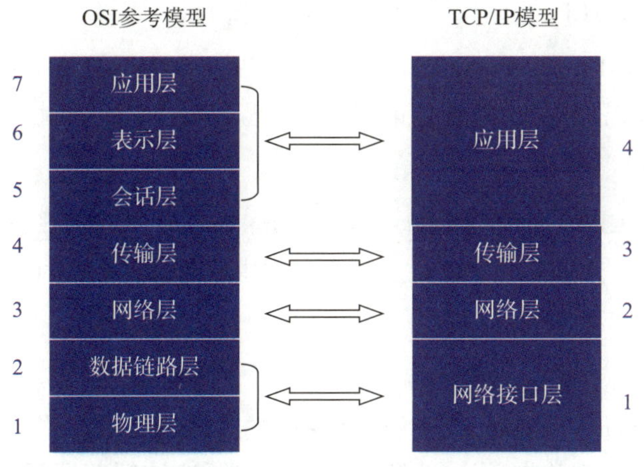

图 1–24　OSI 参考模型与 TCP/IP 模型的对比

二、TCP/IP 协议族

TCP/IP 协议族是互联网的基础，也是当今最流行的组网形式。TCP/IP 是一组协议的代名词，与许多其他协议组成了 TCP/IP 协议族。其中比较重要的有 SLIP、PPP、IP、ICMP、ARP、TCP、UDP、FTP、DNS 协议、SMTP 等。TCP/IP 协议族并不完全符合 OSI 参考模型，传统的 OSI 参考模型是一种通信协议的 7 层抽象参考模型，每一层执行某一特定任务，该模型的目的是使各种硬件在相同的层次上相互通信，而 TCP/IP 协议族采用了 4 层的层级结构，每一层都呼叫它的下一层提供网络来满足自己的需求，如图 1–25 所示。

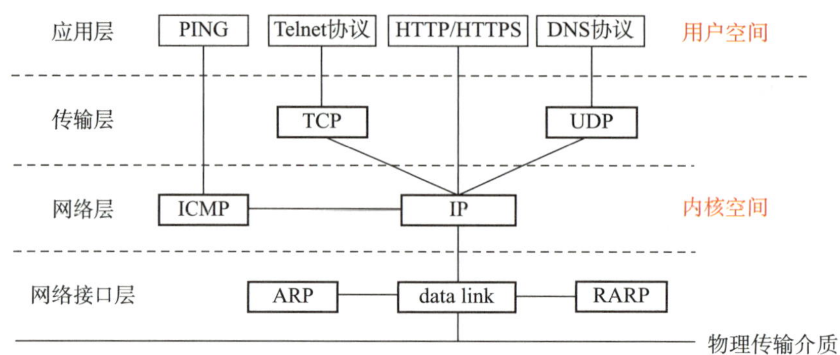

图 1-25　TCP/IP 协议族的层级结构

三、TCP/IP 协议族主要协议的介绍

1. 应用层协议

（1）HTTP（HTTPS）

HTTP 一般指超文本传输协议（hypertext transfer protocol），它是一个简单的请求响应协议，通常运行在 TCP 之上（一般由浏览器发起）。

HTTPS（hypertext transfer protocol secure）是以安全为目标的 HTTP 通道，在 HTTP 的基础上通过传输加密和身份认证保证了传输过程的安全（一般由浏览器发起）。

（2）Telnet 协议

Telnet 协议是 TCP/IP 协议族中的一员，是 Internet 远程登录服务的标准协议和主要方式。它为用户提供了在本地计算机上完成远程主机工作的能力（一般由 telnet 命令或终端仿真应用发起）。

（3）DNS 协议

域名系统（domain name system）是互联网的一项服务，它作为将域名和 IP 地址相互映射的一个分布式数据库，能够使用户更方便地访问互联网（一般由 DNS 服务发起）。DNS 协议用于将域名转换为 IP 地址（也可以将 IP 地址转换为相应的域名）。

2. 传输层协议

（1）TCP

传输控制协议（transmission control protocol）是一种面向连接的、可靠的、基于字节流的传输层通信协议。TCP 必须经过 4 次“握手”以保证传输的可靠，一般用于需要可靠数据传输的场景（如网页查看、数据下载）。

（2）UDP

用户数据报协议（user datagram protocol）为应用程序提供了一种无须建立连接就可以发送封装的 IP 数据包的方法，一般将其理解为不可靠传输，如直播、QQ，不论客户端是否连接，数据依然传输，一般用于实时性的数据传输，DNS 协议就是基于 UDP 工作的。

3. 网络层协议

（1）ICMP

互联网控制报文协议（internet control message protocol）是 TCP/IP 协议族的一个子协议，用于 IP 主机、路由器之间传递控制消息。控制消息是指网络是否连通、主机是否可达、路由是否可用等网络本身的消息。人们测试网络最常用的 ping 命令就是基于 ICMP 工作的。

（2）IP

互联网协议（internet protocol）是 TCP/IP 模型中的网络层协议。设计 IP 的目的是提高网络的可扩展性：一是解决互联网问题，实现大规模、异构网络的互联互通；二是分割顶层网络应用和底层网络技术之间的耦合关系，以利于两者的独立发展（本协议是项目三中 IP 地址工作的基础）。

4. 网络接口层（对应 OSI 参考模型中的数据链路层和物理层）协议

（1）ARP

地址解析协议（address resolution protocol）是用于根据 IP 地址获取物理地址的一个协议。主机发送信息时，将包含目标 IP 地址的 ARP 请求广播到局域网上的所有主机，并接收返回消息，以此确定目标的物理地址；收到返回消息后，将该 IP 地址和物理地址存入本机 ARP 缓存中并保留一定时间，下次请求时直接查询 ARP 缓存以节约资源（可以理解为根据目标 IP 地址查询目标的物理地址）。

（2）RARP

RARP 其实就是反向的 ARP（可以理解为根据目标物理地址查询目标 IP 地址）。

例如，应用程序浏览器发起了一个访问百度网址的请求，主机本身并不知道百度网址对应的百度网页服务器的 IP 地址，于是启用了 DNS 协议去查询对应的 IP 地址；DNS 协议收到请求后，将数据发送到传输层，选择使用 UDP 传输（需要实时解析）；UDP 收到请求后，会把数据送到 DNS 服务器的地址（IP 地址）；IP 选择好路由后会把数据送到网络接口层；交换机在网络接口层工作，但是交换机不知道对方的物理地址，于是使用 ARP 进行解析后将数据通过网络接口层送出去。

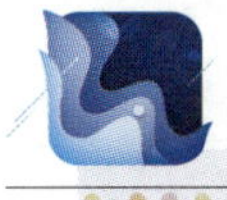

提示

IP 是 TCP/IP 协议族的动力，但它只能为上层协议提供无状态、无连接、不可靠的服务。

根据本项目中所学内容，利用 OSI 参考模型与 TCP/IP 模型中各层次的对应关系，以及 TCP/IP 协议族中主要协议与 TCP/IP 模型各层次之间的关系，通过小组讨论完成表 1–3 的填写。

表 1–3　任务实施记录表

OSI 参考模型层次	TCP/IP 模型层次	主要协议名称	协议作用
应用层		HTTP HTTPS	
		TCP	
	网络层		
物理层			

项目二
网络地址

任务1　设置与转换IP地址

1. 掌握IP地址与MAC地址的作用。
2. 掌握IP地址的设置、查看方法与数制的转换方法。

在现实生活中，要把信件或者快递送到客户手中，就需要填写收件人的详细地址以及姓名。如果地址错误，那么这封信件或者快递将无法及时准确地送达。计算机网络也是如此，要在计算机（以下简称主机）之间传递信息，也必须赋予网络上每台主机一个IP地址，那么这个网络上使用的IP地址是怎样的呢？应该如何设置或查看这个IP地址呢？本任务将学习IP地址的相关知识，完成本机IP地址的设置、查看和数制转换。

一、MAC地址

媒体存取控制位址常被称为局域网地址、MAC地址或物理地址（physical address），

是一个用来确认网络设备位置的地址。MAC 地址用于在网络中标示一个网卡或一台设备，若有多个网卡，则每个网卡都需要一个 MAC 地址。

MAC 地址就像前面提到的收件人姓名，如果仅知道姓名，信件只能在有限的范围（局域网）内传递，如需要在班里把一封信件送到同班同学的手里，只需要知道同学的姓名即可。

MAC 地址的长度为 48 位（6 个字节），通常表示为 12 个 16 进制数，如 00–17–3A–E0–3C–40 就是一个 MAC 地址，其中前 3 个字节即 16 进制数 00–17–3A 代表网络硬件制造商的编号，由 IEEE 分配；后 3 个字节即 16 进制数 E0–3C–40 代表该制造商所制造的某个网络产品（如网卡）的系列号。只要不更改自己的 MAC 地址，MAC 地址就如同身份证号码是唯一的。

二、IP 地址

IP 地址（internet protocol address）又称互联网协议地址，用于在互联网上给主机编址。常见的 IP 地址版本分为 IPv4 和 IPv6 两种，其中 IPv4 版本较为简单，因此本书所有实验例子都是以 IPv4 为学习对象进行讲解的，如果理解了 IPv4，那么 IPv6 也就不难理解了。

IPv4 是第一个被广泛使用并构成现今互联网技术基石的协议，由 32 位二进制数表示。

IPv6 是由因特网工程任务组（Internet engineering task force，IETF）设计用于替代 IPv4 的新一代协议，主要用以解决 IPv4 地址资源严重不足的问题，它由 128 位二进制数表示。

在 IPv4 中，为了方便表达与记忆，把 32 位 IP 地址的每 8 位转换成一个十进制数，用小数点隔开进行表示（格式：×.×.×.×，每个 × 为一个十进制数）。通常看到的 IP 地址就是类似“202.96.101.54”这种 4 个 255 以内的十进制数（8 位二进制数能够表达的十进制数是 0 ~ 255，如 8 位二进制数可以表示的最大数是 11111111，转换成十进制数就是 255）。

每一个 IP 地址都由网络 ID（网络号）和主机 ID（主机号）构成，如图 2–1 所示。只有在同一个网络内（网络号相同）的主机才可以自由、直接地相互通信，同一个网络内不能有相同的主机号。

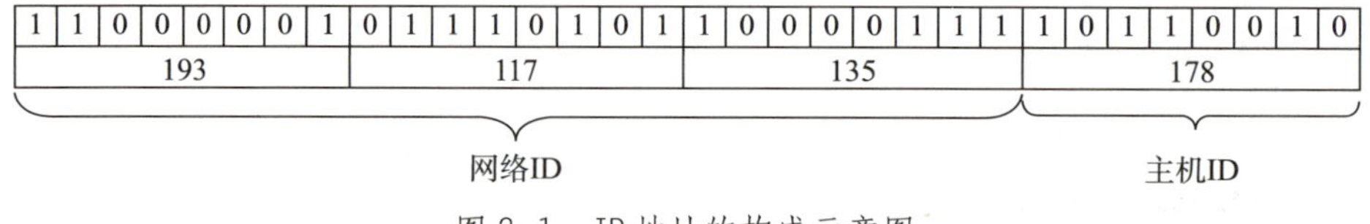

图 2–1　IP 地址的构成示意图

网络号用于标识主机所在的网络，而主机号则用于标识网络上的主机，所以对图 2–1

也可以这么理解：以 IP 地址 193.117.135.178 为例（转换为二进制数后是 32 位二进制数），假设其网络号为前 24 位也就是 193.117.135（110000010111010110000111B），主机号为后 8 位也就是 178（10110010B），那么这个 IP 地址就可以解读为“193.117.135”网络上的第“178”号主机，就像“广东省广州市中山一路 78 号”这个地址可以理解为位于“广东省广州市中山一路”这个网络上的第“78 号”住户一样，“广东省广州市中山一路”这个网络内的住户可以自由通信（与其他住户通信时只需要直接步行就可以传递信息），而不同网络之间，如“广东省广州市中山一路”的住户和“山东省青岛市青鸟路”的住户就不可以直接通信，而需要借助邮局或快递公司的帮助了。

IP 地址也是一样，只有网络号完全相同的两台主机（当然要保证物理连接上的连通）才能够直接通信，网络号不同的两台主机通信就需要借助路由器等设备。

从图 2–1 中还可以得到以下公式：

网络号的位数 + 主机号的位数 =32

IP 地址具有固定、规范的格式，在同一时刻，同一网络中的 IP 地址是具有唯一性的。如果网络中有两台主机的 IP 地址相同，那么网络将无法识别发送到这个 IP 地址的数据应该发送给哪一台主机，同样也无法识别由这个地址发出的数据来自哪一台主机。为了便于管理，现在全世界的 IP 地址都由国际组织 NIC（network information center）负责统一分配，共有 3 个网络信息中心对 IP 地址按国家和地区进行统一分配：InterNIC 负责美国及其他地区；ENIC 负责欧洲地区；APNIC 负责亚太地区，我国用户可向 APNIC 申请 IP 地址（需要付费）。

随着互联网业务的快速发展，全世界将面临网络用户越来越多、网络承载业务种类越来越多、网络结构越来越复杂、网络规模越来越庞大等问题，这就要求网络信息中心在进行 IP 地址分配时，需要仔细规划，才能使网络稳定正常地运行。

分配 IP 地址时需遵循以下几项原则。

1. 自治原则

例如，我国将所分配到的 IP 地址划分到各个省网，各个省网之间的网络又构成省际网；每个省网把 IP 地址分配到多个地方网络，地方网络再继续把 IP 地址分配下去。这样的分配方式体现了自治原则，根据 IP 地址查找 IP 所在地和管理网络是非常方便的。

2. 顺序原则

在分配 IP 地址时，要按照一定的顺序有计划地进行地址分配。这样不仅能提高分配效率，还可以提高地址利用率。

3. 可持续发展原则

因为未来的网络用户会越来越多，电信网络的业务及其种类也会越来越多，所以

网络需要经常进行技术升级改造和扩容。在进行地址分配时必须重点考虑到这些因素，为网络的每个部分留有部分地址冗余，这样才能保证网络的可持续发展。

4. 可聚合原则

IPv4 地址已于 2019 年耗尽，IPv6 地址空间还非常庞大，如果规划不好，其路由条目也可能会非常庞大，而且还会以较快的速度急剧增长。可聚合原则要求人们在进行地址规划时应提供足够的路由冗余功能。

5. 与过渡技术相结合原则

现在网络要由 IPv4 向 IPv6 过渡，而每种过渡技术对网络又有不同的要求，因此，在分配地址时，要充分考虑使用的过渡技术特点。

6. 静态分配与动态分配相结合原则

IP 地址有限，而且网络地址管理又是一个非常单调且复杂的工作，为了节约地址和减少网络维护管理的工作量，在分配地址时，需要采用静态分配与动态分配相结合的方法。

7. 公网地址与私网地址相结合原则

可用的公网地址数量毕竟有限，而可用的私网地址数量却非常多，将公网地址与私网地址有效结合是解决地址数量不足的良方之一。

三、IP 地址十进制与二进制互换

IP 地址的每个十进制数都是由 8 位二进制数转换而来的，每个十进制数都是整数，所以在转换中可以使用更为简便的权重法进行转换。要记住 8 个二进制位所对应的权重数字，这 8 个数字代表了二进制数每一位的权重，分别为：第一位 128、第二位 64、第三位 32、第四位 16、第五位 8、第六位 4、第七位 2、第八位 1。

任何一个 255 以内的十进制数都可以用上面 8 个数字相加得到（每个数字只能使用一次），使用到的数字对应的权重位为“1”，未使用到的数字对应的权重位为“0”，从而得到该数字所对应的 8 位二进制数。

例如，把十进制数 202 转换为二进制数，可参考 8 位二进制数每一位的权重数字，用简单的加法判断得出 202=128+64+8+2，根据 128、64、8、2 权重的位数，推断出其分别代表的是第一位（128）、第二位（64）、第五位（8）、第七位（2），在相应的位数上填写“1”，其他位数则填写“0”，就可以简单得出十进制数 202 转换成二进制数为“11001010”，如图 2–2 所示。

第一位	第二位	第三位	第四位	第五位	第六位	第七位	第八位
1	1	0	0	1	0	1	0

图 2–2 权重法示例图

提示

除了十进制和二进制，八进制与十六进制也是使用非常广泛的计数制，因为其书写和表示方便，所以看起来更加紧凑，而二进制表示的位数较长。

一、设置与查看主机 IP 地址

下面以 Windows 10 为例，介绍设置与查看主机 IP 地址的具体操作，步骤如下。

1. 设置主机 IP 地址

在“开始”菜单中单击“设置”按钮 / “网络和 Internet” / “状态” / “更改适配器选项”，即可打开本机网络连接界面，如图 2-3 所示。

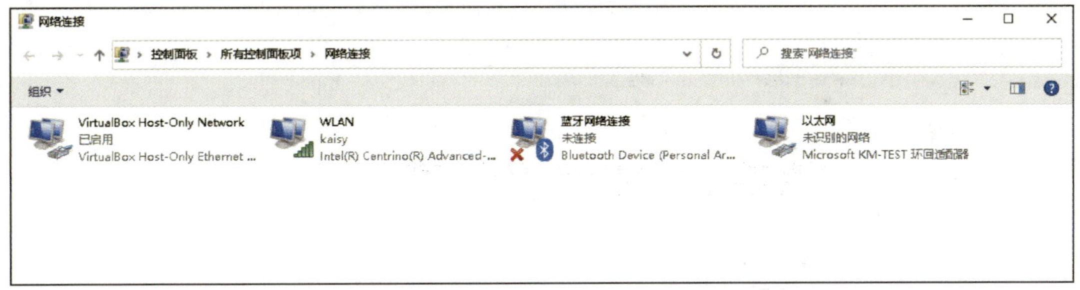

图 2-3　本机网络连接界面

用鼠标右键单击需要设置 IP 地址的网络连接，在弹出的快捷菜单中选择“属性”，按图 2-4 和图 2-5 所示进行 IP 地址的设置。

2. 查看主机 IP 地址

（1）方法一（命令方式）

1）按【⊞】+【R】快捷键打开“运行”对话框，输入“cmd”并单击“确定”按钮，打开 Windows 命令行界面，如图 2-6 所示。

2）输入“ipconfig”后按回车键，即可查看本机网卡的 IP 地址，如图 2-7 所示。

以太网 属性
网络
共享
连接时使用:
Intel(R) Ethernet Connection (3) I218-LM
配置(C)...
此连接使用下列项目(O):
VirtualBox NDIS6 Bridged Networking Driver
Npcap Packet Driver (NPCAP)
QoS 数据包计划程序
Internet 协议版本 4 (TCP/IPv4)
Microsoft LLDP 协议驱动程序
Internet 协议版本 6 (TCP/IPv6)
链路层拓扑发现响应程序
勾选“Internet 协议版本 4（TCP/IPv4）”复选框，单击“属性”按钮
安装(N)...
卸载(U)
属性(R)
描述
传输控制协议/Internet 协议。该协议是默认的广域网络协议，用于在不同的相互连接的网络上通信。
确定
取消

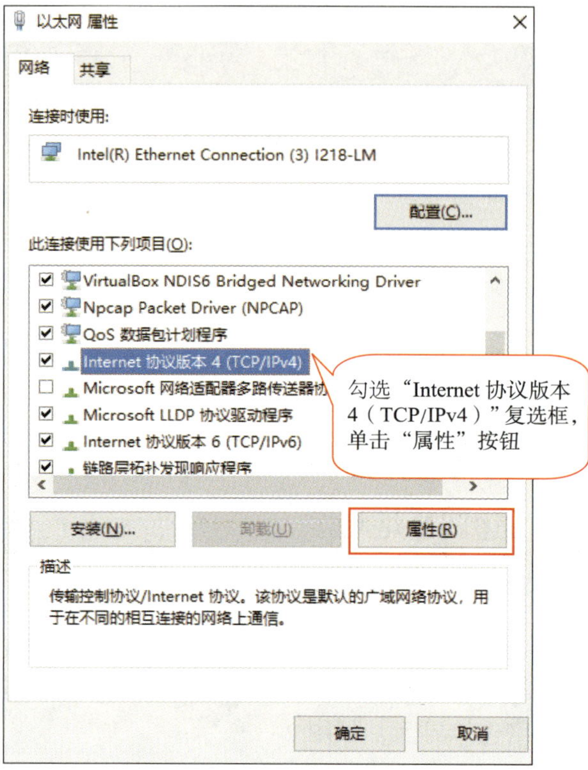

图 2-4　网络连接的属性

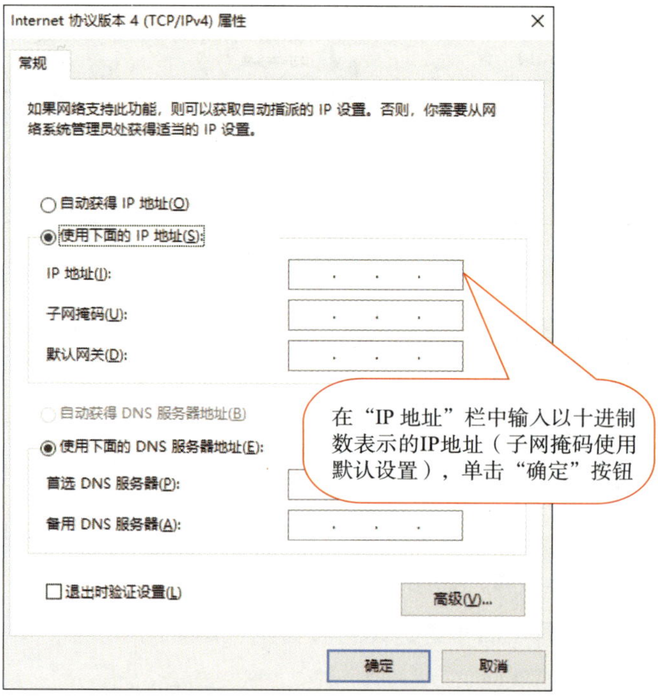
Internet 协议版本 4 (TCP/IPv4) 属性
常规
如果网络支持此功能，则可以获取自动指派的 IP 设置。否则，你需要从网络系统管理员处获得适当的 IP 设置。
自动获得 IP 地址(O)
使用下面的 IP 地址(S):
IP 地址(I):
子网掩码(U):
默认网关(D):
自动获得 DNS 服务器地址(B)
使用下面的 DNS 服务器地址(E):
首选 DNS 服务器(P):
备用 DNS 服务器(A):
在“IP 地址”栏中输入以十进制数表示的IP地址（子网掩码使用默认设置），单击“确定”按钮
退出时验证设置(L)
高级(V)...
确定
取消

图 2-5　IPv4 属性

图 2-6　Windows 命令行界面

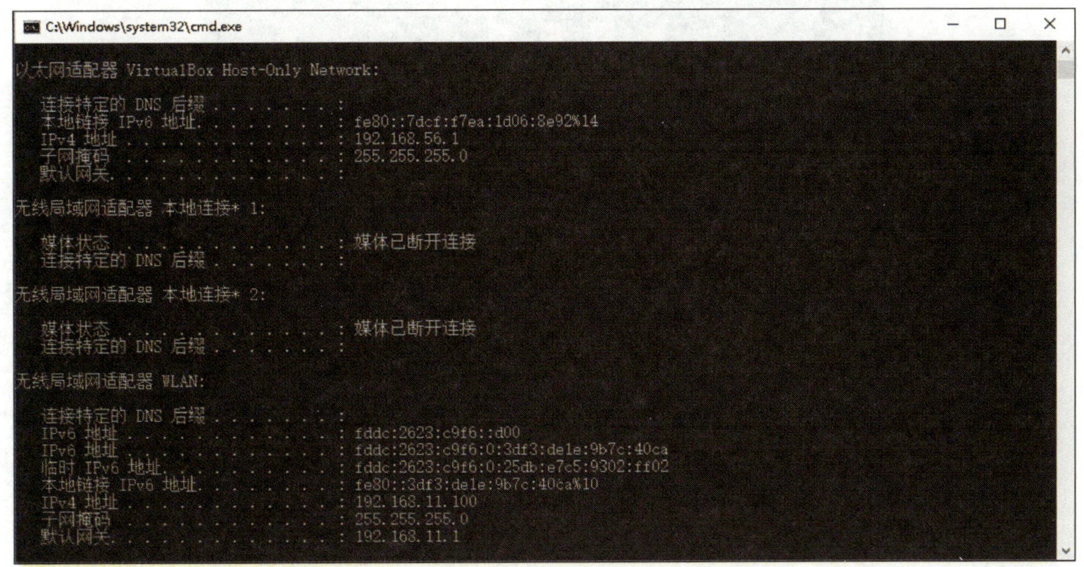

图 2-7　Windows 命令行界面中的显示结果

（2）方法二（常规方式）

1）单击“开始”菜单中的“设置”按钮，如图 2-8 所示。

2）在 Windows 设置界面中单击“网络和 Internet”，如图 2-9 所示。

图 2-8 “开始”菜单

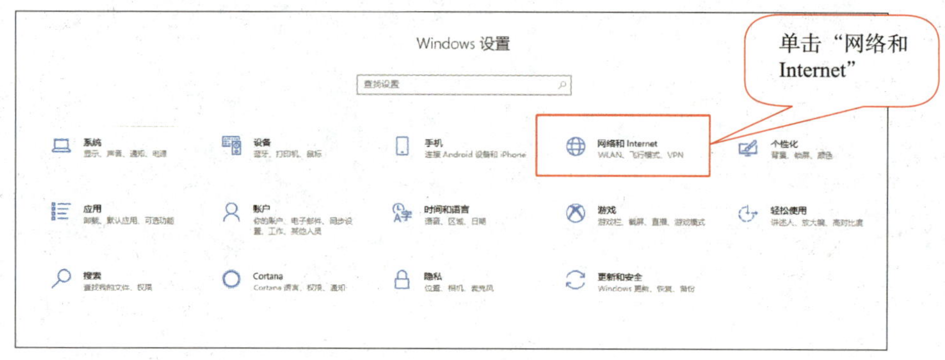

图 2-9 Windows 设置界面

3）在网络和 Internet 界面中单击“查看网络属性”，如图 2-10 所示。

4）在查看网络属性界面中查看当前网络连接的 IP 地址，如图 2-11 所示。

二、完成 IP 地址十进制与二进制互换

根据前面介绍的相关知识，将本机 IP 地址转换为用十进制数表示。

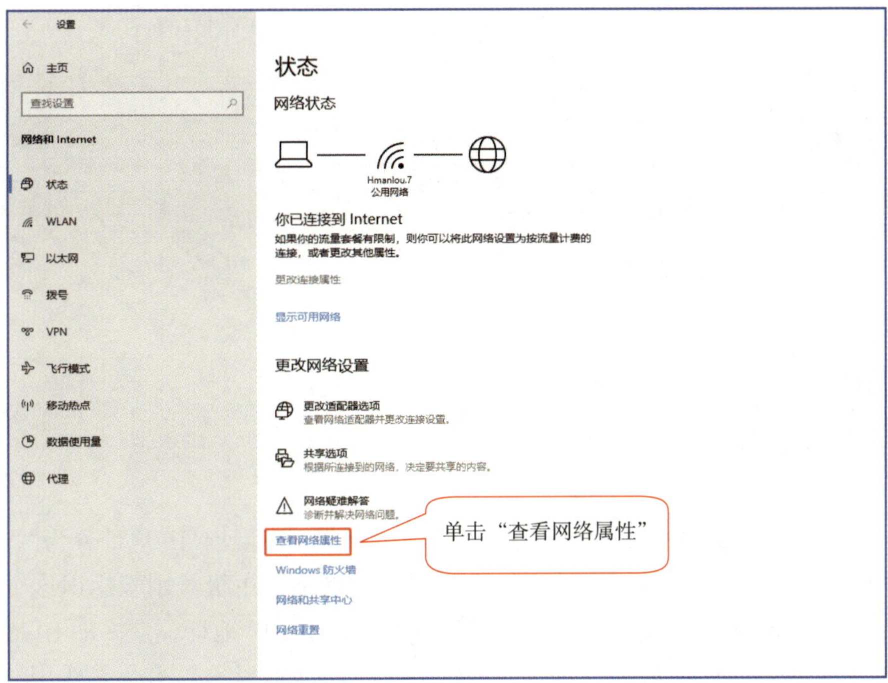

图 2-10　网络和 Internet 界面

图 2-11　查看网络属性界面

任务 2　解析特殊类型 IP 地址

1. 掌握 IP 地址的分类方法。
2. 理解特殊 IP 地址的作用。

通过学习本项目的任务 1，大家初步了解了什么是 IP 地址。IP 地址分为两个部分，即网络号与主机号，网络号用于标识一个逻辑上的网络，主机号用于标识这个网络中的一台主机（终端）。在网络中，还有一些有特定作用的 IP 地址，众多的 IP 地址也会根据网络的特点和使用场景进行划分，那么这些 IP 地址是什么？有什么作用？应该如何分类？应该如何使用？本任务将介绍相关知识，并学习对某企业 IP 地址进行简单的规划。

一、特殊的 IP 地址

1. 网络地址

IP 地址可以标识网络中的主机，用于标识一个网络位置的 IP 地址称为网络地址。

在一个网络中，除了网络号，主机号的每一位都为“0”的地址就是该主机所在网络的网络地址。

例如，200.200.200.200 是一台主机的 IP 地址，表示在 200.200.200 网络中的第 200 号主机，200.200.200.0 就是该主机所在网络的网络地址（假设最后 8 位是主机号，将其全部改成“0”之后就得到了这个网络的网络地址）。

2. 广播地址

在一个网络中，除了网络号，主机号的每一位都为“1”的地址就是该网络的广播地址，该地址用于向网络中所有主机发送信息。

例如，200.200.200.0 这个网络的网络地址为 200.200.200.0（用于标识此网络）；广播地址为 200.200.200.255（假设最后 8 位是主机号，将其都改成“1”即可），该地址用于向 200.200.200.0 网络中的所有主机同时发送信息，人们也形象地称之为发送广播；主机地址（主机能够使用的 IP 地址）范围是 200.200.200.1 ~ 200.200.200.254，也就是说人们向 200.200.200.255 这个 IP 地址发送的信息，在 200.200.200.0 这个网络中的所有主机（IP 地址为 200.200.200.1 ~ 200.200.200.254）都可以收到。

3. 回送地址

127.×.×.×（所有以 127 开头的 IP 地址）都是本机回送地址（loopback address），主要用于网络软件测试以及本机进程间通信，并用于检查 TCP/IP 是否正常，无论什么程序，一旦使用回送地址发送数据，协议收到数据后就会立即将数据包送回本机，不进行任何网络传输。

二、网络中最大主机数量

在同一个网络中，每台主机都必须有一个 IP 地址（且不能与其他主机的 IP 地址重复），才能与网络内的其他主机进行有效的通信。那如何计算网络中可容纳的最大主机数量呢？以 193.172.135 网络为例，最多能有多少台主机呢？可知主机号只有 8 位，在 193.172.135 网络中的主机号排列组合方式是“00000000” ~ “11111111”，将其换算成十进制数是 0 ~ 255，合计 256 种。其中 193.172.135.0 与 193.172.135.255 分别是这个网络的网络地址和广播地址，所以实际上可以提供给主机使用的 IP 地址范围为 193.172.135.1 ~ 193.172.135.254，合计 254 种，由此可以推导出网络中最大主机数量的公式为：

$$\text{网络中最大 IP 地址数量} = 2^{\text{该网络主机号的位数}}$$

$$\text{网络中最大主机数量} = 2^{\text{该网络主机号的位数}} - 2$$

三、IP 地址的分类

1. 常规 IP 地址的分类

为适应不同规模网络的需求，IP 地址分为 A、B、C、D、E 5 类，其中 A、B、C 类地址分别用于大型、中型、小型网络；D、E 类地址为组播地址和保留地址（这里不进行详细讲解）。IP 地址的分类示意图如图 2-12 所示，这 5 类 IP 地址的格式、最大网络数量与每个网络中最大主机数量的关系见表 2-1。

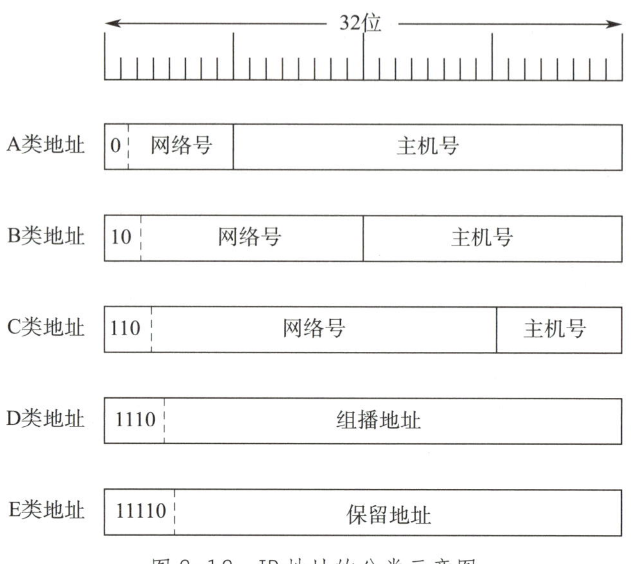

图 2-12 IP 地址的分类示意图

表 2-1 不同类别的 IP 地址对应的网络规模

分类	首字节开始位	IP 地址格式	最大网络数量	每个网络中最大主机数量
A	0	网络 . 主机 . 主机 . 主机	127	16777214
B	10	网络 . 网络 . 主机 . 主机	16384	65534
C	110	网络 . 网络 . 网络 . 主机	2097152	254
D	1110	用于组播，不能被主机使用		
E	1111	用于实验，不再分配		

以表 2-1 所列 C 类地址为例，首先 C 类地址的网络号有 24 位，主机号有 8 位（每 8 位二进制数对应 1 个十进制数），所以 C 类 IP 地址的格式为网络 . 网络 . 网络 . 主机，同时 C 类地址的开头是“110”，也就是说首字节数为“11000000”～“11011111”的 IP 地址都属于 C 类地址，将其转换为十进制数就是“192”～“223”；然后根据网络中最大主机数量计算公式可以算出 C 类地址的网络中最大主机数量为：$2^8-2=254$。

由此可见，IP 地址的首字节数决定了 IP 地址的类别，从而决定了 IP 地址网络号的位数与主机号的位数，最后决定了网络中最大主机数量，也就是网络的规模。

2. 按用途分类

IP 地址由专门的机构负责管理与分配，所有可用的 IP 地址有约 30 亿个，远远不能满足现有网络的规模，为解决这个问题，将 IP 地址分成了两种类型，一种是公网的 IP 地址，也叫公有地址，用于互联网上的主机通信；另一种是私有地址，方便用户在局域网内使用，并且私有地址不会与公有地址冲突。

（1）公有地址（public address）

在一个公共网络上传输数据时必须使用公有地址，这些地址在该网络上是唯一的。在互联网上，需向互联网服务提供商（internet service provider，ISP）申请分配公有地址，各 ISP 都要从更上一层的地址注册机构申请。

（2）私有地址（private address）

私有地址是不能直接与互联网连接的地址，可以解决公有地址短缺的问题，三类私有地址分别为：1 个 A 类私有地址 10.0.0.0、16 个 B 类私有地址 172.16.0.0 ~ 172.31.0.0、256 个 C 类私有地址 192.168.0.0 ~ 192.168.255.0。

私有地址一般为内部网（局域网）使用，所以只需要保证其在局域网内部的唯一性即可，因其不能直接连接互联网，所以一般需要通过代理（proxy）或网络地址转换（network address translation）等系统将私有地址转换成公有地址，再连接到互联网。

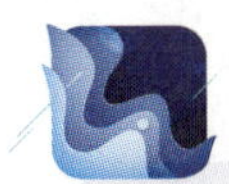

提示

上一个任务中提到了公网地址和私网地址，可以理解为公网上使用的 IP 地址叫公网地址，也叫公有地址，私有网络上的 IP 地址就称为私网地址或私有地址，这两种叫法都非常常见。

某企业需要建立内部网络，其中生产部需要使用 100 个 IP 地址，技术部需要使用 80 个 IP 地址，销售部需要使用 50 个 IP 地址，人力资源部需要使用 10 个 IP 地址。

为了方便网络管理与保证安全，必须确保各个部门之间不能直接通信（可以使用网关类设备进行可控的三层数据交换）。

一、操作过程与步骤

（1）根据用途判断该企业主机的 IP 地址属于公有地址还是私有地址。

（2）按企业需求设计不同的网络。

（3）以表格的方式进行网络规划。

二、参考范例解析

1. 进行判断

（1）因为企业内部网络属于局域网，所以需要使用私有地址。

（2）因为每个部门之间不能直接通信，所以需要使用不同的网络。

（3）因为每个部门的 IP 地址需求量都小于 254，所以使用 C 类网络即可。

2. 得出结论

根据以上 3 点，得出可以使用 4 个 C 类私有网络 192.168.1.0 ~ 192.168.4.0。网络规划见表 2–2。

表 2–2　网络规划

部门名称	网络地址	主机地址	广播地址
生产部	192.168.1.0	192.168.1.1 ~ 192.168.1.254	192.168.1.255
技术部	192.168.2.0	192.168.2.1 ~ 192.168.2.254	192.168.2.255
销售部	192.168.3.0	192.168.3.1 ~ 192.168.3.254	192.168.3.255
人力资源部	192.168.4.0	192.168.4.1 ~ 192.168.4.254	192.168.4.255

任务 3　使用掩码划分子网

1. 掌握子网掩码的作用。
2. 掌握子网的划分方法。

通过学习 IP 地址的分类，可以知道组建网络时所能使用的地址为 A、B、C 3 类。

具体选择哪一类 IP 地址来组建网络需要考虑这三类网络所限定的网络规模，如要组建一个有 300 台主机的网络时，不能使用 C 类地址，因为 C 类地址的网络最多只能容纳 254 台主机。但是如果使用一个 B 类地址（B 类地址的同一个网络中最大主机数量为 65534）来组建网络，又会造成大量 IP 地址的浪费，那么应该如何解决这个问题呢？本任务将介绍相关知识，并为某公司的 4 个部门规划网络。

一、子网掩码

从理论上来说，用户想知道对方的主机与自己的主机是否处于同一个网络内，可以通过对比通信双方的网络号是否相同来判断。因为 IP 地址由网络号和主机号组成，并且相同网络号的不同主机是可以直接通信的。但是怎么才能告知主机本机 IP 地址的前面多少位是网络号呢（如 192.168.1.1 与 192.168.2.1 的用户是否可以直接通信？它们是分别处于 192.168.1.0 和 192.168.2.0 这两个网络中的 1 号主机，还是同处于 192.168.0.0 网络中的 1.1 与 2.1 两台主机呢）？这个时候就要用到子网掩码（subnet mask）。

子网掩码又称网络掩码、地址掩码、子网络遮罩，用于标识一个 IP 地址中的哪些位是主机所在的网络，哪些位是这个网络中的主机。子网掩码不能单独存在，必须结合 IP 地址一起使用，其只有一个作用，就是将某个 IP 地址划分成网络号和主机号两部分。

将一个 IP 地址表示网络号的位用“1”表示、表示主机号的位用“0”表示，从而得到一个 32 位的子网掩码。对于 A 类地址来说，网络号的位数是 8 位，主机号的位数是 24 位（可参考 IP 地址分类部分的内容），用二进制数表示是 11111111.00000000.00000000.00000000（因为前面 8 位是网络号，后面 24 位是主机号），子网掩码示意图如图 2-13 所示。所以 A 类地址默认的子网掩码是 255.0.0.0，同理 B 类地址默认的子网掩码是 255.255.0.0，C 类地址默认的子网掩码是 255.255.255.0。

可以简单理解为：子网掩码转换为二进制数后，前面连续“1”的个数就是该 IP 地址对应的网络号的位数，后面连续“0”的个数就是该 IP 地址对应的主机号的位数（子网掩码转换为二进制数后，如果不是前面连续的“1”和后面连续的“0”，那就不是一个合法的子网掩码）。

计算机通过子网掩码与 IP 地址的“与”运算之后，将会得到对方主机与本机的网络地址，从而判断数据是否能够直接发送或接收。

A类地址：

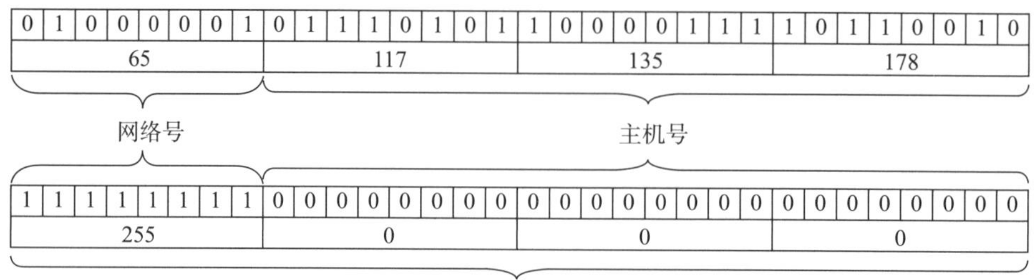

A类地址默认子网掩码

B类地址：

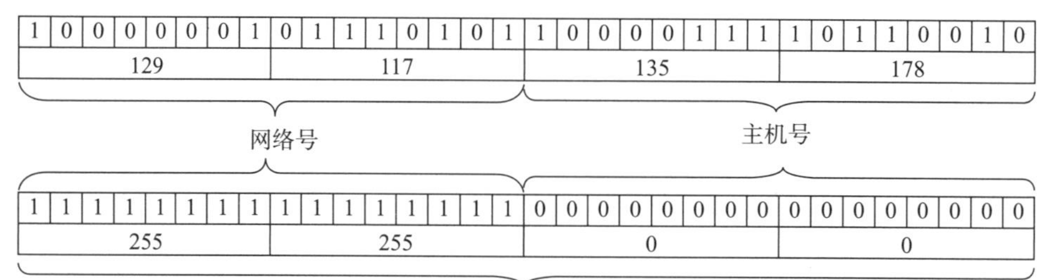

B类地址默认子网掩码

C类地址：

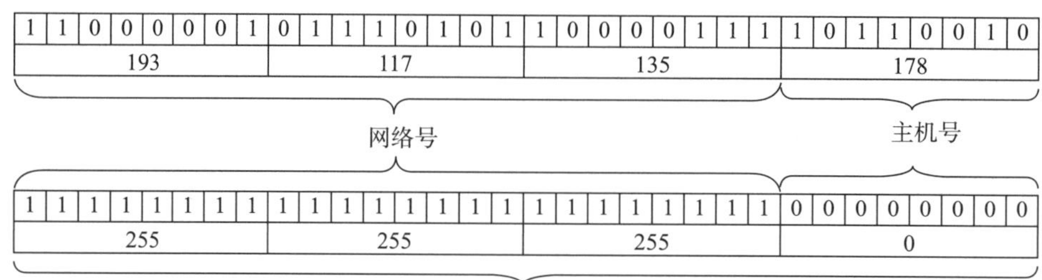

C类地址默认子网掩码

图 2-13 子网掩码示意图

例如，局域网内有三台主机 A、B、C，要判断它们之间能否直接通信。

主机 A：IP 地址为 192.168.0.1，子网掩码为 255.255.255.0。

主机 B：IP 地址为 192.168.0.200，子网掩码为 255.255.255.0。

主机 C：IP 地址为 192.168.1.100，子网掩码为 255.255.255.0。

将主机 A 的 IP 地址和子网掩码转换为二进制数，如图 2-14 所示。将 IP 地址与子网掩码进行“与”运算，“与”运算可以理解为逐位相乘，于是可以得到主机 A 的网络地址，如图 2-15 所示。

1	1	0	0	0	0	0	0	1	0	1	0	1	0	0	0	0	0	0	0	0	0	0	0	0	0	0	0	0	0	0	1	IP地址
1	1	1	1	1	1	1	1	1	1	1	1	1	1	1	1	1	1	1	1	1	1	1	1	0	0	0	0	0	0	0	0	子网掩码

图 2-14　将主机 A 的 IP 地址和子网掩码转换为二进制数

1	1	0	0	0	0	0	0	1	0	1	0	1	0	0	0	0	0	0	0	0	0	0	0	0	0	0	0	0	0	0	0

图 2-15　主机 A 的网络地址

将其转换为十进制数就是 192.168.0.0。同理可以计算出主机 B、C 的网络地址：主机 B 的网络地址为 192.168.0.0，主机 C 的网络地址为 192.168.1.0。

因为主机 A、B 的网络地址相同，主机 C 的网络地址与其不同，所以主机 A、B 之间可以直接通信，但是主机 A、B 都不能与主机 C 直接通信。

二、可变长子网掩码（VLSM）

对 IP 地址进行简单的分类可以限制单个网络的规模（C 类地址网络中最大主机数量为 254，B 类地址网络中最大主机数量为 65534，而 A 类地址网络中最大主机数量为一千多万），但是这种划分不够精细，会造成大量 IP 地址的浪费。例如，网络中需要容纳 300 台主机，如果只能选择可容纳 65534 台主机的 B 类地址来组建网络，这就好比建造了一座摩天大楼，却只需要使用到其中的一个房间，这不但会浪费大量的资源，也会降低网络寻址的效率。

既然用 A、B、C 类地址对网络分类不够精细，那就需要使用其他方法。可变长子网掩码（VLSM）可把主网再次划分为多个更小、更精确的子网。以前面提到的 300 台主机的网络为例，选择 C 类地址组建的网络不能满足网络规模的需求，使用 B 类地址组建网络又显得十分浪费，那么能不能只使用一个 B 类地址网络中的一部分（也就是子网）呢？下面将对这个场景进行描述和分析。

1. 通过网络中最大主机数量计算公式确定主机号需要的位数

使用 8 位主机号时，网络只能容纳最多 254 台主机（2^8–2=254）；使用 9 位主机号时，网络中最大主机数量为 510（2^9–2=510）。由此推算出，至少需要使用 9 位主机号才能满足 300 台主机的需求。

2. 计算子网掩码

根据主机号的位数是 9，计算出网络号的位数是 23（根据网络号位数 + 主机号位数 =32）。所以可变长子网掩码为 23 个“1”和 9 个“0”，即子网掩码为 255.255.254.0，如图 2-16 所示。

1	1	1	1	1	1	1	1	1	1	1	1	1	1	1	1	1	1	1	1	1	1	1	0	0	0	0	0	0	0	0	0
255								255								254								0							

图 2-16　可变长子网掩码

三、子网掩码的 CIDR（无类别域间路由选择）表示方式

CIDR（无类别域间路由选择）表示方式是子网掩码的另一种表示方式，它提供了一种更简洁、更直观的方式来表示 IP 地址和子网掩码间的关系。在专业场景中，子网掩码可用网络号的位数进行表示，如主机的 IP 地址为 192.168.0.1，则子网掩码 255.255.255.0 可以表示为 192.168.0.1/24（24 表示子网掩码前面有 24 个连续的“1”）。

一、对称子网（每个子网大小相同）划分

某公司有 4 个部门（财务部、市场部、工程部、行政部），每个部门都有 40 台主机，请为这 4 个部门规划网络，要求 4 个部门分别位于不同的子网内。

已知 4 个部门主机数量都是 40 台，根据网络中最大主机数量的公式可得 $2^6-2=62$，可以知道只需要使用 6 位主机号就可以满足需求。

由网络号位数 + 主机号位数 =32 可知网络号位数为 32−6=26，从而得出子网掩码为 11111111.11111111.11111111.11000000（26 个“1”、6 个“0”），将其转换为十进制的子网掩码为 255.255.255.192。

这 4 个子网中的每个子网都需要占用的 IP 地址数量为 $2^6=64$ 个（包含网络地址、主机地址和广播地址），合计 64×4=256 个，而一个 C 类地址可以提供的 IP 地址数量为 $2^8=256$ 个（包含网络地址、主机地址和广播地址），所以只需使用 C 类地址即可。在这里选用一个 C 类私有地址网络 192.168.1.0，因为私有地址一般为内部网（局域网）使用，通过代理或网络地址转换可将私有地址转换成公有地址，也能连接到互联网，并且无须产生任何费用。

1. 财务部子网

财务部子网的网络地址如图 2-17 所示，把 192.168.1.0 转换为二进制数，可知 IP 地址的前 26 位为网络号，其中前 24 位为 C 类地址的主网网络号（也就是图 2-17 中的 a 部分），中间 2 位为子网网络号（也就是图 2-17 中的加粗的 b 部分，这是由划分者自行取值的，只要保证每个子网之间的子网网络号不一样即可，在这里把第一个子网的网络号设置为“00”），最后的 6 位就是主机号了（也就是图 2-17 中的 c 部分）。

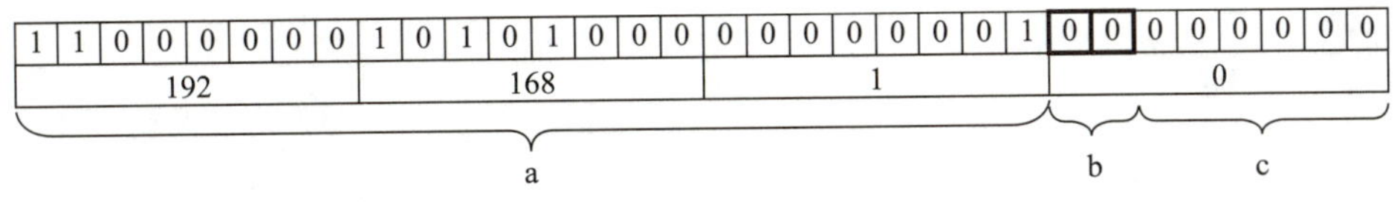

图 2-17　财务部子网的网络地址

考虑到主机号全部为“0”与全部为“1”分别是该网络的网络地址和广播地址，则该网络的网络地址是 11000000.10101000.00000001.00000000（用十进制数表示为 192.168.1.0），可用的 IP 地址范围是 11000000.10101000.00000001.00000001 ~ 11000000.10101000.00000001.00111110（用十进制数表示为 192.168.1.1 ~ 192.168.1.62），广播地址是 11000000.10101000.00000001.00111111（用十进制数表示为 192.168.1.63）。

这个网络中的所有地址前 26 位都是 11000000.10101000.00000001.00。

2. 市场部子网

与第一个子网的计算方法类似，市场部子网的网络地址如图 2-18 所示，前 24 位为 C 类地址的主网网络号（a 部分），中间 2 位为子网网络号（b 部分），不能与第一个子网的网络号重复（在这里设置为“01”号子网），最后 6 位为主机号（c 部分）。

考虑到主机号全部为“0”与全部为“1”分别是该网络的网络地址和广播地址，则该网络的网络地址是 11000000.10101000.00000001.01000000（用十进制数表示为 192.168.1.64），可用的 IP 地址范围是 11000000.10101000.00000001.01000001 ~ 11000000.10101000.00000001.01111110（用十进制数表示为 192.168.1.65 ~ 192.168.1.126），广播地址是 11000000.10101000.00000001.01111111（用十进制数表示为 192.168.1.127）。

这个网络中的所有地址前 26 位都是 11000000.10101000.00000001.01。

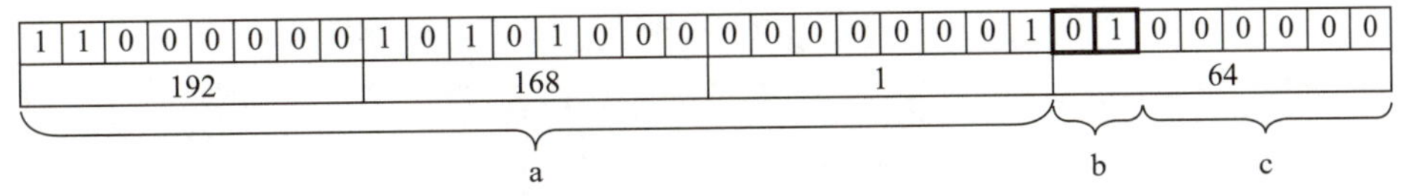

图 2-18　市场部子网的网络地址

3. 工程部子网

工程部子网的网络地址如图 2-19 所示，前 24 位为 C 类地址的主网网络号（a 部分），中间 2 位为子网网络号（b 部分），在这里设置为“10”号子网，最后 6 位为主机号（c 部分）。

考虑到主机号全部为“0”与全部为“1”分别是该网络的网络地址和广播地址，则该网络的网络地址是 11000000.10101000.00000001.10000000（用十进制数表示为 192.168.1.128），可用的 IP 地址范围是 11000000.10101000.00000001.10000001 ~ 11000000.

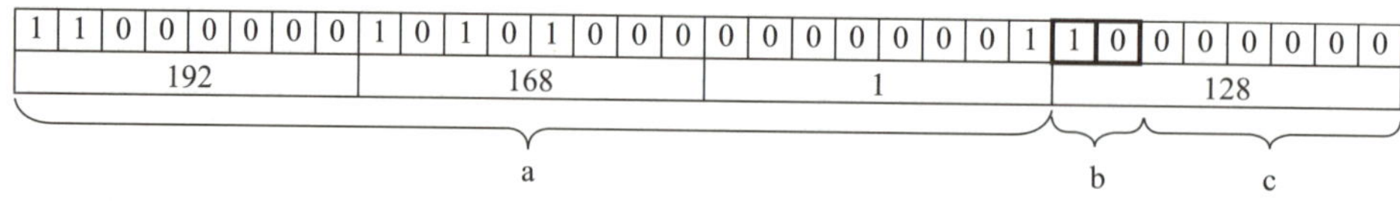

图 2-19　工程部子网的网络地址

10101000.00000001.10111110（用十进制数表示为 192.168.1.129～192.168.1.190），广播地址是 11000000.10101000.00000001.10111111（用十进制数表示为 192.168.1.191）。

这个网络中的所有地址前 26 位都是 11000000.10101000.00000001.10。

4. 行政部子网

行政部子网的网络地址如图 2-20 所示，同理可知，该网络的网络地址是 11000000.10101000.00000001.11000000（用十进制数表示为 192.168.1.192），可用的 IP 地址范围是 11000000.10101000.00000001.11000001～11000000.10101000.00000001.11111110（用十进制数表示为 192.168.1.193～192.168.1.254），广播地址是 11000000.10101000.00000001.11111111（用十进制数表示为 192.168.1.255）。

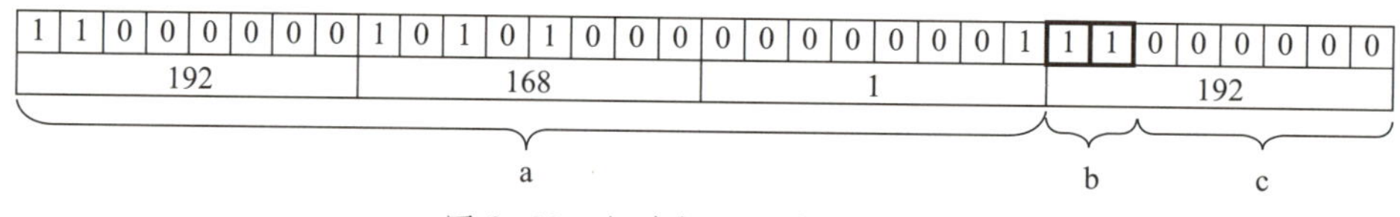

图 2-20　行政部子网的网络地址

这个网络中的所有地址前 26 位都是 11000000.10101000.00000001.11。

这 4 个部门的 IP 地址规划（对称子网）见表 2-3。

表 2-3　4 个部门的 IP 地址规划（对称子网）

部门	可用的 IP 地址范围	子网的网络地址	子网的广播地址	子网掩码
财务部	192.168.1.1～192.168.1.62	192.168.1.0	192.168.1.63	255.255.255.192
市场部	192.168.1.65～192.168.1.126	192.168.1.64	192.168.1.127	255.255.255.192
工程部	192.168.1.129～192.168.1.190	192.168.1.128	192.168.1.191	255.255.255.192
行政部	192.168.1.193～192.128.1.254	192.168.1.192	192.168.1.255	255.255.255.192

对称子网的划分比较简单，熟练以后一般都可以口算完成划分。这里形象地总结一下，对称子网的划分就好比切西瓜，把一个大的主网划分为若干个子网就好比把一个大西瓜切成若干块，每块西瓜是一样大的。所以切一刀（借用 1 位主机号当成子网网络号）就变成两块（主网被分成两个对称的子网），切两刀（借用 2 位主机号当成子网网络号）就变成 4 块（主网被分成 4 个对称的子网），以此类推，可以得到子网数量

与子网网络号位数的关系为：

$$最大子网数量=2^{子网网络号的位数}$$

二、非对称子网（每个子网大小不同）划分

某公司有 4 个部门，其中工程部有 110 台主机，其他 3 个部门（财务部、市场部、行政部）各有 40 台主机，请为这 4 个部门规划网络，要求 4 个部门分别位于不同的子网中。

因为财务部、市场部、行政部的主机数量都是 40 台，根据网络中最大主机数量的公式可得 $2^6-2=62$，可以知道只需要使用 6 位主机号就可以满足需求。

工程部主机数量是 110 台，根据网络中最大主机数量的公式可得 $2^7-2=126$，可以知道只需要使用 7 位主机号就可以满足需求。

因为网络号位数 + 主机号位数 =32，所以工程部的网络号位数为 32−7=25，从而得出子网掩码为 255.255.255.128（25 个“1”、7 个“0”），其他 3 个部门的网络号位数为 32−6=26，从而得出财务部、市场部、行政部的子网掩码为 255.255.255.192（26 个“1”、6 个“0”）。

工程部子网需要占用的 IP 地址数量为 $2^7=128$ 个，另外 3 个部门子网需要占用的 IP 地址数量为 $2^6=64$ 个，合计 IP 地址数量为 $64\times3+128=320$ 个，而一个 C 类地址可以提供的 IP 地址数量为 $2^8=256$ 个，所以需要使用 B 类地址组建网络，在这里选用一个 B 类私有地址网络 172.16.0.0。

1. 工程部子网

工程部子网的网络地址如图 2−21 所示，前 16 位为 B 类地址的主网网络号（a 部分），中间加粗的 9 位为子网网络号（b 部分），在这里设置为“000000000”号子网，最后 7 位为主机号（c 部分）。

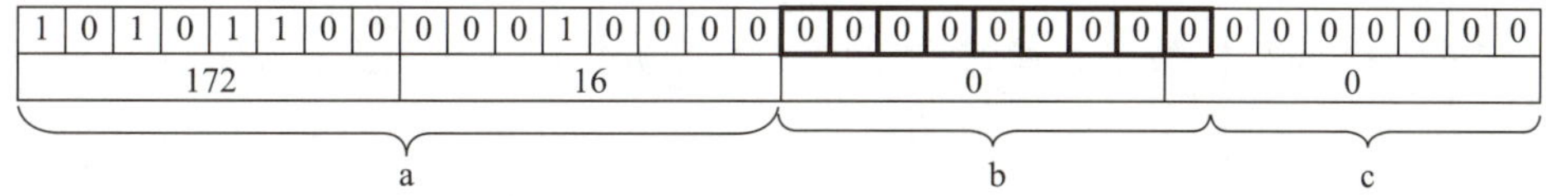

图 2−21　工程部子网的网络地址

考虑到主机号全部为“0”与全部为“1”分别是该网络的网络地址和广播地址，则该网络可用的 IP 地址范围是 10101100.00010000.00000000.00000001 ~ 10101100.00010000.00000000.011111110，将其转换为十进制数就是 172.16.0.1 ~ 172.16.0.126。

2. 财务部子网

因为子网网络号“000000000”（图 2−21 中加粗部分）已经被工程部使用，故财务部选用的子网网络号为“0000000010”。

财务部子网的网络地址如图 2–22 所示，前 16 位为 B 类地址的主网网络号（a 部分），中间加粗的 10 位为子网网络号（b 部分），在这里设置为“0000000010”号子网，最后 6 位为主机号（c 部分）。

考虑到主机号全部为“0”与全部为“1”分别是该网络的网络地址和广播地址，则该网络可用的 IP 地址范围是 10101100.00010000.00000000.10000001 ~ 10101100.00010000.00000000.101111110，将其转换为十进制数就是 172.16.0.129 ~ 172.16.0.190。

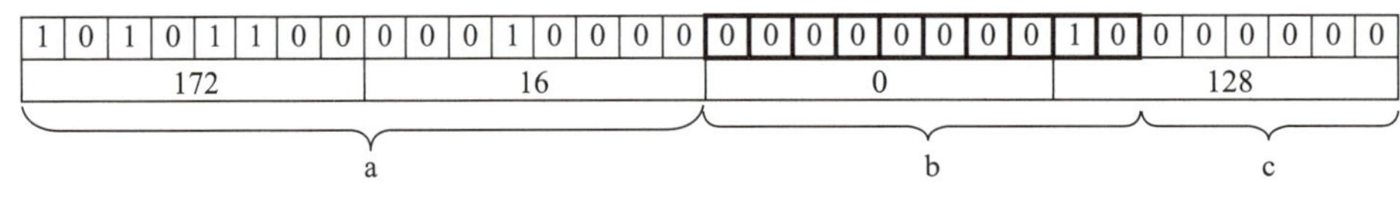

图 2–22 财务部子网的网络地址

3. 市场部、行政部子网

剩余两个部门子网的网络地址计算方法与上述类似，这里不再介绍。综上所述，这 4 个部门的 IP 地址规划（非对称子网）见表 2–4。

表 2–4 4 个部门的 IP 地址规划（非对称子网）

部门	可用的 IP 地址范围	子网的网络地址	子网的广播地址	子网掩码
工程部	172.16.0.1 ~ 172.16.0.126	172.16.0.0	172.16.0.127	255.255.255.128
市场部	172.16.0.129 ~ 172.16.0.190	172.16.0.128	172.16.0.191	255.255.255.192
财务部	172.16.0.193 ~ 172.16.0.254	172.16.0.192	172.16.0.255	255.255.255.192
行政部	172.16.1.1 ~ 172.16.1.62	172.16.1.0	172.16.1.63	255.255.255.192

三、子网划分的一般步骤

（1）根据企业主机数量，通过网络中最大主机数量计算公式，确定主机号需要的位数。

（2）计算出子网掩码，并根据各个子网占用 IP 地址数量的总和选择合适的 IP 地址类别。

（3）计算出各个子网的可用 IP 地址范围，并以表格方式进行企业各部门 IP 地址规划。

提示

在划分子网时，要注意以下几点。

所划分出来的网络的网络号是主网网络号加上子网网络号。

所划分出来的网络的可用 IP 地址最好是连贯的（中间缺少的 2 个 IP 地址是划分出来的子网所占用的网络地址和广播地址）。

所有划分出来的子网都在同一主网内。

在实际应用中，如果局域网有接入其他网络的需求，那么要考虑预留 IP 地址给网关设备。

在实际应用中，划分子网时还要考虑到网络的发展而预留部分 IP 地址。

项目三
常用网络命令

任务1 查看基本网络配置

熟练使用 ipconfig 命令查看网络配置状况。

在项目二中介绍了网络地址，还介绍了如何配置 IP 地址。那么，配置了 IP 地址就一定配置成功了吗？想查看网络的基本状况时又该如何操作呢？在项目二中虽然介绍了在系统中查看 IP 地址等信息的方法，但是在网络中，尤其是在服务器上，为了保证尽量少地占用服务器的资源以提高性能，往往会通过命令行模式对服务器进行基本的操作。那么，如何在命令行模式下查看网络的配置情况呢？本任务将介绍相关知识，并介绍如何查看本机的 TCP/IP 配置，以及如何查看与清空 DNS 缓存。

一、命令行模式

1. 命令提示符模式

命令提示符是在操作系统中提示进行命令输入的一种工作提示符。在不同的操作系统中，命令提示符各不相同。在 Windows 操作系统中，命令行程序为 cmd.exe，是一个 32 位的命令行程序，是微软开发的 Windows 操作系统上的命令解释程序，类似于微软的 DOS 操作系统。

在 Windows 10 系统中，可以使用按【■】+【R】快捷键的方式打开命令提示符模式（Windows 2000 之后的版本都可以用此方法），也可以使用鼠标右键单击“开始”菜单，在弹出的菜单中单击“命令提示符”或“命令提示符（管理员）”打开。

提示

以管理员身份打开命令行模式后，可执行一些需要管理员权限才可执行的操作。

键盘上的【■】键也被称为【Win】键。

2. PowerShell 模式

PowerShell 是微软发布的一种命令行外壳程序和脚本环境，使命令行用户和脚本编写者可以利用 .NET Framework 的强大功能。在 Windows 10 系统中，打开“开始”菜单并转到 Windows PowerShell 快捷方式文件夹，找到 Windows PowerShell 的快捷方式。（要以管理员身份运行，使用鼠标右键单击 Windows PowerShell 快捷方式，在弹出的菜单中单击“更多”，再单击“以管理员身份运行”）。

在 Windows 10 系统中按【■】+【X】快捷键，会弹出系统快捷菜单，菜单中包含许多方便用户管理系统的工具，其中的命令行工具默认就是 PowerShell，如果用户想用 PowerShell 替换回命令提示符的话，可以通过以下步骤操作。

（1）打开 Windows 设置界面，并单击“个性化”。

（2）在个性化界面中选择左侧的“任务栏”，在右侧找到“当我右键单击‘开始’按钮或按下【■】+【X】……”下的开关（开关关闭状态表示使用命令提示符模式，开关开启状态表示使用 Windows PowerShell 模式）。

二、ipconfig 命令详解

命令格式：ipconfig/ 参数。

ipconfig 命令有许多功能，用户在命令提示符模式下按照 ipconfig 命令的格式输入即可。

在命令提示符模式下输入“ipconfig /?”并按回车键可以获取此命令的帮助消息，如图 3-1 所示。

```
命令提示符
(c) Microsoft Corporation。保留所有权利。

C:\Users\lenov>ipconfig /?

用法:
    ipconfig [/allcompartments] [/? | /all |
                                 /renew [adapter] | /release [adapter] |
                                 /renew6 [adapter] | /release6 [adapter] |
                                 /flushdns | /displaydns | /registerdns |
                                 /showclassid adaptor |
                                 /setclassid adapter [classid] |
                                 /showclassid6 adapter |
                                 /setclassid6 adapter [classid] ]

其中
    adapter             连接名称
                       (允许使用通配符 * 和 ?, 参见示例)

    选项:
       /?               显示此帮助消息
       /all             显示完整配置信息。
       /release         释放指定适配器的 IPv4 地址。
       /release6        释放指定适配器的 IPv6 地址。
       /renew           更新指定适配器的 IPv4 地址。
       /renew6          更新指定适配器的 IPv6 地址。
       /flushdns        清除 DNS 解析程序缓存。
       /registerdns     刷新所有 DHCP 租用并重新注册 DNS 名称
       /displaydns      显示 DNS 解析程序缓存的内容。
       /showclassid     显示适配器允许的所有 DHCP 类 ID。
       /setclassid      修改 DHCP 类 ID。
       /showclassid6    显示适配器允许的所有 IPv6 DHCP 类 ID。
       /setclassid6     修改 IPv6 DHCP 类 ID。
```

图 3-1　获取 ipconfig 命令的帮助消息

ipconfig 命令的常用参数解析如下。

- 使用 ipconfig 命令可以查看到本机所有连接的 TCP/IP 的基本配置信息（IP 地址、子网掩码、默认网关等信息）。
- 使用 ipconfig /all 命令可以查看到本机所有连接的 TCP/IP 的详细配置信息［在基本信息的基础上还可以查看到连接的描述、物理地址、DHCP（动态主机配置协议）信息、DNS 信息、NetBIOS 信息等］。
- 使用 ipconfig /release 命令可以释放（清空）通过 DHCP 服务获取到的 IP（IPv4）地址，也可以在 ipconfig /release 后添加连接名称释放指定网络连接的 IP 地址，如 ipconfig /release WAN 命令可以释放无线网络连接（连接名为“WAN”）的 IP 地址。
- 使用 ipconfig /release6 命令可以释放（清空）通过 DHCP 服务获取到的 IP（IPv6）地址。
- 使用 ipconfig /renew 命令可以通过 DHCP 服务重新获取（租用）IP（IPv4）地址，同样也可以在 ipconfig /renew 后添加连接名称重新获取指定网络连接的 IP 地址，如 ipconfig /renew 本地连接 1 命令可以让本地连接 1 重新获取 IP 地址。
- 使用 ipconfig/flushdns 命令可以清空本机 DNS 缓存中的 DNS 信息。
- 使用 ipconfig/displaydns 命令可以显示本机 DNS 缓存中的 DNS 信息。

● 使用 ipconfig/registerdns 命令可以刷新所有 DHCP 租用（更新租约）并重新注册 DNS 名称。

通过使用 ipconfig 命令查看本机的 TCP/IP 配置，以及查看并清空本机的 DNS 缓存，达到熟练使用 ipconfig 命令的目的。

一、查看本机 TCP/IP 配置

以 Windows 10 系统为例，练习在命令提示符模式下查看本机 TCP/IP 的配置，操作过程与步骤如下。

1. 查看本机 TCP/IP 的基本配置信息

用鼠标右键单击“开始”菜单，在弹出的菜单中单击“命令提示符”，打开命令提示符界面，如图 3-2 所示。

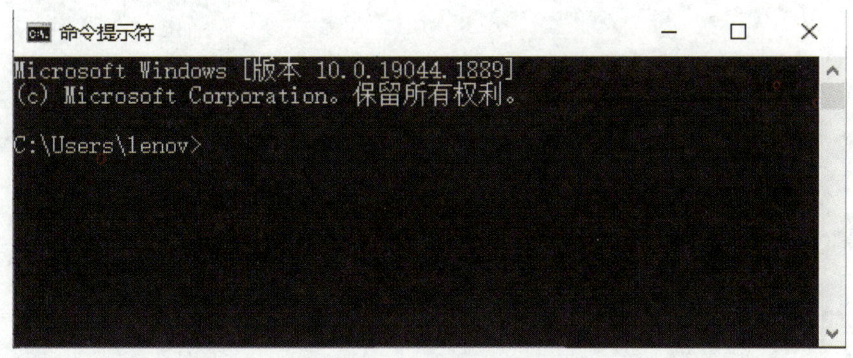

图 3-2　命令提示符界面

输入“ipconfig”后按回车键，得到本机所有连接的 TCP/IP 的基本配置信息，如图 3-3 所示，其中包含 IPv4 和 IPv6 的地址信息、子网掩码和默认网关的 IP 地址信息。

2. 查看本机 TCP/IP 的详细配置信息

参考上一个步骤的方法，打开命令提示符界面后输入“ipconfig /all”，按回车键可以得到本机所有连接的 TCP/IP 的详细配置信息，如图 3-4 所示。

对比图 3-3 与图 3-4 的结果可以看出，详细配置信息中增加了很多 TCP/IP 配置的信息（DNS 信息、DHCP 信息、连接描述、物理地址、NetBIOS 信息等）。

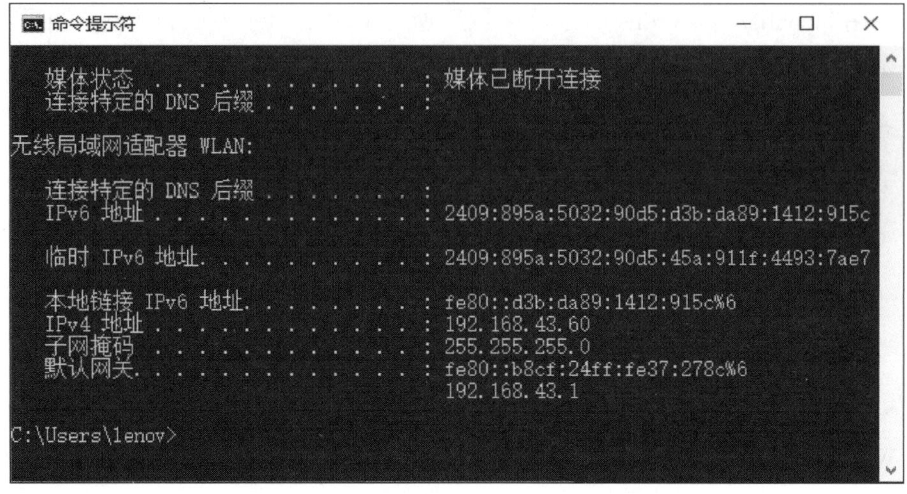

图 3-3　本机所有连接的 TCP/IP 的基本配置信息

```
命令提示符
   物理地址. . . . . . . . . . . . . : 8E-70-5A-81-6D-A4
   DHCP 已启用 . . . . . . . . . . . : 是
   自动配置已启用. . . . . . . . . . : 是

无线局域网适配器 WLAN:

   连接特定的 DNS 后缀 . . . . . . . :
   描述. . . . . . . . . . . . . . . : Intel(R) Centrino(R) Advanced-N 6205
   物理地址. . . . . . . . . . . . . : 8C-70-5A-81-6D-A4
   DHCP 已启用 . . . . . . . . . . . : 是
   自动配置已启用. . . . . . . . . . : 是
   IPv6 地址 . . . . . . . . . . . . : 2409:895a:5032:90d5:d3b:da89:1412:915c(首选)
   临时 IPv6 地址. . . . . . . . . . : 2409:895a:5032:90d5:712d:f997:b67a:1cd1(首选)
   本地链接 IPv6 地址. . . . . . . . : fe80::d3b:da89:1412:915c%6(首选)
   IPv4 地址 . . . . . . . . . . . . : 192.168.43.60(首选)
   子网掩码 . . . . . . . . . . . . : 255.255.255.0
   获得租约的时间 . . . . . . . . . : 2022年11月12日 12:58:46
   租约过期的时间 . . . . . . . . . : 2022年11月12日 13:58:46
   默认网关. . . . . . . . . . . . . : fe80::b8cf:24ff:fe37:278c%6
                                       192.168.43.1
   DHCP 服务器 . . . . . . . . . . . : 192.168.43.1
   DHCPv6 IAID . . . . . . . . . . . : 76312666
   DHCPv6 客户端 DUID . . . . . . . : 00-01-00-01-2A-F4-DE-55-8C-70-5A-81-6D-A4
   DNS 服务器 . . . . . . . . . . . : 192.168.43.1
   TCPIP 上的 NetBIOS . . . . . . . : 已启用

C:\Users\lenov>
```

图 3-4　本机所有连接的 TCP/IP 的详细配置信息

二、查看与清空 DNS 缓存

（1）打开网页浏览器访问百度（www.baidu.com），此步骤用于产生百度主机与百度域名（www.baidu.com）之间的 DNS 缓存信息。

（2）打开命令提示符界面（可参考查看本机 TCP/IP 配置信息时的操作方法）。

（3）输入“ipconfig/displaydns”后按回车键，可以看到 DNS 缓存信息，如图 3-5 所示。

```
命令提示符

    www.baidu.com
    ----------------------------------------
    记录名称. . . . . . . : www.baidu.com
    记录类型. . . . . . . : 5
    生存时间. . . . . . . : 88
    数据长度. . . . . . . : 8
    部分. . . . . . . . . : 答案
    CNAME 记录  . . . . . : ps_other.a.shifen.com


    记录名称. . . . . . . : ps_other.a.shifen.com
    记录类型. . . . . . . : 1
    生存时间. . . . . . . : 88
    数据长度. . . . . . . : 4
    部分. . . . . . . . . : 答案
    A (主机)记录  . . . . : 39.156.66.10


    记录名称. . . . . . . : ns1.a.shifen.com
    记录类型. . . . . . . : 1
    生存时间. . . . . . . : 88
    数据长度. . . . . . . : 4
    部分. . . . . . . . . : 其他
    A (主机)记录  . . . . : 110.242.68.42


    记录名称. . . . . . . : ns2.a.shifen.com
    记录类型. . . . . . . : 1
    生存时间. . . . . . . : 88
```

图 3-5　DNS 缓存信息

（4）输入“ipconfig/flushdns”后按回车键，清空当前的 DNS 缓存，如图 3-6 所示。

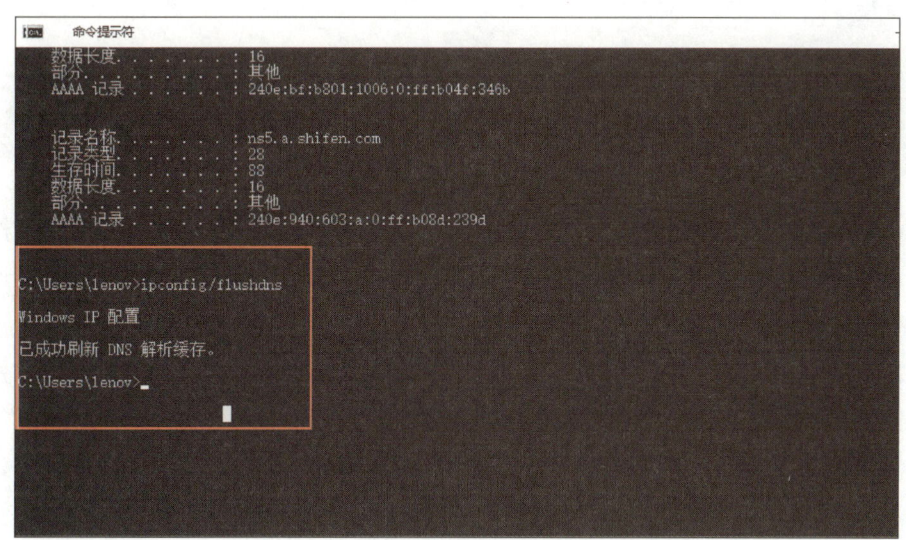

图 3-6　清空 DNS 缓存

（5）再次输入“ipconfig/displaydns”后按回车键，可以看到 DNS 缓存信息已被清空。

任务 2　查看网络连通情况

熟练使用 ping/tracert 命令查看并测试网络健康情况。

在使用计算机的过程中，如果发生了网络不能使用的情况，那么仅使用本项目任务 1 中学到的知识查看本机的配置是不够的，还需要进行问题诊断，分析网络问题出在哪里。那么，能使用哪些命令来发现和诊断网络存在的问题呢？本任务将对网络诊断中使用最多的 ping 命令和 tracert 命令进行详细的介绍，并对本机网络连通情况进行测试。

一、ping 命令

ping 命令原本是潜水艇技术里的专用术语，代表回应的声呐脉冲。在计算机网络中，ping 命令是一个非常好用和实用的 TCP/IP 工具，主要的功能是检测网络的连通情况和分析网络的连接状态。

ping 命令是通过使用 ICMP 向目的主机发送数据包并收到回应数据包的方式来获得相关网络连接信息的，这个数据包也被形象地称为 ping 数据包，在实际工作场景中，ping 命令是使用最频繁的网络命令之一。

命令格式：ping －参数 1 ……－参数 *N* 目标主机（可以是 IP 地址或主机名或域名）。

ping 命令的常用参数解析如下。

- –?，获取 ping 命令的帮助信息。
- –t，ping 指定的主机，直到按【Ctrl】+【C】快捷键停止。
- –a，将地址解析为主机名。
- –n count，要发送的 ping 数据包数量，没指定时默认值为 4（Windows 10 系统中）。

- –l size，发送缓冲区大小。
- –4，强制使用 IPv4。
- –6，强制使用 IPv6。

使用 ping 命令后返回信息的含义如下。

1. Request timed out（请求超时）

这是常碰到的提示信息，一般有以下几种情况。

（1）对方已关机，或者网络上根本没有这个地址。

（2）对方与自己不在同一网络内（网络号不同），通过路由也无法找到对方，但对方确实是存在的。

（3）对方确实存在，但设置了 ICMP 数据包过滤（如防火墙设置）。

提示

这种情况下可以用带参数 –a 的 ping 命令探测对方，若能得到对方的名称，则说明对方是存在的，可能是有防火墙设置；若得不到对方的名称，则一般是对方不存在或关机，或不在同一网络中。

（4）错误设置 IP 地址（比较常见的是同一个网卡设置了多个网络号相同的 IP 地址）。

2. Destination host unreachable（目标主机不可达）

（1）目标主机与本机不在同一网络内，而本机又未设置默认的路由。

（2）网线出了故障。

3. Bad IP address（错误的 IP 地址）

此提示信息表示可能没有连接到 DNS 服务器，无法解析目标主机的 IP 地址，也可能是 IP 地址不存在。

4. Source quench received（收到无回应）

这个信息比较特殊，出现的概率很小，表示对方或中途的服务器繁忙无法回应。

5. Unknown host（不知名主机）

这个信息表示目标主机的名字不能被正常解析成 IP 地址，故障原因可能是域名服务器有故障、名字错误、通信线路有故障。

6. No answer（无响应）

这个信息表示接收不到目标主机的任何信息，故障原因可能是目标主机未工作、网络配置不正确、路由器未工作、通信线路故障。

7. No rout to host（没有相关路由）

这个信息表示网卡工作不正常。

8. Transmit failed，error code（传输失败）

这个信息表示驱动程序有问题。

9. Unknown host name：DNS（未知的主机名）

这个信息表示 DNS 方面有问题。

提示

ping 命令的具体使用方法是在命令提示符界面中按格式输入命令，在后面的任务实施中再详细介绍。

二、tracert 命令

tracert 命令就是路由跟踪命令，是检测路由节点数的一个网络命令。使用这个命令可进行跟踪检测，查找到从本机到目标主机之间的所有服务器或路由器。

命令格式：tracert 目标主机（可以是 IP 地址或主机名或域名）。

以跟踪到百度主机（www.baidu.com）为例，输入命令后得到执行结果，如图 3-7 所示。

图 3-7 tracert 命令的执行结果

上图显示用户的访问经过了 11 个跃点才到达百度主机，右侧显示的是每个跃点的 IP 地址信息（“请求超时”大多是因为该节点处设置了禁用 tracert 命令），左侧显示的 3 个时间（如 37 ms、38 ms、37 ms）代表的是 ping 值（等同于 ping 命令的 3 个 ping 数据包返回的时间）。

根据所学的内容，使用相关命令对实训所用计算机的网络连通情况进行检查，需要在具备上网条件的局域网内进行（一般网络机房即可满足条件），网络拓扑图如图 3-8 所示。

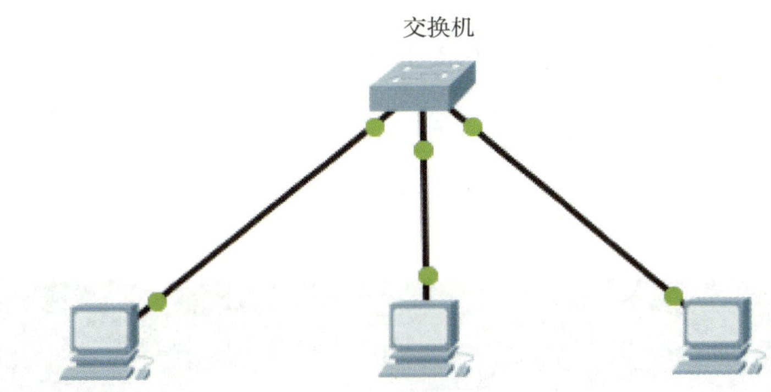

图 3-8　网络拓扑图

一、ping 命令操作

（1）学生机 1 在命令提示符界面中输入“ping 192.168.0.30”，测试与学生机 30 之间的网络连通情况，ping 命令的返回结果如图 3-9 所示。

因为 ping 命令的默认 ping 数据包是 4 个，从图 3-9 中可以看出学生机 1 收到了 4 个 ping 数据包的回复“来自 192.168.0.30 的回复：字节 =32 时间 <1 ms TTL=128”（这 4 个数据包都是 32 字节，在小于 1 ms 的时间内就收到了回复，生存期为 128）。

提示

“生存期为 128”是指该数据包在网上经过 128 个跃点后就会失效（避免网络拥堵）。此操作一般用于检查网络是否能够正常通信。

```
命令提示符
C:\Users\lenov>ping 192.168.0.30

正在 Ping 192.168.0.30 具有 32 字节的数据:
来自 192.168.0.30 的回复: 字节=32 时间<1ms TTL=128
来自 192.168.0.30 的回复: 字节=32 时间<1ms TTL=128
来自 192.168.0.30 的回复: 字节=32 时间<1ms TTL=128
来自 192.168.0.30 的回复: 字节=32 时间<1ms TTL=128

192.168.0.30 的 Ping 统计信息:
    数据包: 已发送 = 4，已接收 = 4，丢失 = 0 (0% 丢失)，
往返行程的估计时间(以毫秒为单位):
    最短 = 0ms，最长 = 0ms，平均 = 0ms

C:\Users\lenov>
```

图 3-9　ping 命令的返回结果

（2）学生机 1 在命令提示符界面中输入“ping –t www.baidu.com”，测试与百度主机之间的网络连通情况。在收到十个以上回复数据后按【Ctrl】+【C】快捷键中断测试，返回结果如图 3-10 所示。

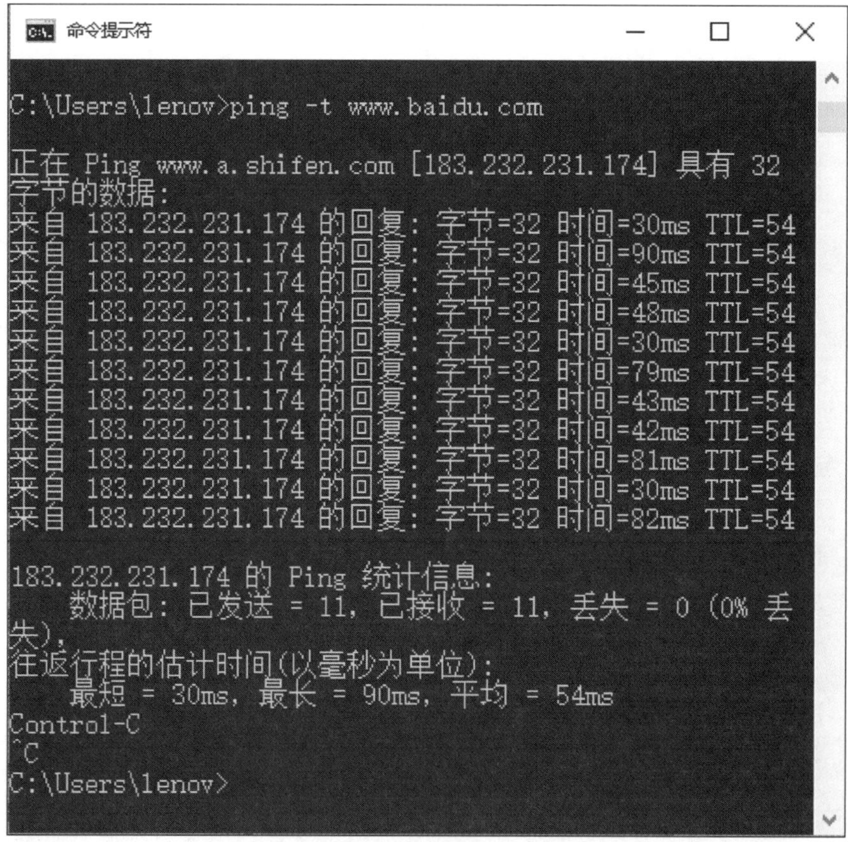

```
命令提示符

C:\Users\lenov>ping -t www.baidu.com

正在 Ping www.a.shifen.com [183.232.231.174] 具有 32
字节的数据:
来自 183.232.231.174 的回复: 字节=32 时间=30ms TTL=54
来自 183.232.231.174 的回复: 字节=32 时间=90ms TTL=54
来自 183.232.231.174 的回复: 字节=32 时间=45ms TTL=54
来自 183.232.231.174 的回复: 字节=32 时间=48ms TTL=54
来自 183.232.231.174 的回复: 字节=32 时间=30ms TTL=54
来自 183.232.231.174 的回复: 字节=32 时间=79ms TTL=54
来自 183.232.231.174 的回复: 字节=32 时间=43ms TTL=54
来自 183.232.231.174 的回复: 字节=32 时间=42ms TTL=54
来自 183.232.231.174 的回复: 字节=32 时间=81ms TTL=54
来自 183.232.231.174 的回复: 字节=32 时间=30ms TTL=54
来自 183.232.231.174 的回复: 字节=32 时间=82ms TTL=54

183.232.231.174 的 Ping 统计信息:
    数据包: 已发送 = 11，已接收 = 11，丢失 = 0 (0% 丢
失)，
往返行程的估计时间(以毫秒为单位):
    最短 = 30ms，最长 = 90ms，平均 = 54ms
Control-C
^C
C:\Users\lenov>
```

图 3-10　ping 命令加参数 t 的返回结果

可以看到，由于百度主机是互联网上的主机，首先由 DNS 把 www.baidu.com 解析成了 183.232.231.174（由于百度的主机数量有很多，所以这个结果可能是不一样的）。同样是 32 个字节的 ping 数据包，明显传输时间慢多了（访问互联网需要经过很多跃点，速度会大大变慢）。

“数据包：已发送 =11，已接收 =11，丢失 =0（0% 丢失）”表示发送了 11 个 ping 数据包，收到了 11 个回复数据包，一个都没有丢失，丢包率为 0%。

提示

-t 参数一般是为了获取网络丢包率使用的，所以需要通过多个 ping 数据包（也可以使用 -n 参数指定 ping 数据包的数量）才能得到更为准确的丢包率（例如，一件快递寄出去并且被收到了，并不足以说明这个快递公司可靠，但如果寄出很多的快递都准时被收到了，那就比较有说服力）。

（3）学生机 1 在命令提示符模式下输入“ping -l 1000 www.baidu.com”（参数是字母 L 的小写），测试学生机与百度主机之间的网络连通情况，返回结果如图 3-11 所示，与图 3-10 进行对比后发现，ping 数据包的大小从 32 字节变成了 1 000 字节，往返行程的平均时间从 54 ms 增加到了 66 ms。

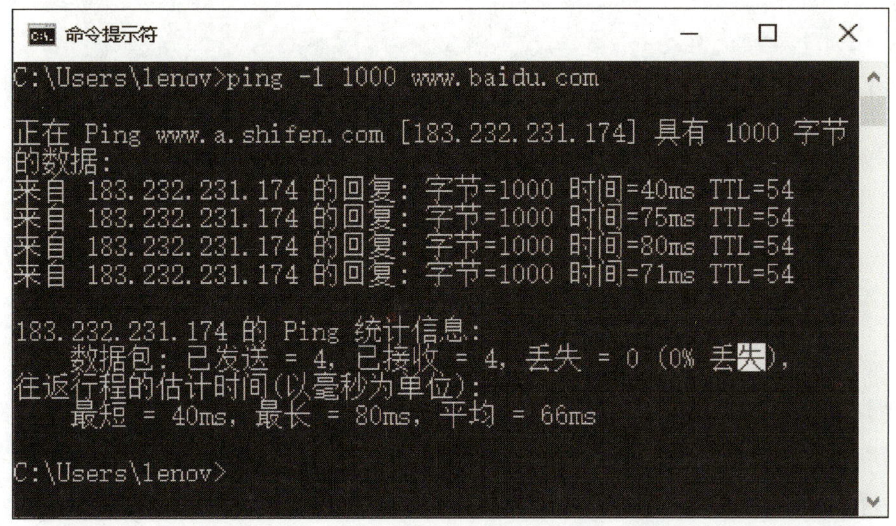

图 3-11　ping 命令加参数 l 的返回结果

提示

直观来说，l 参数（字母 L 的小写）用于指定 ping 数据包的大小，可以检测网络通过数据包的能力（例如，骑摩托车不容易堵车，开大车容易堵车）。一般情况下，为了避免拥堵，在广域网中是不能 ping 太大的数据包的（一般在 1 300 字节左右）。在局域网中甚至可以设置 65 500 字节的 ping 数据包。

（4）学生机 1 在命令提示符模式下输入“ping -a 192.168.0.30”，测试与学生机 30 之间的网络连通情况，返回结果如图 3-12 所示。

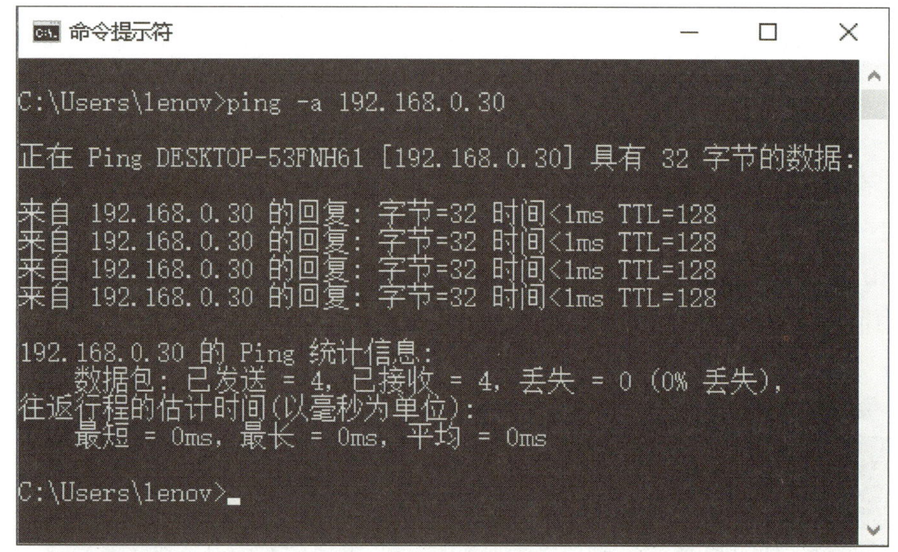

图 3-12　ping 命令加参数 a 的返回结果

可以看到，在使用了参数 a 后，返回的结果中显示了“192.168.0.30”所对应的主机名为“DESKTOP-53FNH61”。

二、tracert 命令操作

学生机 1 在命令提示符模式下分别输入“tracert www.baidu.com”（返回结果见图 3-7）与“tracert 192.168.0.100”（返回结果见图 3-13），对比返回结果可知，跟踪百度主机与跟踪教师机的结果是不同的。

百度主机在互联网上，需要经过多个跃点，通过 IP 查询网站（www.ip168.com），可以查到访问的这台百度主机“183.232.231.174”位于广东省广州市，如图 3-14 所示。

而教师机就在网络机房内（属于同一个网络），所以只有一个跃点就跟踪完成了。

命令提示符
C:\Users\lenov>tracert 192.168.0.100
通过最多 30 个跃点跟踪
到 DESKTOP-53FNH61 [192.168.0.100] 的路由：
1 <1 毫秒 <1 毫秒 <1 毫秒 DESKTOP-53FNH61 [192.168.0.100]
跟踪完成。
C:\Users\lenov>

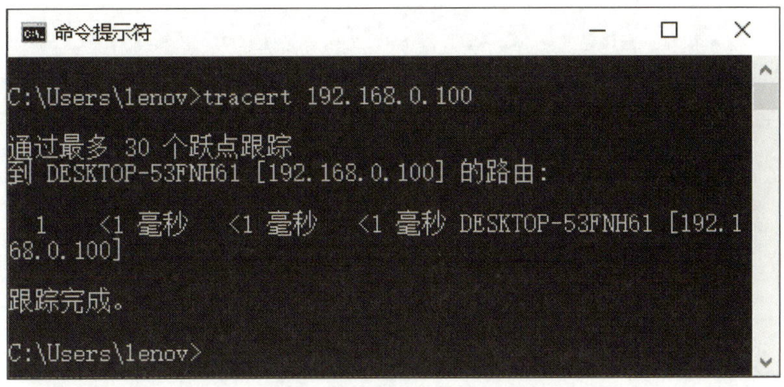

图 3-13　tacert 命令的返回结果

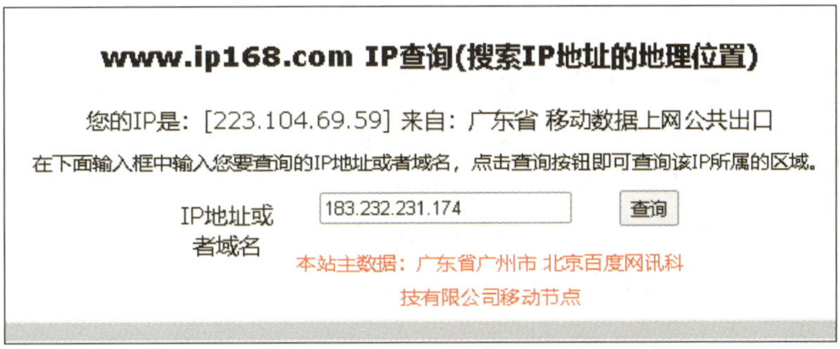

www.ip168.com IP查询(搜索IP地址的地理位置)
您的IP是：[223.104.69.59] 来自：广东省 移动数据上网公共出口
在下面输入框中输入您要查询的IP地址或者域名，点击查询按钮即可查询该IP所属的区域。
IP地址或者域名
183.232.231.174
查询
本站主数据：广东省广州市 北京百度网讯科技有限公司移动节点

图 3-14　通过 IP 查询网站查询百度主机位置

使用相关命令对实训所用计算机的网络连通情况进行检查，并将相关内容填入表 3-1 中。

表 3-1　任务实施记录表

测试场景	丢包率	能通过最大的数据包的大小（字节）	网络连通情况（正常 / 不正常）	跃点数
学生机与学生机				
学生机与教师机				
学生机与百度主机				
教师机与百度主机				
结果分析				

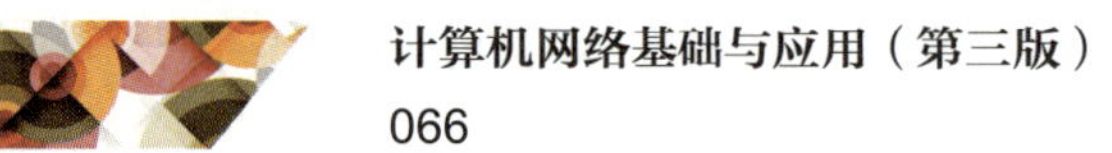

任务 3　监控网络状态，控制并管理网络

1. 能使用 netstat 命令监控网络状态。
2. 能使用 net 命令控制并管理网络。

在命令提示符模式下，除了可以使用 ipconfig 命令查看本机的网络配置，以及对本机的 DNS 缓存进行查看和清理，还可以使用 ping 命令了解网络的连接情况。如果想要监控网络中协议、端口正在做什么（如查看主机有没有受到攻击），从而能够对网络进行管理和控制，就需要用到 netstat 命令和 net 命令了。本任务将介绍这两个命令的用法，并对本机进行网络状态监控和共享资源管理。

一、netstat 命令

netstat 命令是一个监控 TCP/IP 网络的工具，使用它可以显示路由表、实际的网络连接及每一个网络接口设备的状态信息，用于显示与 IP、TCP、UDP 和 ICMP 相关的统计数据，检验本机各端口的网络连接情况。实际上 netstat 就是一个计算机端口侦听工具，是网络管理员和系统管理员的必备利器，用 netstat 命令加参数可以查看网络端口状态，排查计算机系统安全和相关应用服务是否开启等。

命令格式：netstat – 参数。

netstat 命令的常用参数解析如下。

- –?，获取 netstat 命令的帮助信息。
- –a，显示所有连接和侦听端口。
- –e，显示以太网统计信息，此参数可以与 –s 参数结合使用。
- –n，以数字形式显示地址和端口号。
- –o，显示与每个连接关联的进程 ID。

- -p proto，显示 proto 指定的协议的连接。
- -r，显示路由表。
- -s，显示每个协议的统计信息。
- interval，设置每次显示所选统计信息的间隔时间。

提示

如果直接使用 netstat 命令，不加参数，显示的是本机活动的 TCP 连接情况（在命令提示符界面中直接输入即可），如图 3-15 所示。

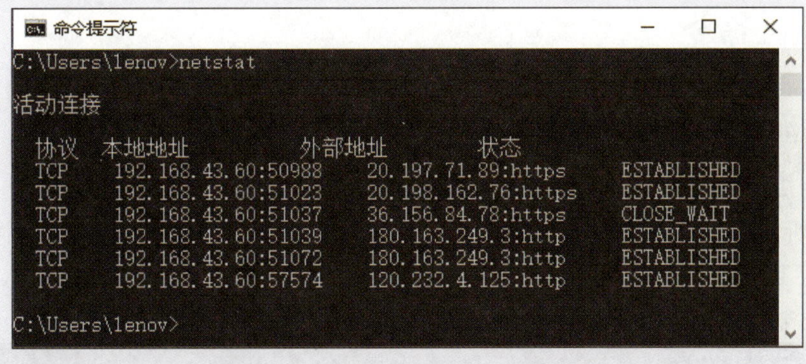

图 3-15　本机活动的 TCP 连接情况

返回信息的含义如下。

1. 协议

显示的可以是 IP、IPv6、ICMP、ICMPv6、TCP、TCPv6、UDP 或 UDPv6 中的任何一个。

2. 本地地址

显示的是通过哪个 IP 地址和端口进行的连接。

3. 外部地址

显示的是连接到哪个 IP 地址和端口（如图 3-15 中的“http”代表的是 80 端口）。

4. 状态

常见的状态一共有以下几种。

（1）CLOSED，初始（无连接）状态。

（2）LISTEN，侦听状态，等待远程机器的连接请求。

（3）ESTABLISHED，此时 TCP 连接已经建立，可以进行通信。

提示

状态还有 SYN_SEND、SYN_RECV、FIN_WAIT_1、FIN_WAIT_2、TIME_WAIT、CLOSING、CLOSE_WAIT、LAST_ACK 等，一般出现在刚建立连接或连接关闭时。

以图 3–15 中显示的信息“TCP　192.168.43.60:50988　20.197.71.89:https　ESTABLISHED”为例，可以将其解读为目前本地 IP 地址 192.168.43.60 正在通过 TCP 的 50988 端口连接 IP 地址为 20.197.71.89 的网页服务（80 端口）。

二、net 命令

使用 net 命令可以轻松地管理本地或者远程计算机的网络环境、共享操作，以及各种服务程序的运行和配置，进行用户管理和登录管理等。

在命令提示符界面中输入“net”并按回车键就可以直接得到 net 命令支持的语法，如图 3–16 所示。

```
命令提示符
C:\Users\lenov>
C:\Users\lenov>net
此命令的语法是:

NET
    [ ACCOUNTS | COMPUTER | CONFIG | CONTINUE | FILE | GROUP | HELP |

      HELPMSG | LOCALGROUP | PAUSE | SESSION | SHARE | START |
      STATISTICS | STOP | TIME | USE | USER | VIEW ]
```

图 3–16　net 命令支持的语法

这里可以构成的 net accounts、net computer、net config 命令等，要了解具体命令的使用方法，还可以在其后面输入“help”以获得帮助信息。例如，若想知道 net accounts 的用法，可以输入“net accounts help”，得到图 3–17 所示的结果。

常用的 net 命令解析如下。

1. 查看网络统计信息

- net statistics server，查看服务器网络统计信息。
- net statistics workstation，查看工作站网络统计信息。

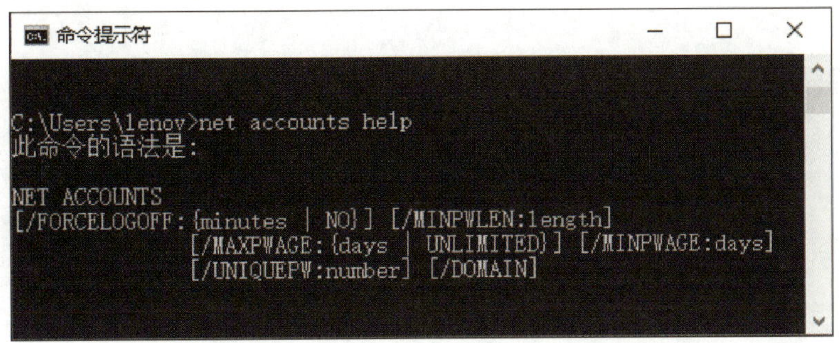
```
C:\Users\lenov>net accounts help
此命令的语法是:

NET ACCOUNTS
[/FORCELOGOFF:{minutes | NO}] [/MINPWLEN:length]
              [/MAXPWAGE:{days | UNLIMITED}] [/MINPWAGE:days]
              [/UNIQUEPW:number] [/DOMAIN]
```

图 3-17　net accounts 命令的帮助信息

2. 查看共享资源

- net view，查看共享计算机。
- net share，查看共享文件夹。
- net file，查看外部计算机已打开的共享文件。

3. 查看计算机配置

- net config server，查看服务器配置。
- net config workstation，查看工作站配置。

4. 开启或关闭网络服务

- net start，查看本机已启动的网络服务。
- net start service，启动某一项网络服务（要打开 power 服务可输入“net start power”）。
- net stop service，关闭某一项网络服务（要关闭 power 服务可输入“net stop power”）。

5. 管理账户

- net accounts，查询本地账户策略设置。
- net user，查询计算机上的用户名。

如果要在本机下新增一个账户，可以使用“net user 用户名 密码 /add”（如果要修改用户密码，可以直接使用“net user 用户名 新密码”，而不需要知道原来的密码），如果要删除用户名，则使用“net user 用户名 /delete”（如果装了 360 等安全软件的话，则会提示有黑客修改账户信息，需要手动确认是否更改）。

6. 映射共享文件夹

- net use，查看当前计算机的网络连接。
- net use 盘符:\\ 远程 IP 地址 \ 共享文件夹名，映射远程共享文件夹。

7. 查看计算机时间

- net time \\ 网络上主机 IP 地址或名称，可显示此计算机的时间信息。

提示

net 命令功能强大，这里只列出常用的命令，并且建议在命令提示符（管理员）模式下操作。

一、网络准备

在实验前先打开一两个网页，再进行后续操作，网络拓扑图如图 3-8 所示。

二、使用 netstat 命令监控网络状态

1．查看本机 TCP 连接情况

在命令提示符界面中输入“netstat”，返回结果及其解析可参考本任务相关知识内容的描述。

2．显示所有 TCP 连接以及计算机侦听的端口

在命令提示符界面中输入“netstat -a”，得到图 3-18 所示的结果。

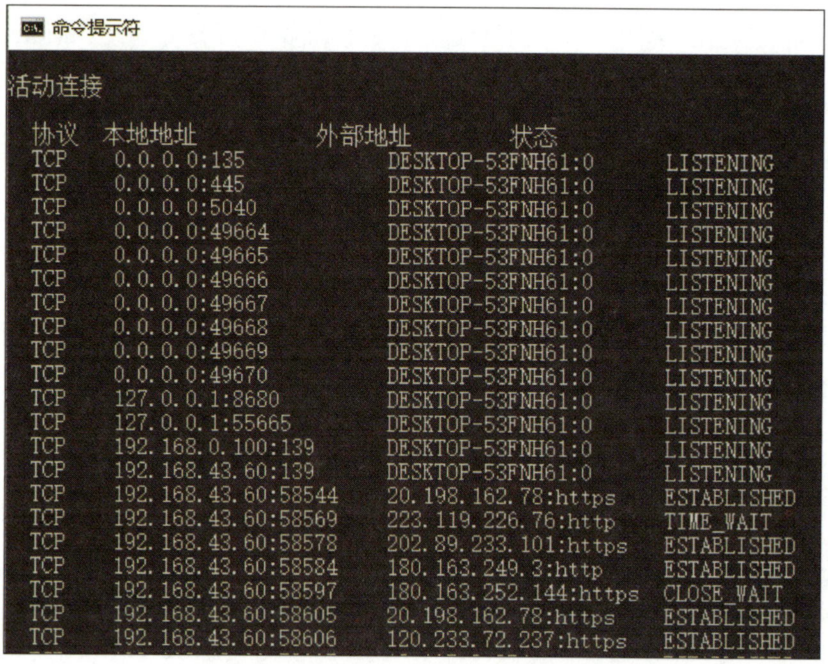

```
命令提示符

活动连接

  协议  本地地址              外部地址              状态
  TCP    0.0.0.0:135            DESKTOP-53FNH61:0      LISTENING
  TCP    0.0.0.0:445            DESKTOP-53FNH61:0      LISTENING
  TCP    0.0.0.0:5040           DESKTOP-53FNH61:0      LISTENING
  TCP    0.0.0.0:49664          DESKTOP-53FNH61:0      LISTENING
  TCP    0.0.0.0:49665          DESKTOP-53FNH61:0      LISTENING
  TCP    0.0.0.0:49666          DESKTOP-53FNH61:0      LISTENING
  TCP    0.0.0.0:49667          DESKTOP-53FNH61:0      LISTENING
  TCP    0.0.0.0:49668          DESKTOP-53FNH61:0      LISTENING
  TCP    0.0.0.0:49669          DESKTOP-53FNH61:0      LISTENING
  TCP    0.0.0.0:49670          DESKTOP-53FNH61:0      LISTENING
  TCP    127.0.0.1:8680         DESKTOP-53FNH61:0      LISTENING
  TCP    127.0.0.1:55665        DESKTOP-53FNH61:0      LISTENING
  TCP    192.168.0.100:139      DESKTOP-53FNH61:0      LISTENING
  TCP    192.168.43.60:139      DESKTOP-53FNH61:0      LISTENING
  TCP    192.168.43.60:58544    20.198.162.78:https    ESTABLISHED
  TCP    192.168.43.60:58569    223.119.226.76:http    TIME_WAIT
  TCP    192.168.43.60:58578    202.89.233.101:https   ESTABLISHED
  TCP    192.168.43.60:58584    180.163.249.3:http     ESTABLISHED
  TCP    192.168.43.60:58597    180.163.252.144:https  CLOSE_WAIT
  TCP    192.168.43.60:58605    20.198.162.78:https    ESTABLISHED
  TCP    192.168.43.60:58606    120.233.72.237:https   ESTABLISHED
```

图 3-18　netstat -a 的运行结果

3. 显示以太网的统计信息

在命令提示符界面中输入“netstat -e”，得到图 3-19 所示的结果。

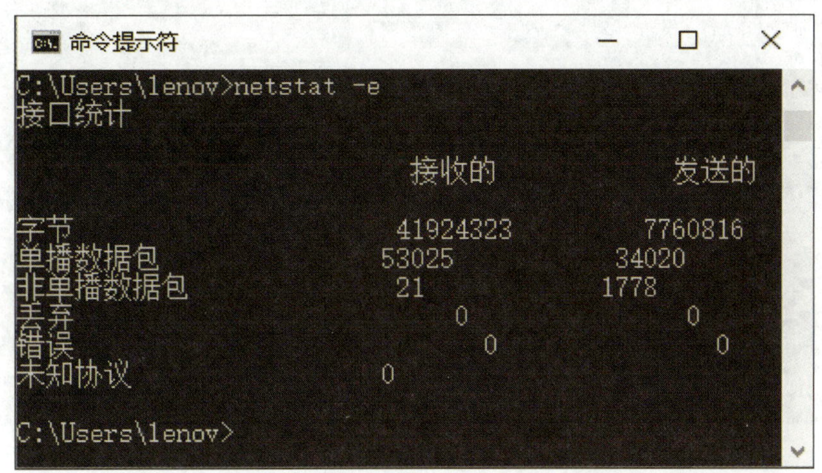

图 3-19　netstat -e 的运行结果

从图 3-19 中可以看出本机接口的统计信息（接收和发送的字节数量，单播和非单播数据包数量，丢弃、错误和未知协议数量）。

4. 显示活动的 TCP 连接

在命令提示符界面中输入“netstat -n”，得到图 3-20 所示的结果。

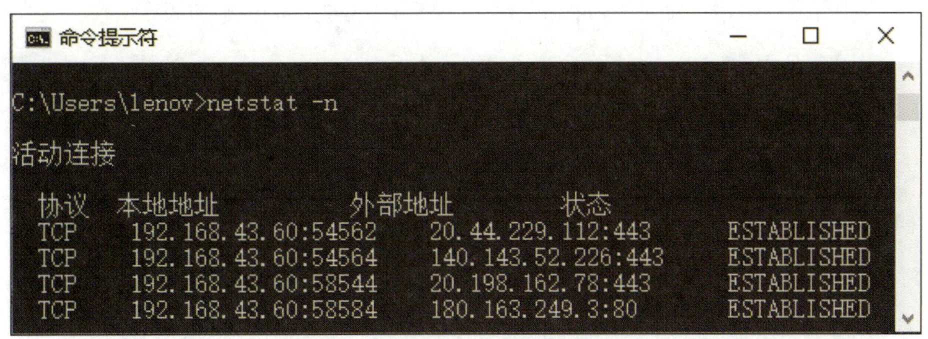

图 3-20　netstat -n 的运行结果

对比图 3-18 可以看到，这里只显示了活动的连接，并且只显示了数字形式的端口信息（以最后一行为例，显示的是 80 端口）。

5. 显示路由表的内容

在命令提示符界面中输入“netstat -r”，得到图 3-21 所示的结果。

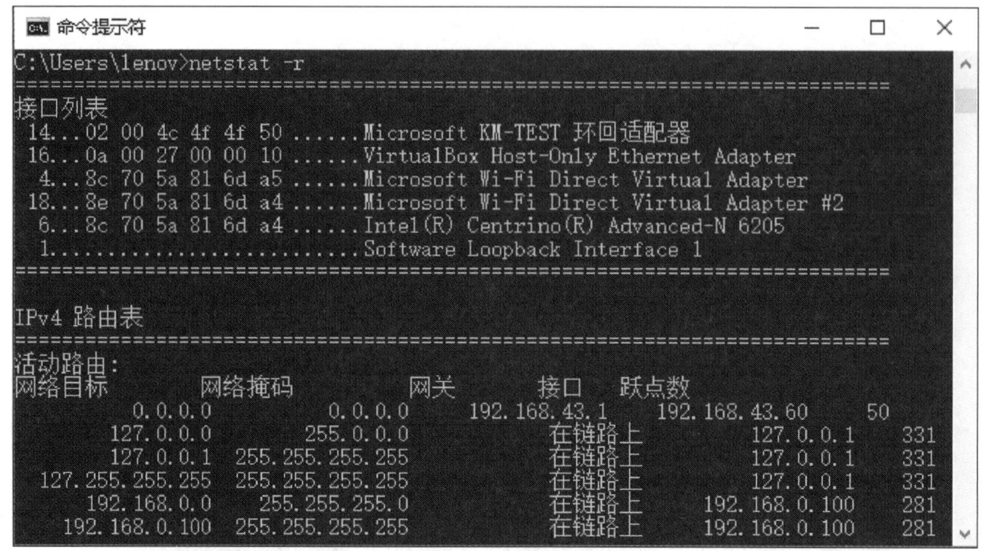

图 3-21 netstat -r 的运行结果

可以看到，结果中有所有接口（即端口）和本地路由表的信息（路由表的概念不属于本书学习范畴，在这里不进行过多阐述）。

6．按协议显示统计信息

在命令提示符界面中输入“netstat –s”，得到图 3–22 所示的结果。

7．定时执行命令

在命令提示符界面中输入“netstat 10”，得到图 3–23 所示的结果。

此处相当于每隔 10 s 执行一次 netstat 命令（可结合其他参数使用，如输入“netstat 10 –a”就相当于每隔 10 s 执行一次 netstat –a 命令）。

三、使用 net 命令对共享资源进行管理

net 命令在很多情况下用于对共享资源进行管理。

1．查看本机已启用的 Windows（网络）服务

在命令提示符界面中输入“net start”，得到图 3–24 所示的结果。

2．启用或关闭 Windows 服务

（1）在“管理员：命令提示符”界面中输入“net stop spooler”，可停止本地的 Print Spooler（打印后台）服务，如图 3–25 所示。

（2）在“管理员：命令提示符”界面中输入“net start spooler”，可启动本地的 Print Spooler（打印后台）服务，如图 3–26 所示。

```
命令提示符
C:\Users\lenov>netstat -s

IPv4 统计信息

  接收的数据包                           = 32972
  接收的标头错误                     = 0
  接收的地址错误                    = 0
  转发的数据报                        = 0
  接收的未知协议                 = 0
  丢弃的接收数据包                 = 4112
  传送的接收数据包                 = 43801
  输出请求                              = 50744
  路由丢弃                             = 0
  丢弃的输出数据包                  = 183
  输出数据包无路由                    = 93
  需要重新组合                        = 0
  重新组合成功                      = 0
  重新组合失败                        = 0
  数据报分段成功         = 0
  数据报分段失败           = 0
  分段已创建                          = 0

IPv6 统计信息

  接收的数据包                           = 17197
  接收的标头错误                     = 0
  接收的地址错误                    = 0
  转发的数据报                        = 0
  接收的未知协议                 = 0
  丢弃的接收数据包                 = 44
  传送的接收数据包                 = 19964
  输出请求                              = 18956
  路由丢弃                             = 0
  丢弃的输出数据包                  = 9
  输出数据包无路由                    = 0
  需要重新组合                        = 0
  重新组合成功                      = 0
  重新组合失败                        = 0
  数据报分段成功         = 0
  数据报分段失败           = 0
  分段已创建                          = 0

ICMPv4 统计信息

                            已接收      已发送
  消息                     10          263
  错误                       0            0
  目标不可达    10          263
  超时                0            0
  参数问题          0            0
```

图 3-22　netstat -s 的运行结果

```
命令提示符
C:\Users\lenov>netstat 10

活动连接

  协议  本地地址              外部地址            状态
  TCP    192.168.43.60:59303    180.163.252.201:http    ESTABLISHED
  TCP    192.168.43.60:59465    20.198.162.78:https    ESTABLISHED
  TCP    192.168.43.60:59829    180.163.251.24:https    CLOSE_WAIT
  TCP    192.168.43.60:59834    202.89.233.100:https    ESTABLISHED
  TCP    192.168.43.60:59835    202.89.233.101:https    ESTABLISHED
  TCP    192.168.43.60:59838    13.107.42.254:https    ESTABLISHED
  TCP    192.168.43.60:59839    204.79.197.222:https    ESTABLISHED
  TCP    [2409:8954:5050:c98:421:58d9:24b7:9cd2]:59313  [2409:8c54:1050:10::80]:8080  ESTABLISHED
  TCP    [2409:8954:5050:c98:421:58d9:24b7:9cd2]:59832  [2409:8c54:871:2002::12]:http  TIME_WAIT
  TCP    [2409:8954:5050:c98:421:58d9:24b7:9cd2]:59833  [2409:8c54:871:2002::12]:http  TIME_WAIT
  TCP    [2409:8954:5050:c98:421:58d9:24b7:9cd2]:59836  [2620:1ec:22::14]:https  ESTABLISHED
  TCP    [2409:8954:5050:c98:421:58d9:24b7:9cd2]:59837  [2603:1063:27:1::254]:https  ESTABLISHED

活动连接

  协议  本地地址              外部地址            状态
  TCP    192.168.43.60:59303    180.163.252.201:http    ESTABLISHED
  TCP    192.168.43.60:59465    20.198.162.78:https    ESTABLISHED
  TCP    192.168.43.60:59834    202.89.233.100:https    ESTABLISHED
  TCP    192.168.43.60:59838    13.107.42.254:https    ESTABLISHED
```

图 3-23　netstat 10 的运行结果

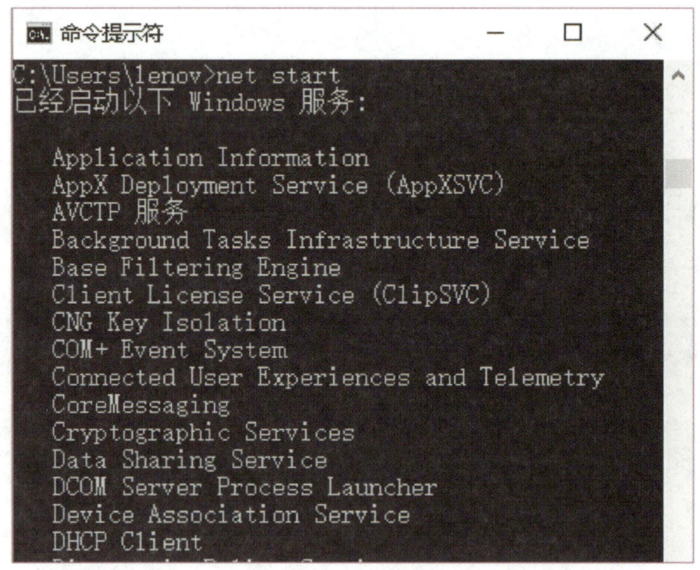

图 3-24　net start 的运行结果

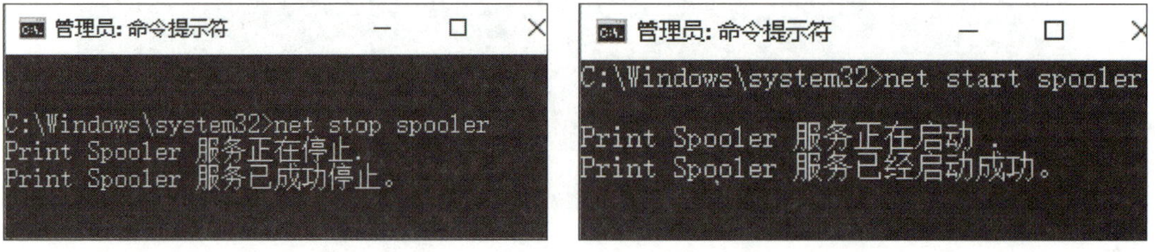

图 3-25　停止打印后台服务　　　　图 3-26　启动打印后台服务

3. 设置本地账户策略

（1）在“管理员：命令提示符”界面中输入“net accounts”，可显示本地账户的策略设置，如图 3-27 所示。

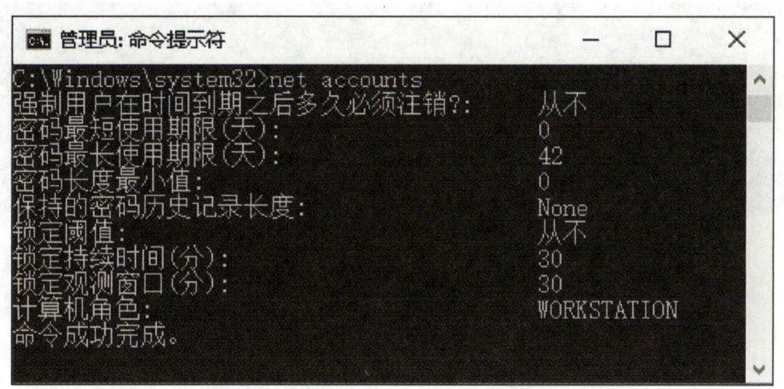

图 3-27　net accounts 的运行结果

（2）在“管理员：命令提示符”界面中输入“net accounts /?”，可显示用于本地账户策略设置的参数的帮助信息，如图 3-28 所示。

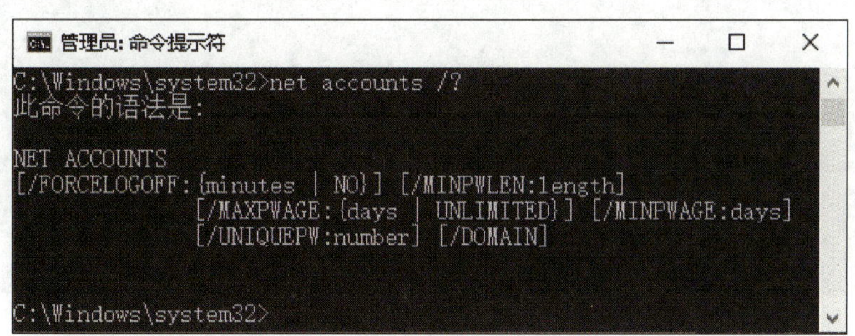

图 3-28　net accounts 命令的帮助信息

参数介绍如下。

- /FORCELOGOFF:{minutes | NO}，设置用户在账户过期或有效登录时间过期时被迫注销之前的分钟数。NO（默认值）可防止强制注销。
- /MINPWLEN:length，设置密码的最小字符数。设置范围为 0 ~ 14，默认值为 6。
- /MAXPWAGE:{days | UNLIMITED}，设置密码有效的最大天数。UNLIMITED 表示不受任何限制，设置范围为 1 ~ 999，默认值为 90 天。
- /MINPWAGE:days，设置用户更改密码之前必须经过的最小天数。若值为 0，则不会设置最短时间，设置范围为 0 ~ 999，默认值为 0。
- /UNIQUEPW:number，要求在达到指定的密码更改次数之前不要重复相同的密码，默认值为 5，用户的密码是唯一的，最大值为 24。

● /DOMAIN，在当前域的域控制器中操作，否则操作会在本机执行。例如，要设置本机密码最小字符数为 10，输入“net accounts /minpwlen:10”即可，如图 3-29 所示。

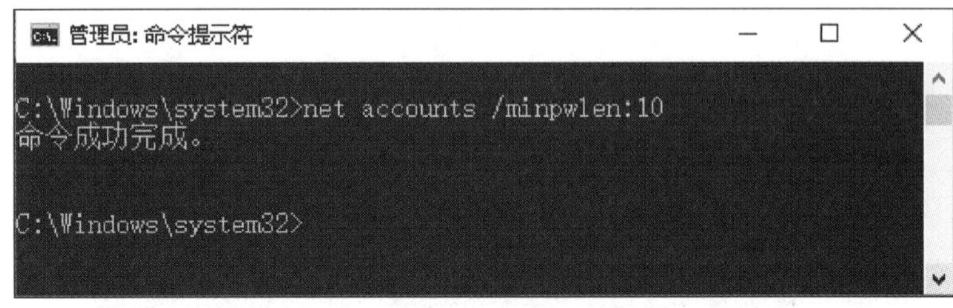

图 3-29 设置本机密码最小字符数为 10

4. 管理用户（账户）

（1）查看本机用户（账户）信息

在如图 3-30 所示的界面中输入“net user”，可显示本机用户（账户）的信息。

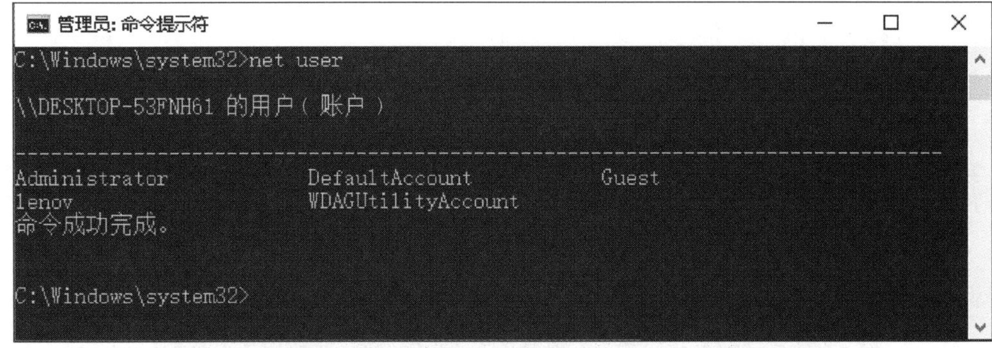

图 3-30 查看本机用户（账户）信息

从图 3-30 中可以看到，本机有 Administrator、DefaultAccount、Guest、lenov 及 WDAGUtilityAccount 5 个用户（账户）。

（2）添加或删除一个用户（账户）

如果要新增一个用户（账户），则使用“net user 用户名 密码 /add”，如果要删除用户（账户），则使用“net user 用户名 /delete”。

例如，要为本机添加一个名为 simon、密码为 abc123 的用户（账户），使用“net user simon abc123 /add”即可，如图 3-31 所示。

此时输入查看用户（账户）命令“net user”可以看到已成功添加了 simon 用户（账户），如图 3-32 所示。

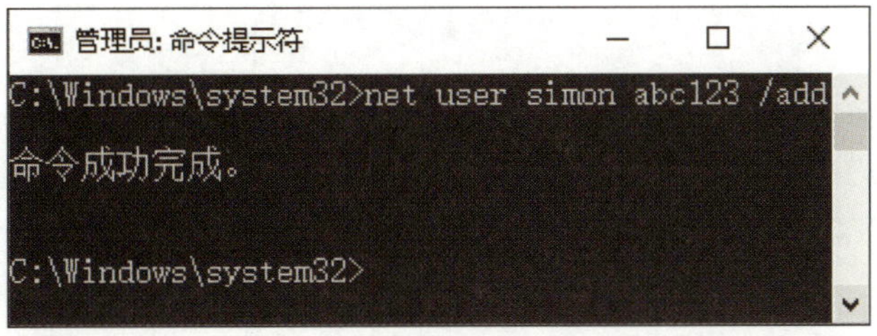

图 3-31　添加本机用户（账户）

图 3-32　查看本机用户（账户）信息

要删除刚才创建的 simon 用户（账户），只需输入“net user simon /delete”即可，如图 3-33 所示。

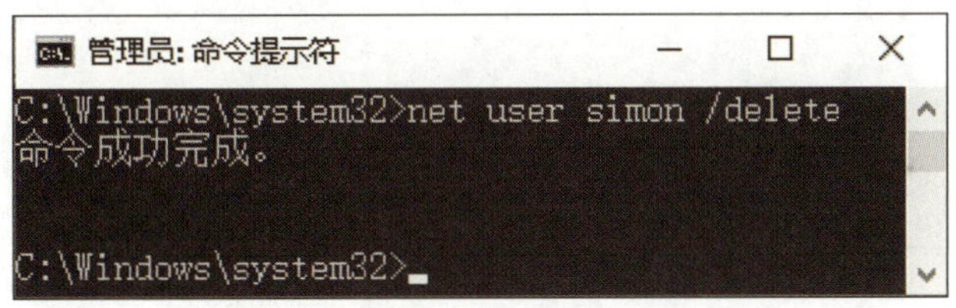

图 3-33　删除本机用户（账户）

提示

除了这些常用的功能，net 命令的用法还有很多，在这里不进行更多介绍（其中关于共享方面的操作会在后面进行介绍）。

项目四
网络构建与拓扑

任务 1　安装与使用 Cisco Packet Tracer

1. 能独立安装网络仿真软件 Cisco Packet Tracer。
2. 能熟练掌握 Cisco Packet Tracer 的使用与设置方法。

学习网络知识最重要的是要实践，而实践中需要用到多台主机和网络设备，进行多样化的网络连接与设置，所以学习的开展必须借助网络仿真软件，用可视化的方式来“看见”虚无缥缈的数据包，还可以进行网络拓扑的构建与绘制。本任务的内容是在本机下载 Cisco Packet Tracer 6.2，并完成该软件的安装、使用与设置。

Cisco Packet Tracer 是由思科（Cisco）公司发布的网络仿真软件，为学习网络课程的初学者设计、配置网络及排除网络故障提供了网络模拟环境。用户可以在软件的界面中直接使用拖动的方法建立网络拓扑，并可通过模拟数据包在网络中的处理过程来观察网络的实时运行情况。

本任务以 Cisco Packet Tracer 软件的 6.2 版本为例进行相关知识的讲解。该版本体积小，无须注册与申请，安装后即可使用，能满足绘制网络拓扑图以及观察数据传输使用过程的要求。

一、安装 Cisco Packet Tracer

打开浏览器，在搜索引擎中输入“Cisco Packet Tracer 6.2 下载”，找到下载链接（此处以 360 浏览器、百度搜索引擎为例），如图 4-1 所示。

图 4-1　浏览器搜索结果

下载过程很简单，要注意的是，6.2 版本的软件压缩后大小约为 55 MB（使用其他版本时需要注册和登录）。

这里下载的文件“ciscopackettracerchs62.zip”是一个压缩文件，通过不同网站下载的文件名会有所不同，但压缩文件大小相差不大。下载完成后，可直接打开压缩文件，双击里面的“Cisco Packet Tracer 6.2 for Windows Student Version（no tutorials）.exe”即可打开安装界面，如图 4-2 所示。

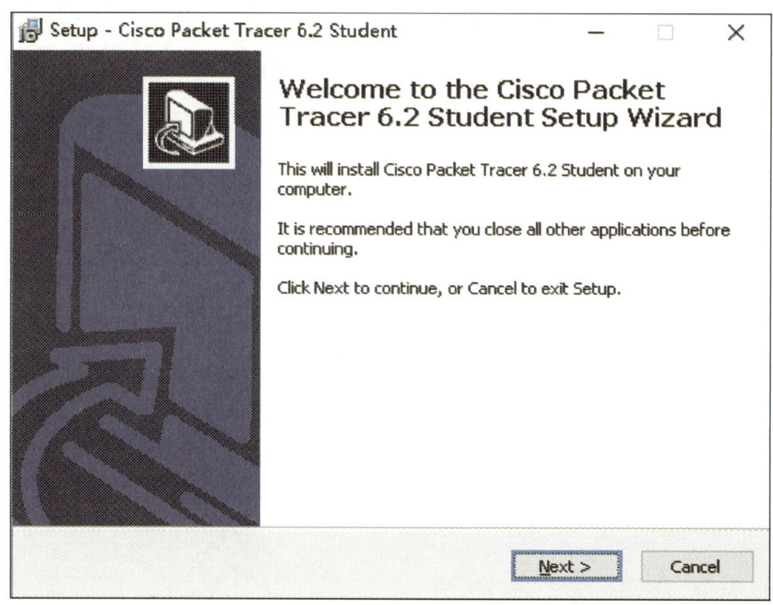

图 4-2　Cisco Packet Tracer 的安装界面

由于软件占用空间不大，可以使用默认路径安装，除在协议界面中选择“I accept the agreement”（我接受协议）（见图 4-3），在安装界面中单击“Install”（安装）按钮（见图 4-4）外，基本上单击“Next”（下一步）按钮即可完成安装（软件安装的是英文版，因为此版本的汉化包并未提供完善的汉化，所以不建议汉化使用，本任务以英文版为例进行软件的安装、使用与设置介绍）。

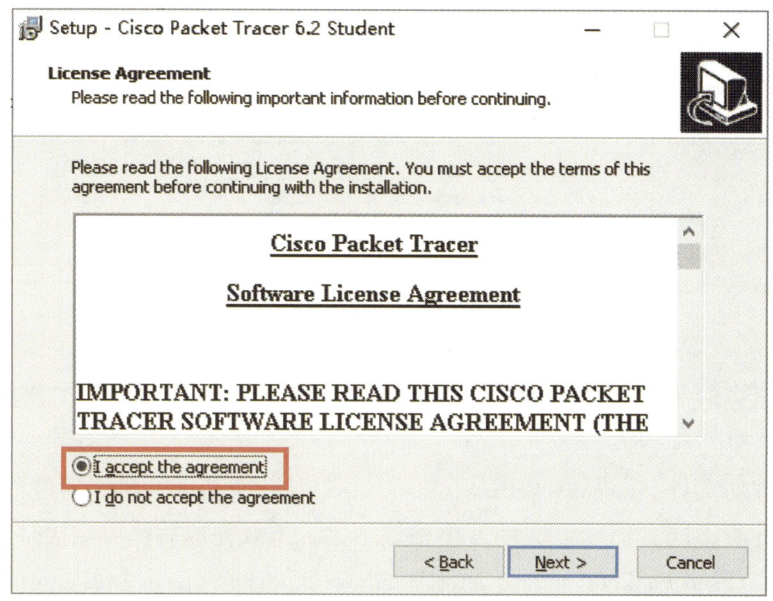

图 4-3　协议界面

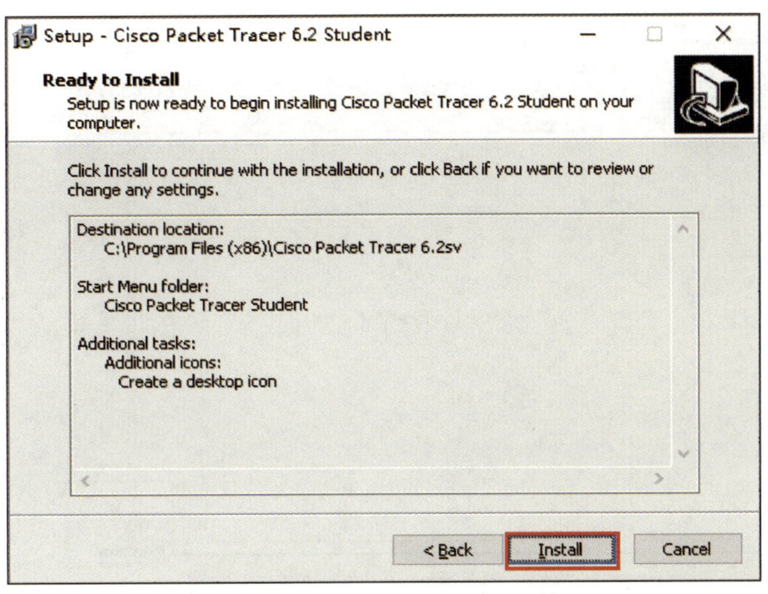

图 4-4 安装界面

安装完成后，会弹出安装结束的界面，单击“Finish”（结束）按钮即可完成软件安装并默认自动启动软件。

二、使用与设置 Cisco Packet Tracer

软件安装完成后，会在桌面和“开始”菜单中生成软件的图标“Cisco Packet Tracer Student”，双击该图标打开软件后，如有弹出信息，都单击默认选项即可打开软件界面，如图 4-5 所示，该软件主要由菜单栏、实验工具栏、实验拓扑构建区、实时 / 模拟模式切换区域和设备栏构成。

1. 使用 Cisco Packet Tracer 构建网络拓扑

（1）在设备栏中单击“交换机”按钮，在右侧交换机列表中单击选择其中一款交换机（以 2960 交换机为例），将其移动到实验拓扑构建区并单击进行放置。

（2）在设备栏中单击“终端”按钮，在右侧终端列表中选择一台计算机，将其移动到实验拓扑构建区进行放置。

（3）重复上一步操作，再添加一台计算机到实验拓扑构建区内。

（4）在设备栏中单击“连线”按钮，在右侧连线列表中单击“自动连线”按钮。在实验拓扑构建区的计算机 PC0 上单击，再单击交换机以完成计算机 PC0 与交换机的连接。

（5）重复上一步操作，把计算机 PC1 也连接到交换机上，如图 4-6 所示。

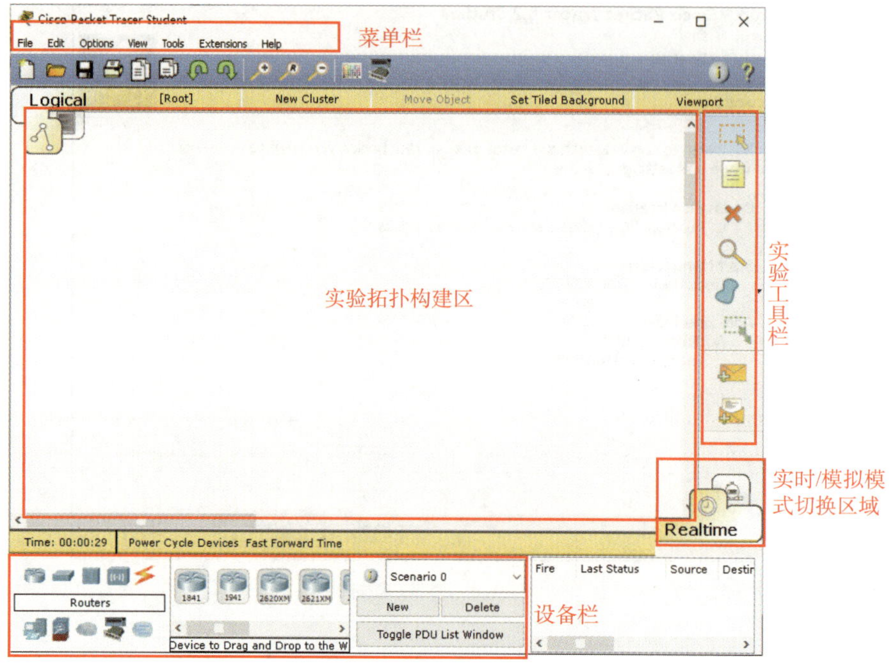

图 4-5　Cisco Packet Tracer 界面

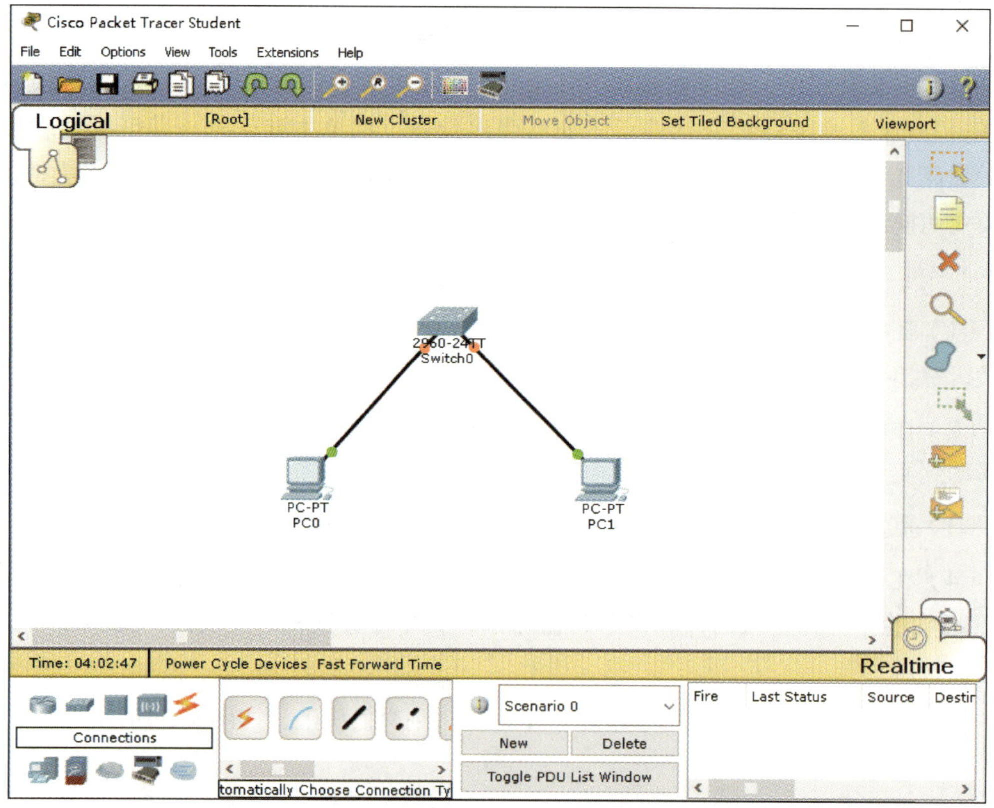

图 4-6　使用 Cisco Packet Tracer 构建网络拓扑

2. 对 Cisco Packet Tracer 进行基本设置

（1）设置软件字体

单击菜单栏中的“Options”（选项）选项卡，在弹出的下拉菜单中单击“Preferences”（偏好）打开“Preferences”对话框，单击“Font”（字体）选项卡，如图 4–7 所示。

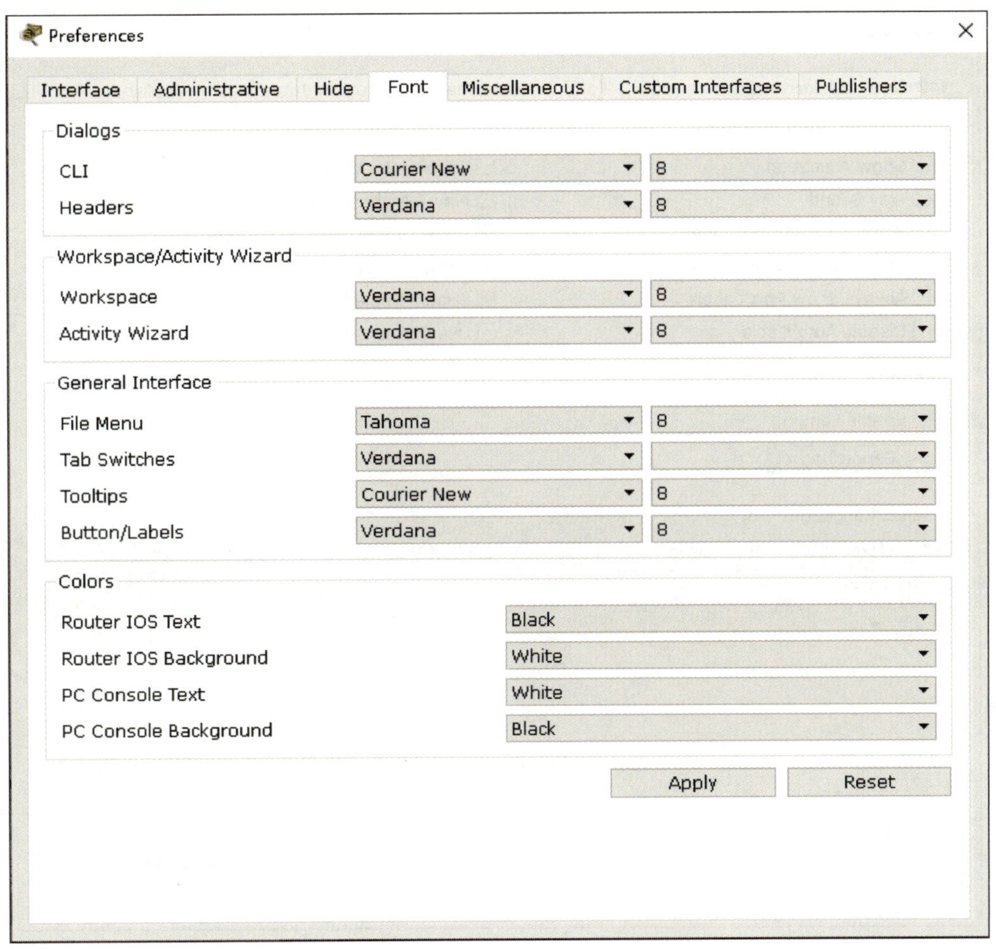

图 4–7　“Font”（字体）选项卡

选项卡中上面 8 行选项是字体的设置部分，下面 4 行选项是颜色的设置部分，单击右下角的“Apply”（应用）按钮将应用上述设置，单击“Reset”（还原）按钮将还原为默认设置。在字体设置部分的左侧选择字体（一般使用默认字体即可），在右侧选择字号（代表字的大小）。常用的设置如下。

- File Menu，菜单字体设置。
- Tooltips，提示信息字体设置。

● Button/Labels，按钮 / 标签字体设置。

（2）设置软件界面

单击菜单栏中的“Options”（选项）选项卡，在弹出的下拉菜单中单击“Preferences”（偏好）打开“Preferences”对话框，单击“Interface”（界面）选项卡，如图 4–8 所示。

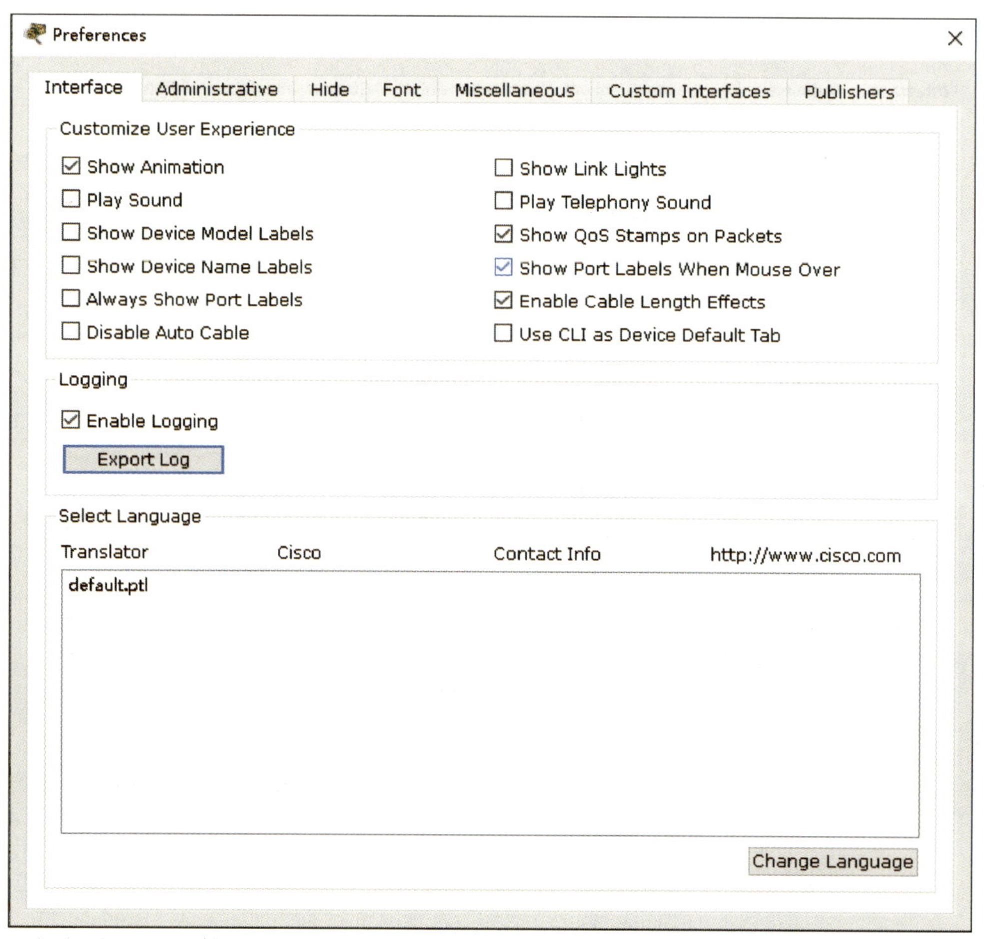

图 4–8 “Interface”（界面）选项卡

“Interface”（界面）选项卡上方是 12 个界面选项的复选框，中间一个为日志复选框，右下角为“Change Language”（选择语言包）按钮。

常用的界面选项如下。

● Show Animation，显示动画。

● Show Device Model Labels，显示设备型号标签。

● Show Device Name Labels，显示设备名称标签。

- Always Show Port Labels，总是显示端口标签。
- Disable Auto Cable，关闭自动连线。
- Show Link Lights，显示连线亮点。

参照图 4-8 对软件界面进行设置后，查看实验拓扑构建区的网络拓扑（见图 4-9）与图 4-6 的区别，会发现设备的标签消失了，连线两端的亮点也消失了。

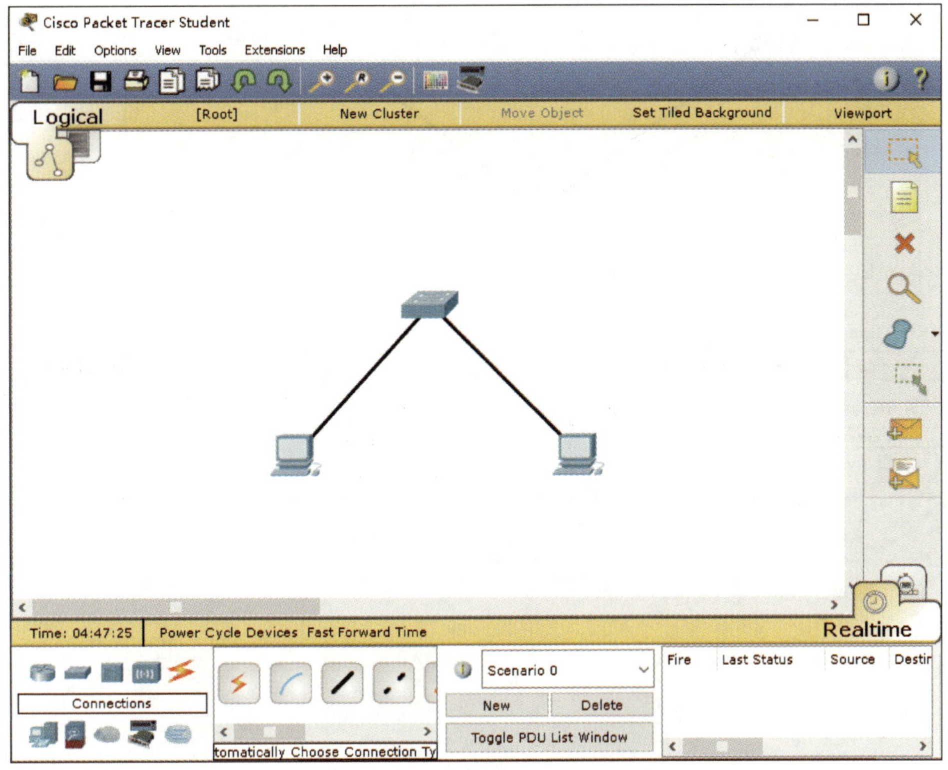

图 4-9　对软件界面进行设置后的网络拓扑

3. 通过 Cisco Packet Tracer 的实验工具栏修改网络拓扑

实验工具栏中常用的按钮如下。

- ，可对实验拓扑构建区的设备或连线进行选定操作。
- ，可在实验拓扑构建区中添加描述标签。
- ，可在实验拓扑构建区中删除选定的设备、范围、标签及连线。
- ，可在实验拓扑构建区进行区域绘制。
- ，可在仿真模式下添加一个简单的数据单元。

为了熟练掌握实验工具的使用，利用以上实验工具，将图 4-9 所示的网络拓扑图改成图 4-10 所示的效果。

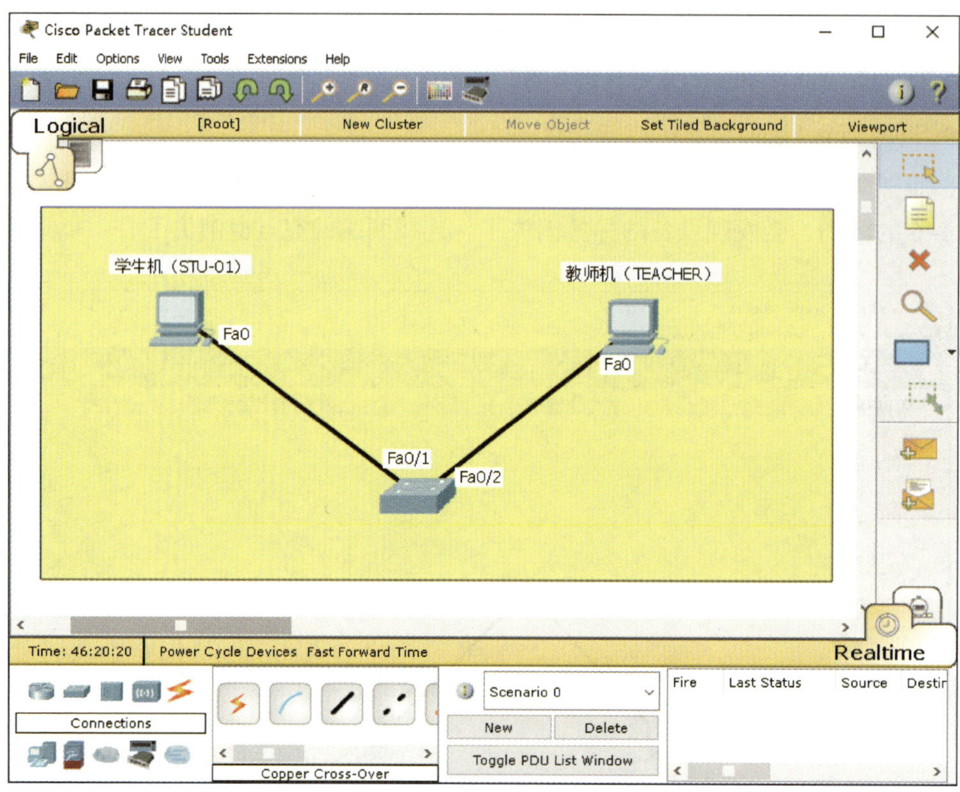

图 4-10 修改后的网络拓扑图

任务 2 绘制网络拓扑图

能使用 Cisco Packet Tracer 绘制网络拓扑图。

在设计和组建网络的过程中，为了清晰明了地表达网络连接的方式，需要绘制网

络拓扑图。本任务的内容是使用 Cisco Packet Tracer 绘制合格的网络拓扑图。

一、网络拓扑图

网络拓扑结构是指用传输介质连接各种设备的物理布局，就是用什么方式把网络中的计算机等设备连接起来。网络拓扑图用于表达网络拓扑结构（如前面学过的星形网络、总线型网络等）。在网络拓扑图中还可以表示出网络服务器、工作站的网络配置和相互间的连接方式。

二、设计网络拓扑图的基本要求

1. 遵循的规则

（1）网络拓扑图中不要出现回路（环路），存在回路的网络拓扑图有可能导致网络数据包陷入死循环（网络风暴），如图 4–11 所示。

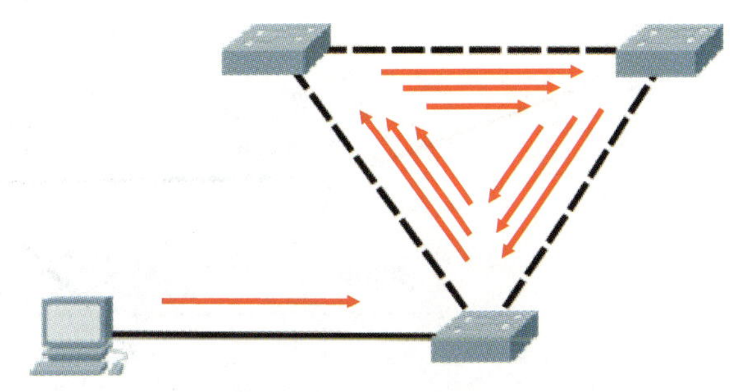
图 4–11 回路造成的网络风暴

（2）进入一个终端或设备的连线可以有多条，但相邻两个终端或设备之间只能有一条连线。

（3）在网络拓扑图中，除网络终端外，其余网络设备的前后都应该由连线连接。也就是说，在网络拓扑图中不能有缺口，要让传输网络能够形成一个完整的传输路线。

（4）一条网络连线只能有两端且两端都必须有连接，不允许从一条连线的中间引出另一条连线。

（5）各个网络设备之间的连线要按照实际网络环境标出。

（6）图标大小、位置要合理，如图 4–12 所示。

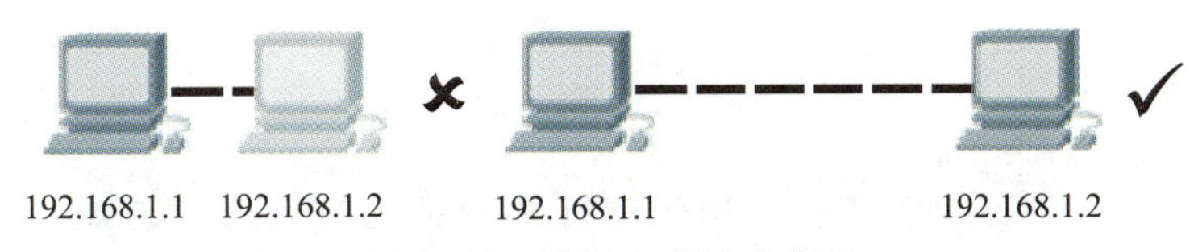

图 4–12 图标合理性示意图

2. 绘制流程

（1）建议先在纸上画个草图，待草图绘制清晰无误后再正式进行拓扑图绘制，以做到心中有数。

（2）使用拓扑图绘制辅助软件或手段（有很多绘制拓扑图的软件，本任务以 Cisco Packet Tracer 为例）绘制网络拓扑图时，要利用好线条和框架色块。

（3）放置网络设备图标。

（4）标记对应的标签（一般用标签标明设备型号、区域功能、IP 地址等）。

（5）完成网络拓扑图的绘制。

任务实施

参考本项目任务 1 中软件的使用方法与本任务中网络拓扑图的绘制流程，完成图 4-13 所示的网络拓扑图的绘制。

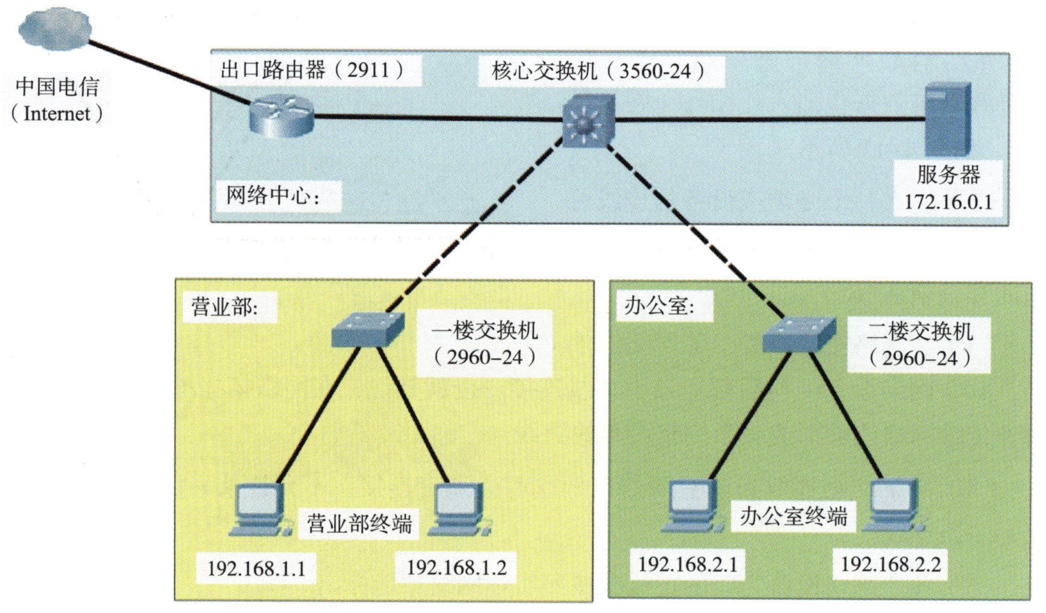

图 4-13　网络拓扑图

提示

由图 4-13 可知，此处进行界面设置时，为了美观关闭了设备型号和名称的标签，关闭了端口标签，关闭了连线两端的亮点；图中的标签绘制可使用实验工具栏中的标签工具；图中的蓝色、绿色、黄色区域绘制可使用区域绘制工具。

任务 3　分析网络数据传输

能使用 Cisco Packet Tracer 分析数据包的传输过程。

Cisco Packet Tracer 有一个强大的功能就是模拟模式，用户可以模拟一个数据包的传输，并且在传输过程中能以动画的形式看到不同数据包的传输过程，也可以打开传输过程中的数据包查看其中的信息，为人们学习和掌握网络数据的传输过程与原理提供了极大的帮助。

一、Cisco Packet Tracer 的两种模式

Cisco Packet Tracer 的实时模式就是本项目任务 2 中在实验拓扑构建区进行网络拓扑图绘制的模式（可以在此模式下对网络拓扑图中的设备进行设置与测试）。

Cisco Packet Tracer 的另一种模式是模拟模式，在这种模式下可以通过添加数据单元的方式模拟数据的传输过程，查看传输过程中数据发生的变化，从而更好地掌握数据传输的原理。

这两种模式的切换可通过单击实时 / 模拟模式切换区域的“Realtime”（实时模式）按钮和“Simulation”（模拟模式）按钮来实现。

二、Simulation（模拟模式）

单击“Simulation”（模拟模式）按钮进入模拟模式，如图 4-14 所示。

1. “添加数据单元”按钮

- ：添加简单数据单元（一般使用此按钮进行数据传输模拟）。
- ：添加复杂数据单元（可以指定数据单元传出的端口、协议、数据包参数等）。根据本书的定位只添加简单数据单元即可。

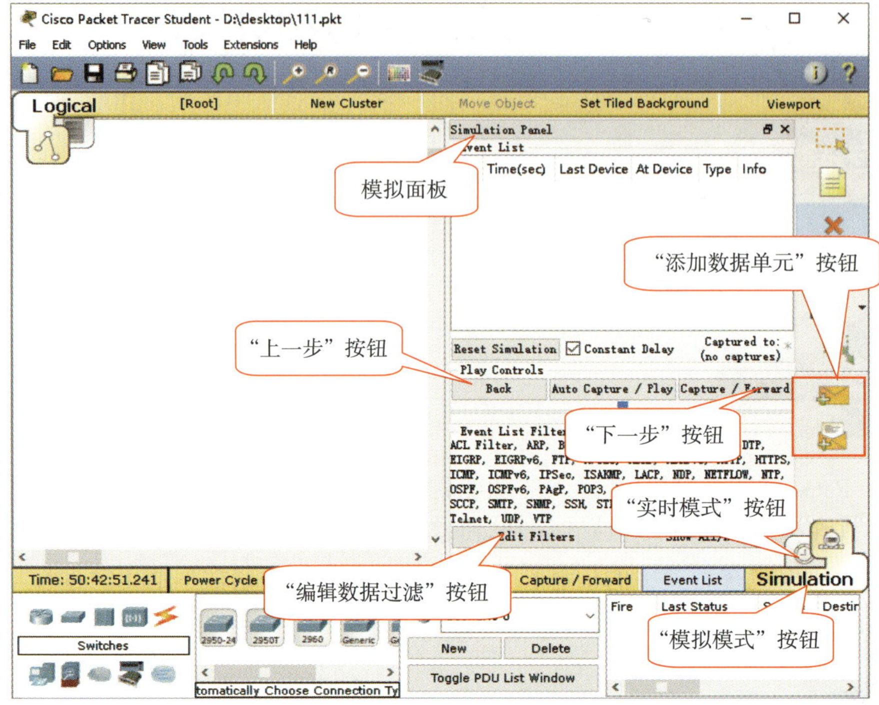

图 4-14　Cisco Packet Tracer 的模拟模式

2. Simulation Panel（模拟面板）

- “下一步”按钮：在分步模拟数据的传输过程中执行数据下一步的传输。
- “上一步”按钮：在分步模拟数据的传输过程中执行数据上一步的传输。
- “模拟模式”按钮：单击切换到模拟模式。
- “实时模式”按钮：单击切换到实时模式。
- “编辑数据过滤”按钮：单击后可选择查看的数据类型，如图 4-15 所示，从列表中可以选择需要查看什么类型的数据传输（若只要查看 ping 数据包的传输，则只需要选择 ICMP 即可）。IPv6 协议和 Misc（杂项）不在本书的学习范围内，此处不做过多讲解。

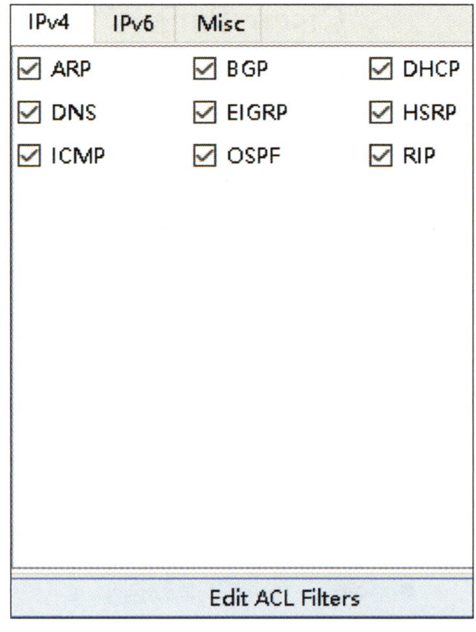

图 4-15　选择查看的数据类型

在 Cisco Packet Tracer 的实时模式（Realtime）下构建网络拓扑图，如图 4-16 所示，为 PC1、PC2 和 PC3 设置 IP 地址后进行数据传输模拟。

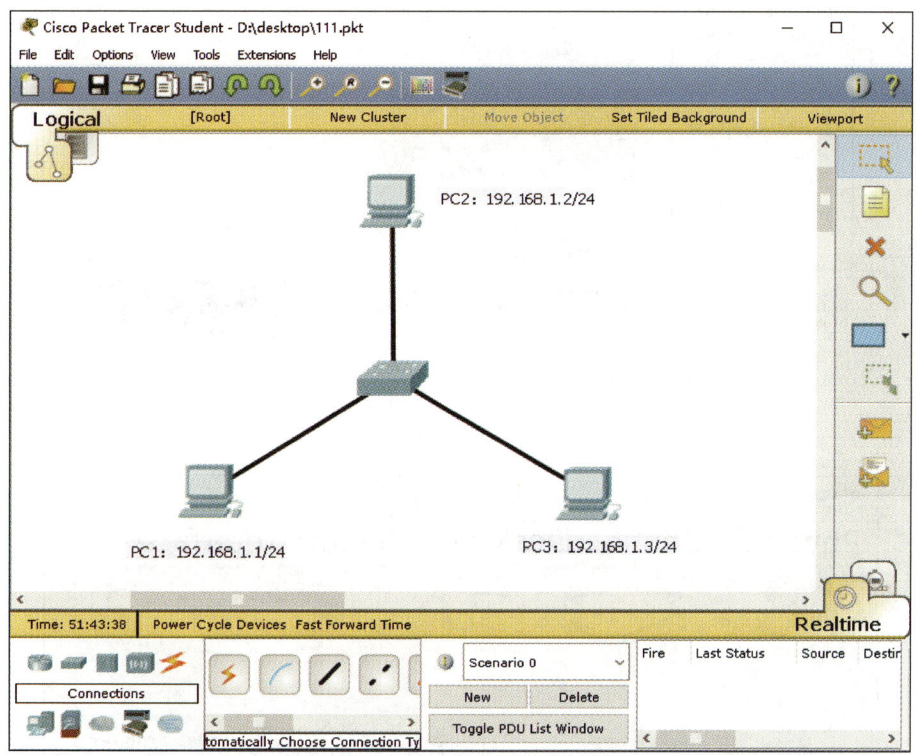

图 4-16　网络拓扑图

一、为 PC1、PC2 和 PC3 设置 IP 地址

（1）单击 PC1 打开 PC1 设置界面，如图 4-17 所示。

（2）单击“Desktop”（桌面）选项卡，如图 4-18 所示。

（3）单击“IP Configuration”（IP 设置）打开 IP 设置界面，完成 PC1 的 IP 地址设置，如图 4-19 所示。

（4）PC2、PC3 的 IP 地址设置与 PC1 相似，重复设置即可。

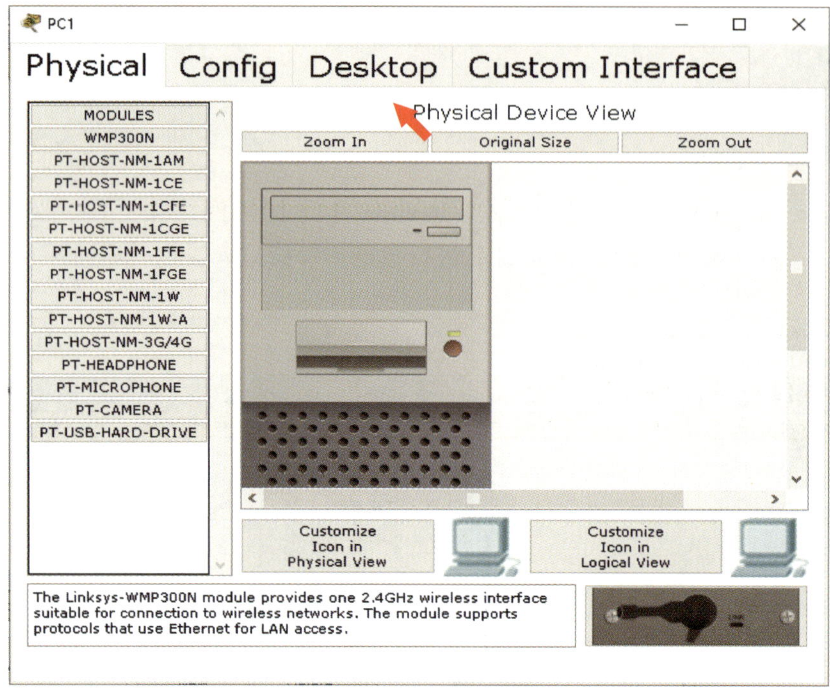

图 4-17　PC1 设置界面

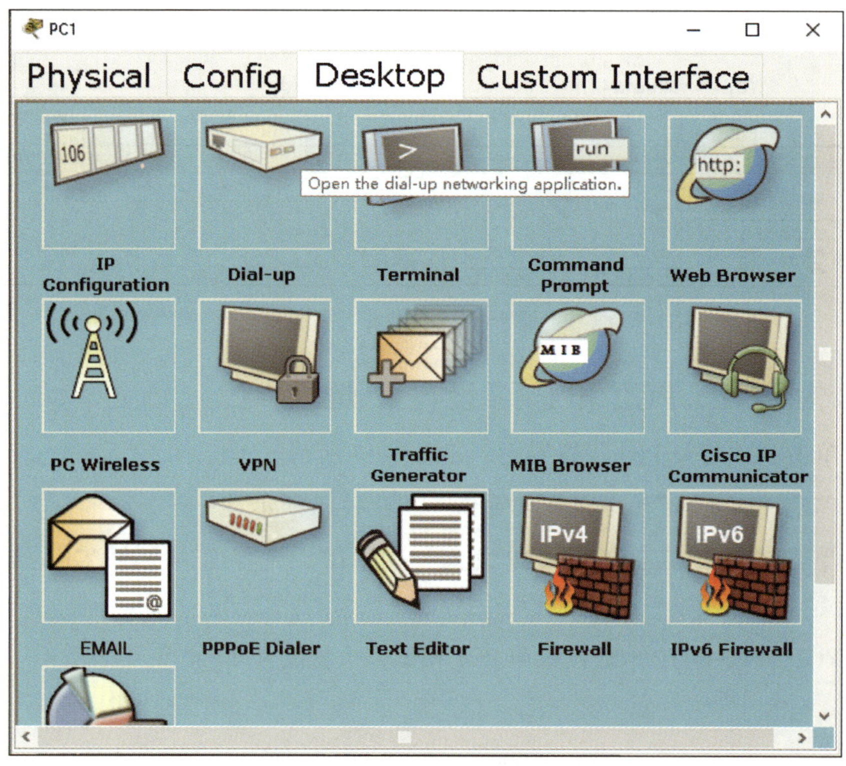

图 4-18　“Desktop”选项卡

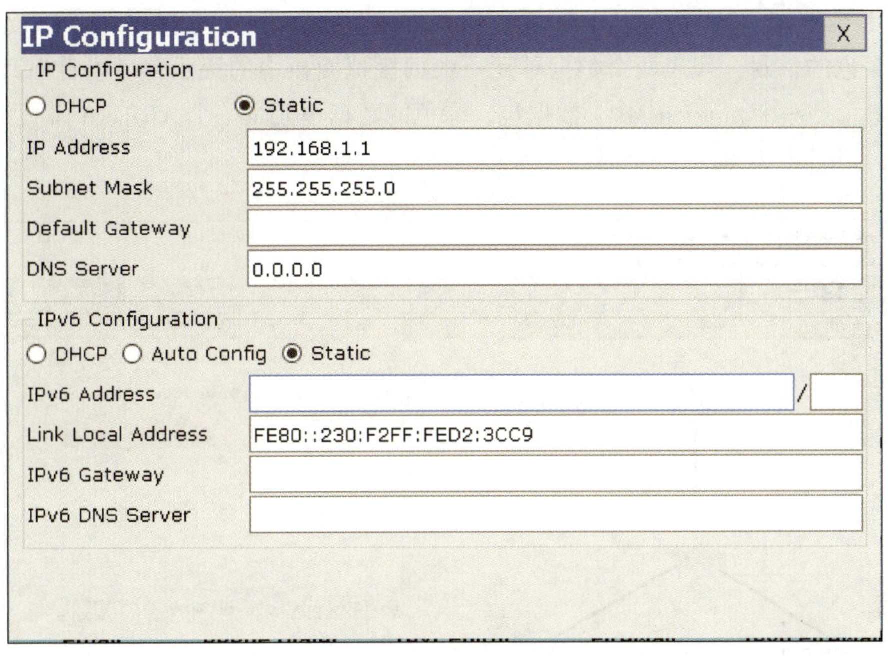

图 4-19　PC1 的 IP 地址设置

二、模拟数据传输

（1）单击按钮，切换到模拟模式，在图 4-15 所示的编辑数据过滤处勾选“ARP”和“ICMP”复选框（其他协议大都是网络设备的传输或路由协议，本书不做讲解）即可，如图 4-20 所示。

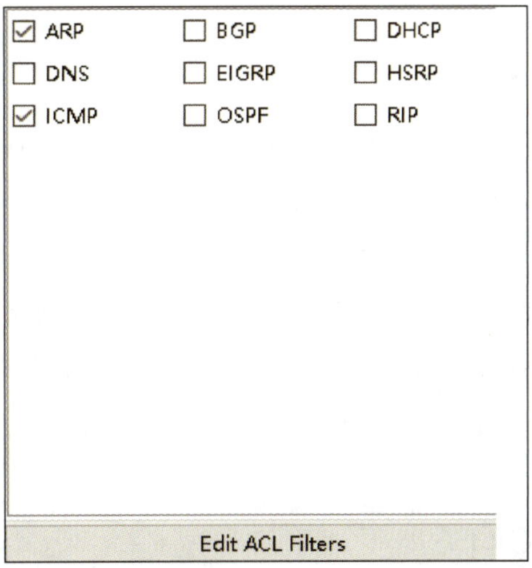

☑ ARP　☐ BGP　☐ DHCP
☐ DNS　☐ EIGRP　☐ HSRP
☑ ICMP　☐ OSPF　☐ RIP

Edit ACL Filters

图 4-20　数据过滤设置

（2）单击“添加简单数据单元”按钮，单击 PC1，然后单击 PC3。软件开始

模拟 ARP 数据和 ICMP 数据从 PC1 发送到 PC3 的过程，发送完成后会在 PC1 处看到两个不同颜色的信封，代表两个数据单元。根据模拟面板中的提示，可以看出其中紫色的数据单元是一个 ping（ICMP）数据包，绿色的数据单元是一个 ARP（MAC 地址解析）数据包，如图 4-21 所示。

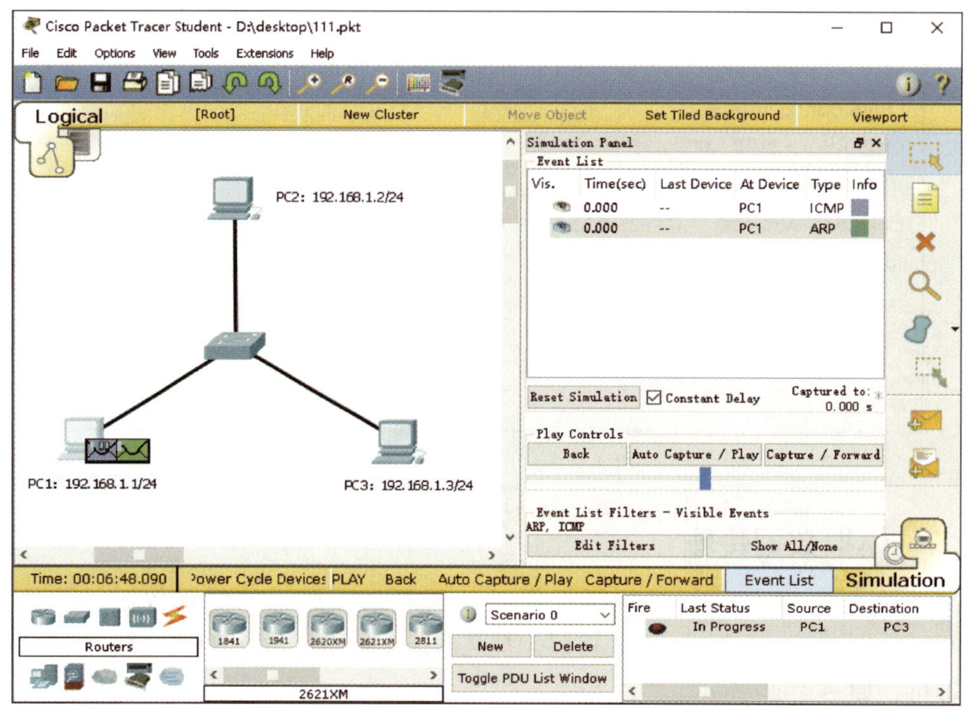

图 4-21 模拟数据传输

三、分析数据传输

（1）单击绿色的 ARP 数据包，可以看到图 4-22 所示的结果。

（2）单击紫色的 ping 数据包，可以看到图 4-23 所示的结果。

从上述两个数据包的内容中可以看出，ARP 工作在数据链路层（第二层），ping 命令借助的 ICMP 工作在网络层（第三层）。此时 PC1 访问 PC3 却并不知道 PC3 的 MAC 地址，而交换机是基于 MAC 地址传输数据的，那么数据是怎么传输到 PC3 的呢？

（3）重复单击“Forward”（下一步）按钮，可以看到 ARP 数据包（绿色）的传输过程直到完成。

传输过程的描述大致如下。

1）ARP 数据包从 PC1 发出被送到交换机（PC1 请求得到 PC3 的 MAC 地址）。

2）交换机并不知道哪一台计算机是 PC3，于是把 ARP 数据包发给了所有的计算机。

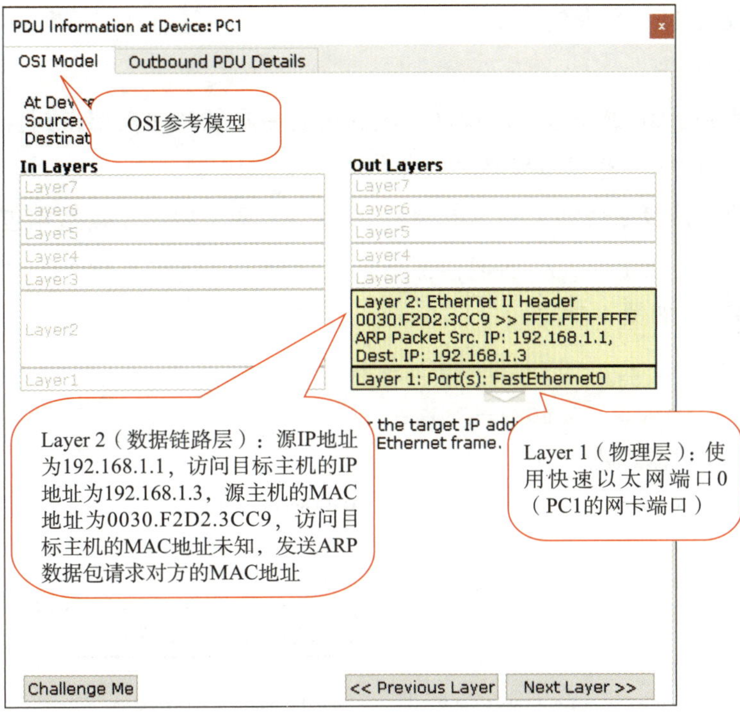

图 4-22　ARP 数据包内容解读

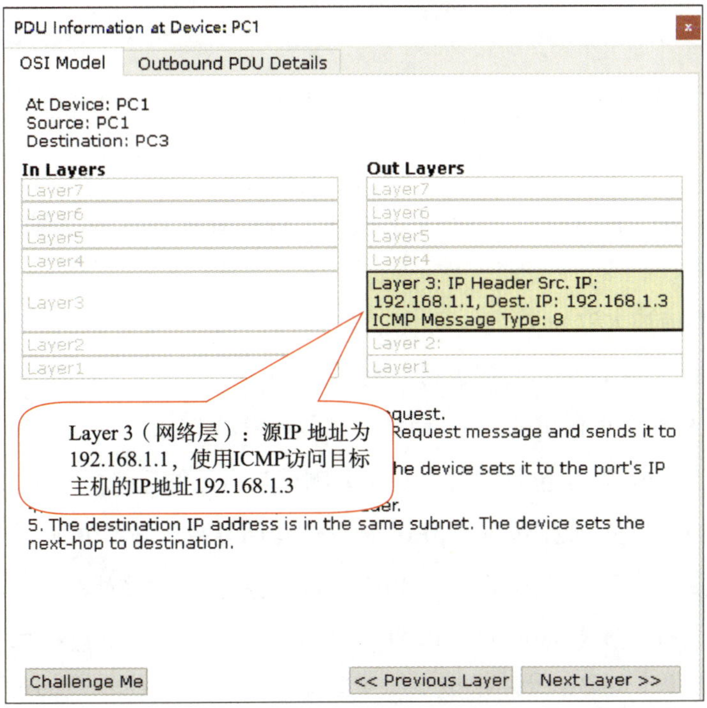

PDU Information at Device: PC1

OSI Model　Outbound PDU Details

At Device: PC1
Source: PC1
Destination: PC3

In Layers	Out Layers
Layer7	Layer7
Layer6	Layer6
Layer5	Layer5
Layer4	Layer4
Layer3	Layer 3: IP Header Src. IP: 192.168.1.1, Dest. IP: 192.168.1.3 ICMP Message Type: 8
Layer2	Layer 2:
Layer1	Layer1

Layer 3（网络层）：源IP 地址为192.168.1.1，使用ICMP访问目标主机的IP地址192.168.1.3

...quest.
...Request message and sends it to
...he device sets it to the port's IP
...der.
5. The destination IP address is in the same subnet. The device sets the next-hop to destination.

Challenge Me　<< Previous Layer　Next Layer >>

图 4-23　ping 数据包内容解读

3）PC2 收到 ARP 数据包后发现 PC1 要发送的对象不是自己（根据 IP 地址），于是丢弃了 ARP 数据包。

4）PC3 收到 ARP 数据包后发现这个数据包的内容是 PC1 需要得到自己的 MAC 地址，于是做出了回应，发送回复数据包给 PC1。

5）PC1 收到回复后得知了 PC3 的 MAC 地址，方便了后面 ping 数据包的传输。

（4）此时查看 PC1 的 ping 数据包，会发现数据包已经有了 PC3 的 MAC 地址信息 00D0.FFD1.503E，如图 4-24 所示。

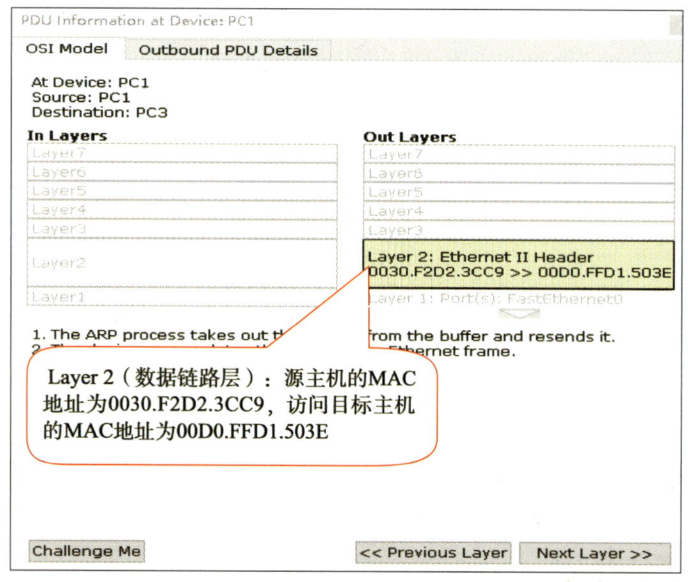

图 4-24 ARP 数据包返回后 ping 数据包内容解读

（5）重复单击“Forward”（下一步）按钮，可以看到 ping 数据包（紫色）的传输过程直到完成。

传输过程的描述大致如下。

1）ping 数据包从 PC1 发出被送到交换机。

2）交换机根据数据包里的 MAC 地址，将数据发给 PC3。

3）PC3 收到 ping 数据包后，发现 PC1 要测试与自己的连接，于是做出了回复。

4）交换机根据回复数据包里的 MAC 地址，将回复数据发给 PC1。

5）PC1 收到回复后，得到了与 PC3 进行 ping 连接的测试结果。

（6）重新执行一次数据单元传输的模拟：单击“添加简单数据单元”按钮 后单击 PC1，再单击 PC3，开始模拟下一个数据包从 PC1 发往 PC3 的过程，如图 4-25 所示。

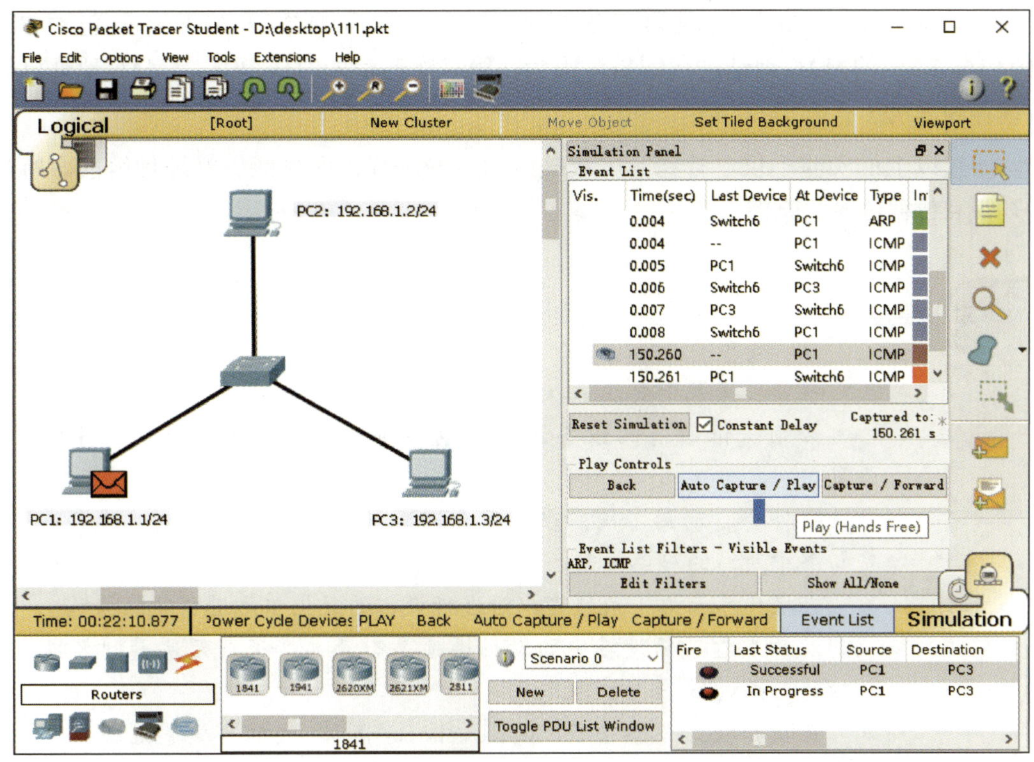

图 4-25　模拟第二个数据包传输

（7）为了与之前的数据包区分，此时数据包呈现的颜色是橙色。再次单击 ping 数据包，得到图 4-26 所示的结果。

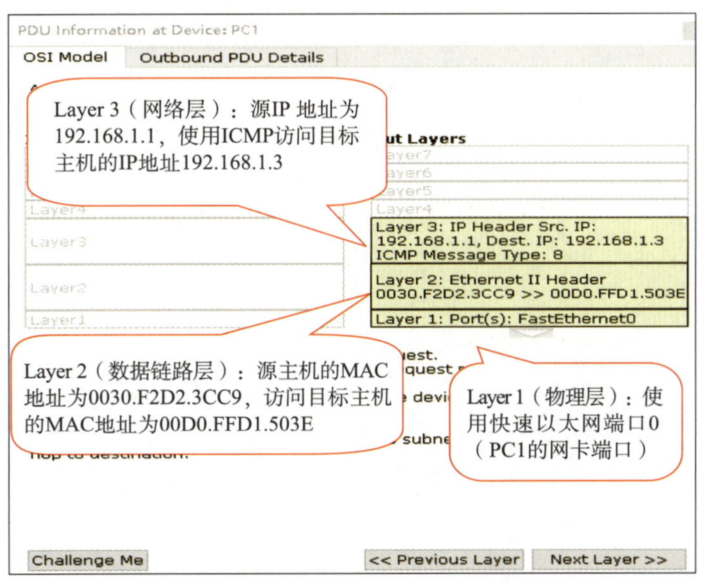

图 4-26　第二个 ping 数据包解读

（8）对比图4–23会发现第二次的通信已经不需要发送ARP数据包对PC3（192.168.1.3）的MAC地址进行解析，因为在第一次通信的时候PC3的MAC地址已经被缓存到本机了。

通过以上的实验不仅“看到”了数据包的传输过程，而且能更好地理解前面所学的知识和数据传输的原理。

提示

在模拟模式下要注意以下几个问题。

必须保证所有的设备和终端电源都是开启的（可以在软件中设置）。

软件会自动用不同的颜色区分不同批次类型的数据包，并不一定与书中所写的颜色一致。

在操作界面右下角处可以对进行模拟的数据单元进行删除操作。

注意查看界面设置中的动画选项是否开启，否则无法看到数据传输的动画过程。

在模拟模式下单击“Power Cycle Devices”按钮可重置电源（所有设备重启）。

项目五
小型局域网的组建

任务1　制作网线（双绞线）

1. 能初步辨识和选择合适的双绞线作为网络传输介质。
2. 能熟练完成网线（双绞线）的制作与检测。

网络上的两台主机需要传输信息，除了要进行软件（TCP/IP 信息）的配置，还需要通过网络传输设备与传输介质进行连接。传输介质有很多，但是局域网中使用频率最高、使用场景最多的还是网线（双绞线）。那么什么是双绞线？双绞线又是如何制作成网线的呢？本任务将学习双绞线的相关知识，并完成网线（双绞线）的制作。

一、双绞线的定义

双绞线是在局域网中使用频率最高的一种传输介质，它由一对或多对具有绝缘保护层的铜导线组成，而且每对铜导线均按一定的密度相互绞合在一起。

二、常见双绞线的分类

1. 一类线

一类线主要用于语音传输，例如，主要用于20世纪80年代初以前的电话线缆。

2. 二类线

二类线的传输频率是1 MHz，主要用于最高传输速率为4 Mbps的数据传输及语音传输，常用于使用4 Mbps规范令牌传递协议的旧令牌网。

3. 三类线

三类线是当前在ANSI和EIA/TIA568标准中指定使用的电缆，该电缆的传输频率是16 MHz，用于最高传输速率为10 Mbps的数据传输及语音传输，主要用于10BASE-T网络。

4. 四类线

四类线的传输频率是20 MHz，用于最高传输速率为16 Mbps的数据传输及语音传输，主要使用在基于令牌的局域网和10BASE-T/100BASE-T网络。

5. 五类线

五类线的传输频率为100 MHz，增加了绕线密度，外面被一种高质量的绝缘材料套住，用于最高传输速率为10 Mbps的数据传输及语音传输，主要用于10BASE-T/100BASE-T网络，是最常用的以太网电缆。

6. 超五类线

超五类线具有衰减小、串扰低的特点，相比之下具有更大的衰减串扰比、信噪比（SNR）及更小的时延误差，在性能方面有很大的提高，主要用于千兆位（1 Gbps）以太网。

7. 六类线

六类线的传输频率为1～250 MHz，该类电缆的布线系统在200 MHz时综合衰减串扰比的余量较大，可提供比超五类线大2倍的带宽，而且传输性能大大高于超五类线，最适合用在传输速率高于1 Gbps的应用上。六类线与超五类线相比最主要的不同之处在于改善了串扰以及回波损耗方面的性能，对新一代全双工的高速网络应用来说，保持回波损耗的优良性能是很重要的。此外，在六类线标准中取消了基本链路模型，采用星形拓扑结构布线标准，要求布线距离的标准是永久链路的长度不能超过90 m，信道长度不能超过100 m。

提示

更高类别的双绞线并没有完全商用，本书不做过多介绍。考虑到成本和性能，目前局域网中主要使用的双绞线是超五类线。

除此之外，若要按双绞线的电磁屏蔽性能来分类，双绞线还可分为非屏蔽双绞线（UTP）和屏蔽双绞线（STP），其结构示意图如图 5-1 和图 5-2 所示。

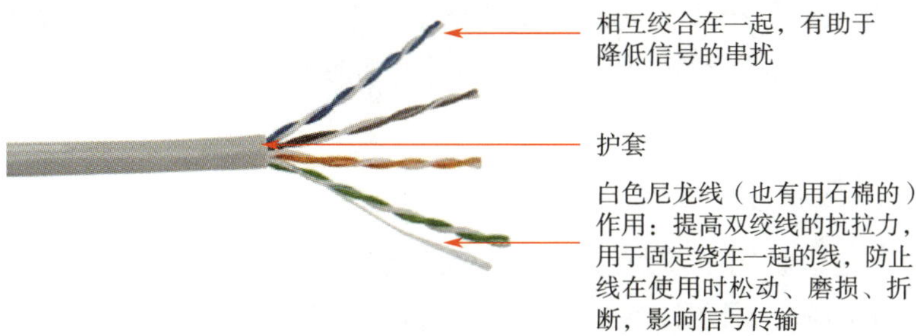

图 5-1　非屏蔽双绞线（UTP）的结构示意图

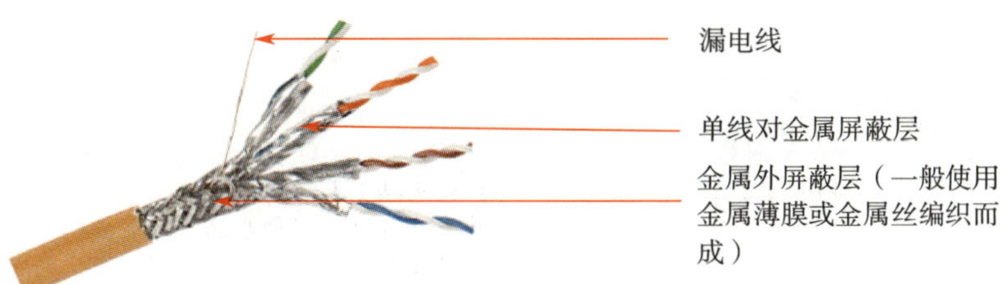

图 5-2　屏蔽双绞线（STP）的结构示意图

屏蔽双绞线与非屏蔽双绞线两者之间最大的区别就是对电磁的防护能力，所以屏蔽双绞线的安装成本及价格更高，一般应用于电磁干扰比较严重的场合（如大型变电设备或大功率电气设备的范围内），目前网络中广泛使用非屏蔽双绞线，非屏蔽双绞线电缆主要有以下优点。

（1）质量比较小，易弯曲，易安装。

（2）无屏蔽外套，直径小，节省所占用的空间。

（3）具有阻燃性。

（4）具有灵活性及独立性，适用于结构化综合布线。

（5）能将近端串扰降至最低或者将其消除。

提示

双绞线多数用在星形网络的连接中，在线的两端安装有 RJ-45 接头，分别连接网卡和路由器（交换机），最大有效长度为 100 m。

虽然单段网线的有效长度为 100 m，但是为了方便和保证网络传输的质量，连接家用路由器与计算机的网线一般不长于 3 m。

网线过长会有很多弊端，如网络信号衰减、增加沿路干扰、传输数据出错、上网卡住、网页出错等情况，给使用者造成网速变慢的感觉，但实际网速（数据传输速率）并没有变慢，而是数据出错造成计算机对数据校验和纠错的时间延长了。

三、RJ-45 接头

RJ-45 接头是一种用于双绞线线端连接的接头，其上有 8 套铜制插件，当使用压线钳压制接口的时候，铜制插件上的金属插针沿固定方向刺入线芯，这样就可以连接网线了。因其外观晶莹剔透，所以人们一般把它称为“水晶头”。RJ-45 接头的外观如图 5-3 所示。

图 5-3　RJ-45 接头的外观

RJ-45 接头的接线标准有两种，分别是 568A 与 568B，这两种接线标准的接线顺序如图 5-4 所示。

从图 5-4 中可以看出，568A 接线标准与 568B 接线标准在接线顺序上只是把“橙”和“绿”对调了，记住这一点会更便于记忆线序。

在实际接线时，必须严格按照上述两种标准进行双绞线的制作，才能保证连接效果和日后维护的方便。那么什么情况下使用 568A 接线标准，什么情况下使用 568B 接线标准呢？

日常使用的网线分为以下两种。

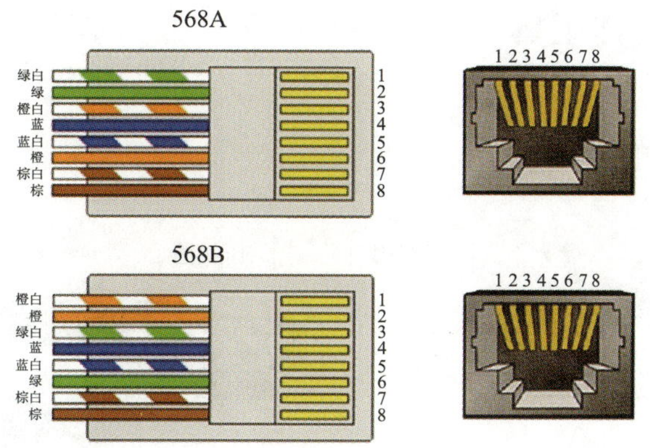

568A线序（1~8脚）：绿白、绿、橙白、蓝、蓝白、橙、棕白、棕
568B线序（1~8脚）：橙白、橙、绿白、蓝、蓝白、绿、棕白、棕

图 5-4　568A 与 568B 的接线顺序

1. 直通线

直通线是日常使用最为广泛的一种网线，它采用“直通”的连接方法，双绞线两端的水晶头都采用 568B 接线标准进行连接。这种直通线适用于大部分的应用场景。

2. 交叉线

交叉线是双绞线两端的其中一端采用 568A 接线标准，另一端采用 568B 接线标准的特殊网线。这种网线主要是用于同类型设备之间的连接，它的应用场景主要有以下几种。

（1）主机与主机之间的连接线。

（2）交换机与交换机之间的连接线。

（3）路由器与路由器之间的连接线。

（4）集线器与集线器之间的连接线。

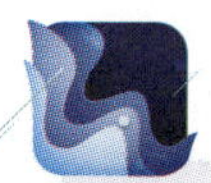

提示

若设备提供了专门的级联端口，则可以使用平行线连接同类型的设备（如交换机 A 与交换机 B 的连接，也可以是交换机 A 的级联端口使用直通线直接连接交换机 B 的普通端口）。现在很多交换机也可以自动识别端口状况，自动切换普通模式与级联模式。

四、双绞线制作工具

1. 网线钳

常见的网线钳如图 5-5 所示。

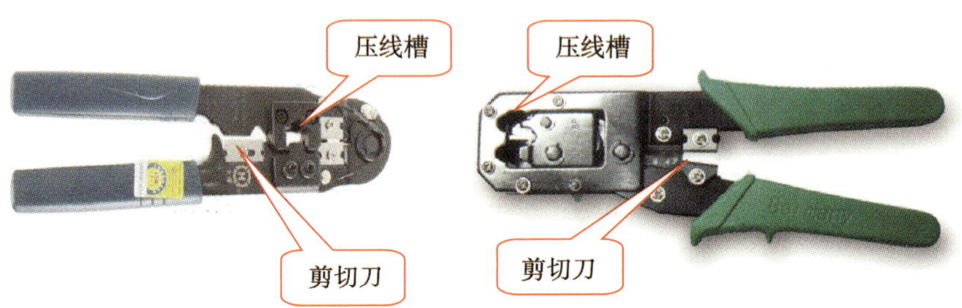

图 5-5 常见的网线钳

2. 剥线器

虽然使用网线钳也可以对网线进行去除外保护套的操作，但是在网络工程中使用剥线器（见图 5-6）进行剥线操作会更为方便。剥线器在双绞线外侧环绕一圈即可方便地把双绞线的外保护套剥下。

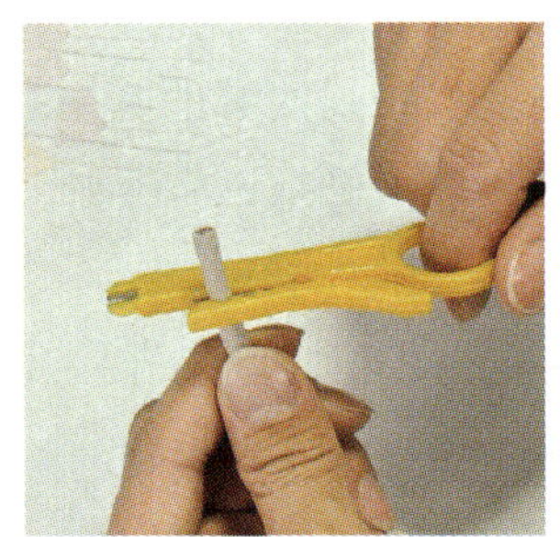

图 5-6 剥线器

一、准备工具材料

本任务需准备网线钳、网线测试仪等工具，1 根双绞线、2 个 RJ-45 水晶头等耗材。

二、制作双绞线

以 568B 接线标准为例，双绞线的制作过程如下。

（1）使用网线钳中间的剪切刀，在双绞线其中一端的线口处把网线平整截断。

（2）把剪平整的线口塞进剪切刀位置，顶住剪切刀处的挡板（见图 5–7a），轻握网线钳手柄，以保证剪切刀在网线外保护套上留下印记，以便下一步去掉外保护套。有些网线钳不带挡板，则在网线上距离线口大概拇指长度的位置留下印记即可。

（3）把做好印记的网线端插入网线钳的剥圆线口，用适当的力度握好网线钳旋转一圈，小心地把双绞线包裹的外保护套剥掉。

（4）把外保护套剥掉后会看到双绞线里 8 条颜色不同的线芯。这时请检查这 8 条线芯上的绝缘层有没有因剥外保护套而有所损伤，如果有损伤必须回到第一步重新制作。

（5）将 8 条线芯逐条分开，根据 568B 接线标准，按橙白、橙、绿白、蓝、蓝白、绿、棕白、棕的颜色顺序将其依次排列并扯平拉直。

（6）用网线钳将线端剪齐，并留出大约 1.5 cm 的长度（见图 5–7b）。

（7）把排列好的线端插入 RJ–45 水晶头（将水晶头的金属插针一面向上并朝向自己，左边第一根线为橙白），在插的时候一定要注意平稳，务必将每条线芯都插到底（可透过水晶头的透明外壳观察），以保证线芯的充分插入（见图 5–7c）。

（8）将插入双绞线的 RJ–45 水晶头放入网线钳的压线槽中，用力握紧网线钳的手柄，让 RJ–45 水晶头的金属插针都能完全插入双绞线的线芯里（见图 5–7d）。

（9）按照同样的方法完成双绞线另一端的接口制作，注意双绞线两端的线芯排列顺序要完全一致，那么一条完整的双绞线就制作完成了（见图 5–7e）。

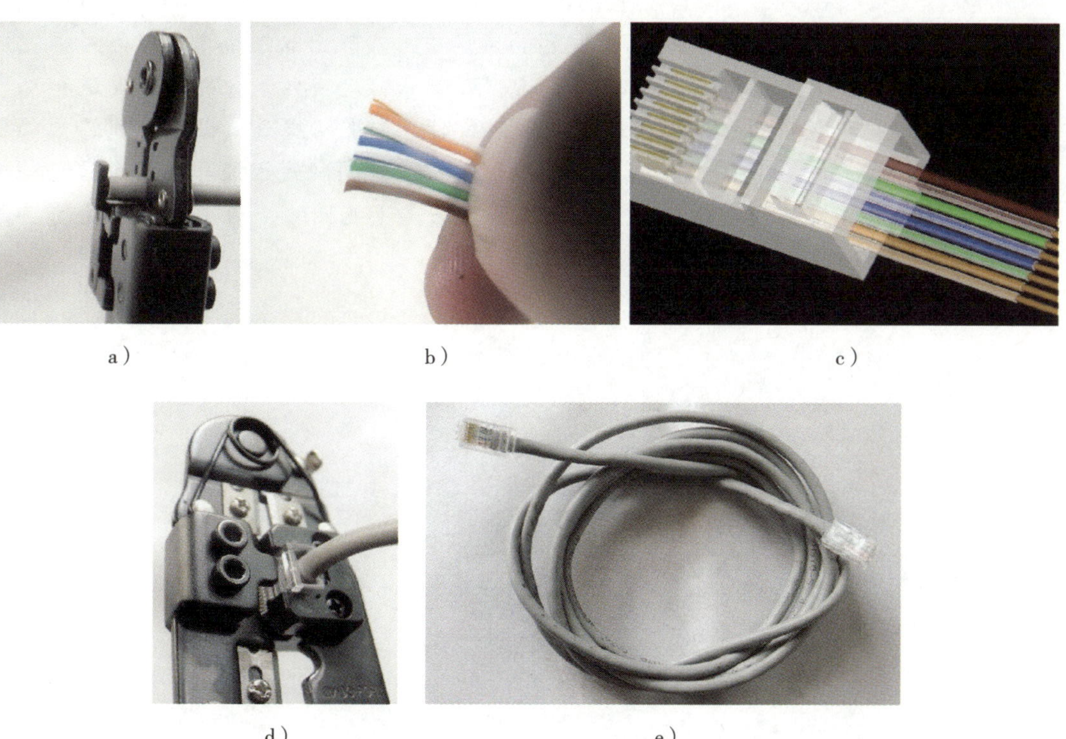

a）　b）　c）

d）　e）

图 5–7　双绞线制作过程示意图

提示

通常水晶头的长度等于网线钳挡板离剪切刀的长度，这种设计能有效避免剥线过长或过短。因为剥线过长会造成网线不能被水晶头卡住容易松动，而剥线过短则会造成水晶头的金属插针与双绞线的接触不完整。

（10）测试一根双绞线能否正常地完成工作任务则需要使用网线测试仪，如图 5-8 所示。测试时把双绞线的两头分别插入网线测试仪的 RJ-45 接口，然后打开网线测试仪的电源。只有当网线测试仪上的 8 个指示灯顺利闪烁才表示这根双绞线的 8 条线芯的通信没有问题。若其中某个指示灯未闪烁，则说明存在断路或者接触不良的现象。此时应再次对双绞线两端的 RJ-45 水晶头用力按压并重新测试，若依然不能通过测试，则只能重新制作。

图 5-8　使用网线测试仪测试双绞线

提示

在目前 100 Mbps 带宽的局域网中，实际上双绞线中的 8 条线芯并没有完全用上，只有第 1、2、3、6 条线芯有效，分别起到发送和接收数据的作用。所以在测试网线时，如果网线测试仪上与线芯相对应的第 1、2、3、6 指示灯亮了，那就说明网线已经具备了通信能力，其他线芯连通与否都没关系。若是千兆网络，为了保证传输的质量，则 8 条线芯都必须按要求连通。

任务 2　搭建双机互联的局域网

能独立完成双机互联小型局域网的搭建。

搭建网络时可以先搭建一个“最小”的网络，这个网络里只有一根网线、两台主机。在一些应用场合里，用户需要在两台主机上进行网络数据的传输（如笔记本电脑在台式机或者服务器上复制需要的文件或资料），这时就需要使用交叉线来完成两台主机的连接了。本任务将学习交叉线的制作，并完成双机互联的局域网的搭建。

一、在双机互联的场景中使用交叉线的原因

计算机与计算机进行连接的时候为什么需要使用交叉线呢？因为所有的计算机都是使用统一的标准、采用标准的网卡进行网线连接的，如果说计算机网卡的 1 号接口是发送数据的，3 号接口是接收数据的，那么双机互联中的两台计算机上的网卡也都遵循这个标准。

直接连接两台计算机时用的网线是直通线，相当于两台计算机的 1 号接口互相连接了，3 号接口也互相连接了，那么计算机 A 从 1 号接口发出的数据将无法被送到计算机 B 的 3 号接口进行接收（因为计算机 A 的 1 号接口连接的是计算机 B 的 1 号接口）。而采用交叉线时，1 号接口与 3 号接口就正好连接了，计算机 A 在 1 号接口发出的数据就可以被送到计算机 B 的 3 号接口进行接收，只有这样才能实现双机互联的数据传输。直通线与交叉线的连接示意图如图 5–9 所示。

而当交换机与计算机互联的时候，由于交换机的设计标准本来就是用于连接计算机的，所以它的接口正好与计算机的标准相反，其 1 号接口是接收数据的，3 号接口才是发送数据的，使用直通线就可以直接与计算机通信了。

也正是由于这个原因，在同种设备进行连接的时候，才会使用交叉线。

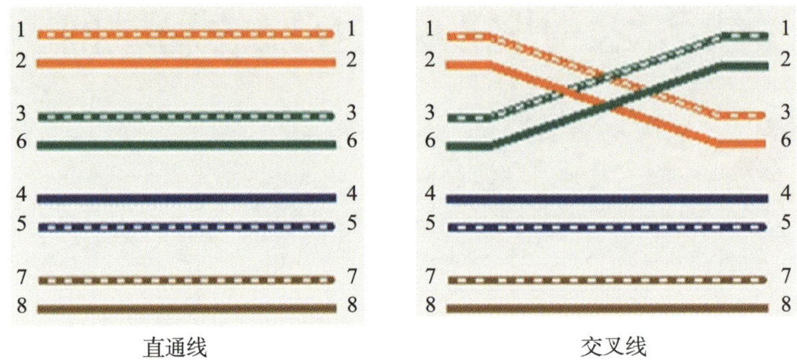

图 5-9　直通线与交叉线的连接示意图

二、连通网络的方法

网络的连通性可以分为两个方面，一是物理层面上的连通，物理连通可以通过万用表、网线测试仪查看，或者观察设备自身的指示灯就可以知道了；二是逻辑（软件）层面上的连通，逻辑连通需要对计算机或设备进行准确的参数设置，可以使用项目三中的网络测试命令来进行。

三、工作组

工作组是局域网里的一个概念，它是最常见、最简单、最普通的资源管理模式，将不同的计算机按功能分别列入不同的组中，以方便管理。

微软系统中所有计算机默认的工作组都在“WORKGROUP”中，假设局域网的计算机都出现在“网上邻居”里，将对用户管理或者局域网资源的使用带来很大的不便，所以在简单的局域网中都会对计算机进行“分组”，以便后期进行管理与识别。

一、制作交叉线

参照本项目任务 1 中网线（双绞线）的制作方法和本任务相关知识中讲述的交叉线的特点，制作好用于实验连接的交叉线。

二、搭建双机互联的局域网

1. 接线

网络拓扑如图 5-10 所示，把制作好的交叉线两端分别插入计算机 A 与计算机 B 的网卡上，本任务的物理连接就完成了。

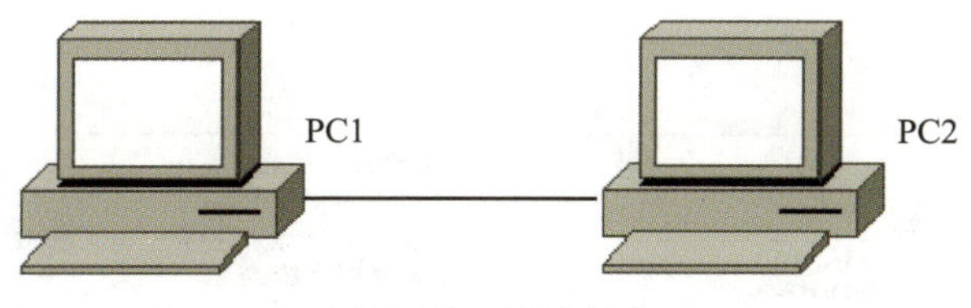

图 5-10　网络拓扑

2. 设置工作组

工作组的设置并不是必须的，但是养成对计算机进行工作组分类的好习惯会为日后管理网络提供方便。

（1）在“开始”菜单中单击“设置”按钮 / “系统” / “关于”，打开系统信息界面，如图 5-11 所示。

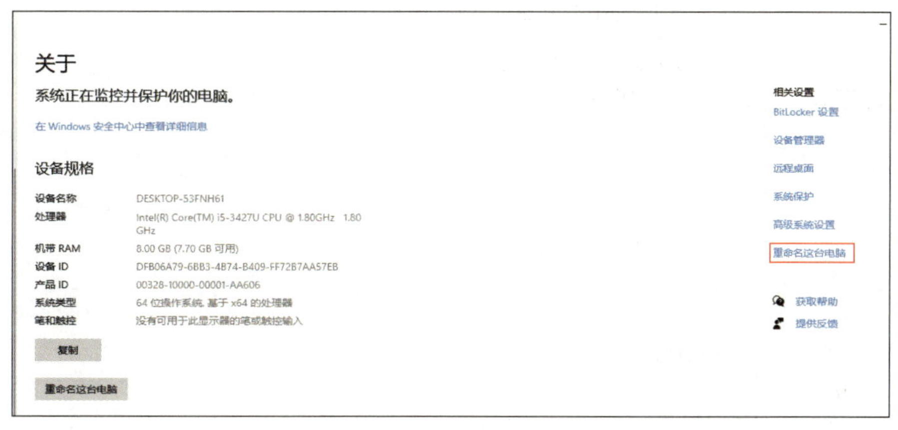

图 5-11　系统信息界面

（2）单击图 5-11 右侧的“重命名这台电脑”，打开“系统属性”对话框，如图 5-12 所示。

（3）更改计算机名时，网络中的两台计算机要使用不同的计算机名，在图 5-13 所示的对话框中直接修改即可。

（4）根据提示选择“这台计算机是办公网络的一部分，我用它连接到其他工作中的计算机”，如图 5-14 所示，单击“下一页”按钮，单击“公司使用没有域的网络”，在工作组框中填入工作组名称，单击“下一页”按钮，再单击“完成”按钮，即可完成计算机加入工作组的设置。

图 5-12 “系统属性”对话框

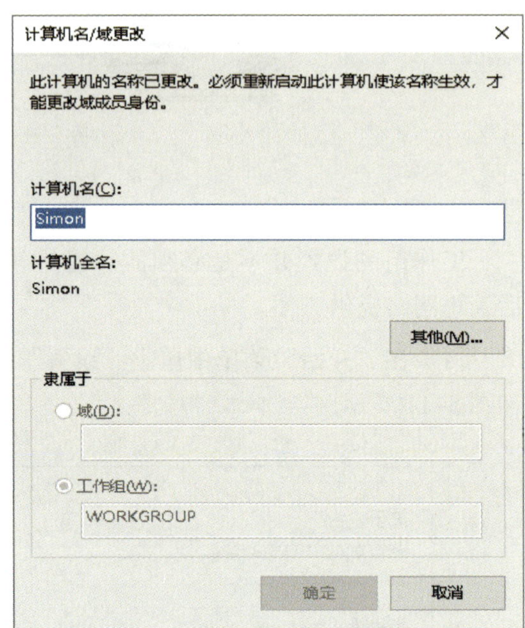

图 5-13 “计算机名 / 域更改”对话框

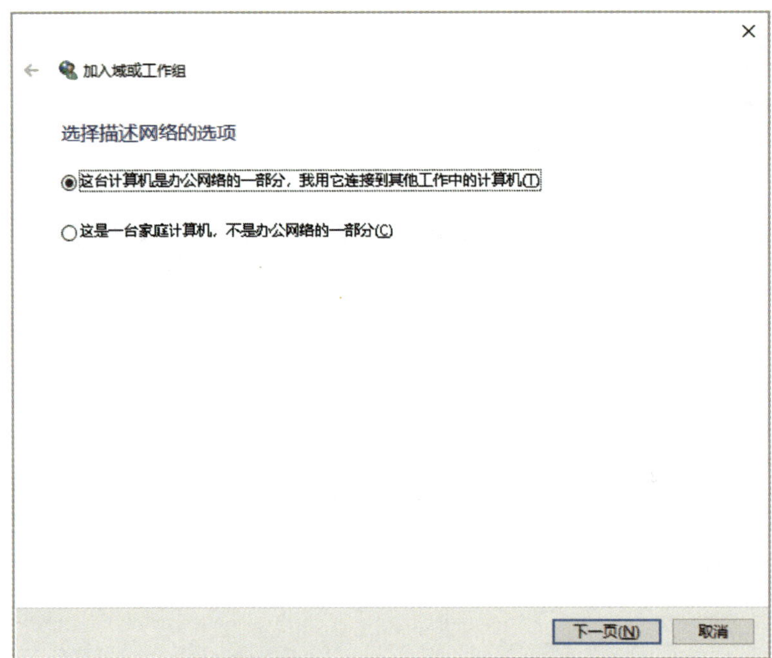

图 5-14 加入域或工作组界面

提示

工作组的名称可以任意选取，但是双机互联的计算机必须设置为相同的工作组并且计算机名是不能相同的。

域一般用于相对复杂的网络中，基于本书的定位不进行过多阐述。

3. 设置 IP 地址

为连接后的两台计算机分别设置不同的 IP 地址，IP 地址的设置方法可以参考项目二中的方法。

提示

因为网络中的两台计算机需要直接通信，所以就必须在同一个网络中，需要两台计算机 IP 地址的网络号一致、主机号不同（可参考项目二的内容），并为其设置相同的子网掩码。如计算机 A 的 IP 地址是 192.168.1.101，子网掩码为 255.255.255.0；计算机 B 的 IP 地址是 192.168.1.102，子网掩码为 255.255.255.0。否则，即便两台机器在物理上是连通的，在逻辑上也并不能直接通信。

4. 测试网络连通情况

判断网络是否连通正常时，一般使用 ping 命令就可以了（参考项目三的内容），如果对方主机 IP 地址可以被正常 ping 通，则表示网络连接成功。如果计算机的防火墙对 ping 命令的 ICMP 数据包进行了拦截，则需要关闭相关拦截。关闭 ICMP 数据包拦截的方法如下。

（1）在“开始”菜单中单击“设置”按钮，在搜索栏中直接输入“防火墙”，如图 5-15 所示。

（2）在 Windows Defender 防火墙界面中单击“高级设置”，如图 5-16 所示。

（3）如图 5-17 所示，设置允许 ICMP 通过。

（4）如图 5-18 所示，在“核心网络诊断 – ICMP 回显请求（ICMPv4-In）属性”对话框中进行设置。

（5）完成设置，主机可被正常 ping 通。

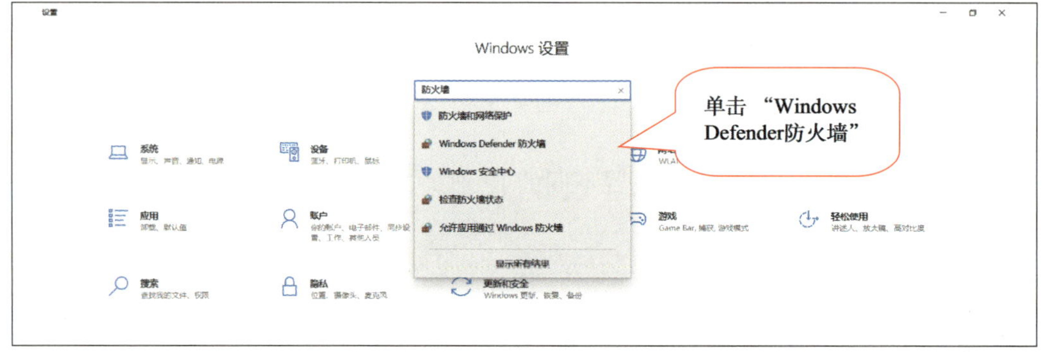

图 5-15　搜索防火墙

图 5-16　Windows Defender 防火墙界面

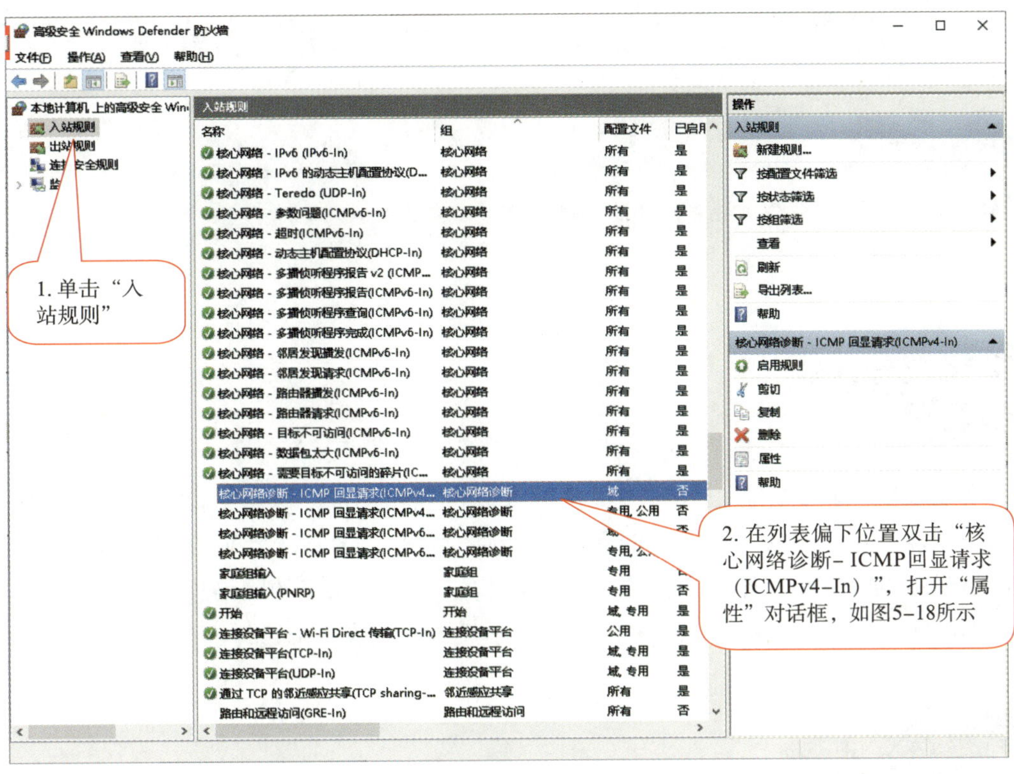

图 5-17　设置允许 ICMP 通过

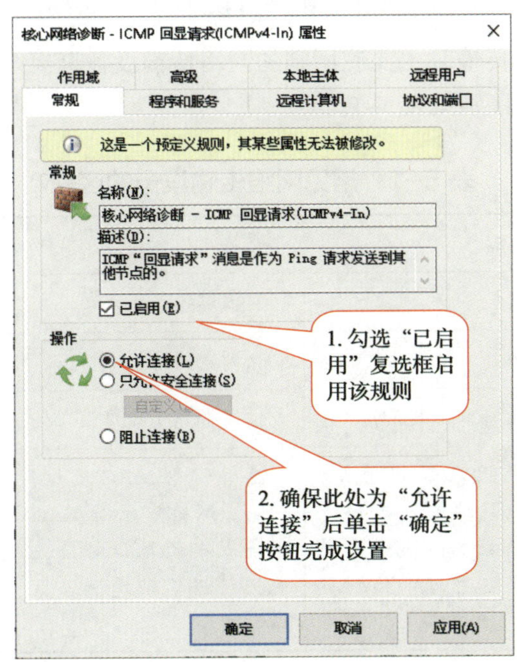

图 5-18　“核心网络诊断 – ICMP 回显请求（ICMPv4-In）属性”对话框

任务 3　搭建星形拓扑结构的局域网

能独立完成星形拓扑结构小型局域网的组建。

实现双机互联后，假设要实现更多的计算机互相连接应该怎么操作呢？在现实的网络应用场景中，一般双机互联只是应用在临时通信的基础上，而在局域网内（如多媒体机房里的计算机）则是通过星形拓扑结构进行长期稳定的网络连接的。最简单的星形网络就是在同一个网络内的多机互联，本任务将完成一个这样的局域网的搭建。

一、常见网络传输设备的功能对比

在进行局域网数据传输时主要使用到的网络传输设备有集线器、交换机、路由器，这 3 种设备在网络中的区别见表 5–1。

表 5–1　常见网络传输设备的区别

设备名称	集线器	交换机	路由器
工作层次	物理层	数据链路层	网络层
数据传输方式	广播	点到点传输	根据 IP 地址转发
工作模式	半双工（效率低）	独享带宽（速度快）	共享带宽（速度慢）
工作原理	不能识别任何地址，在同一网络中以广播方式传输数据，网络中的所有主机都可以收到数据	能够识别 MAC 地址，在同一网络中根据 MAC 地址表中的端口对应关系把数据单独发送给目标主机	能够识别 IP 地址，根据路由表对不同网络中的主机进行路由寻址与数据的转发

因为集线器的工作原理落后，容易在网络上形成冲突，所以现在的网络中一般只使用交换机与路由器，集线器已经基本被淘汰了。其中交换机（能工作在网络层的三层交换机除外）只能在相同的网络中进行数据传输，路由器则是在不同的网络中负责数据转发与传输。

二、交换机常见的外观结构

交换机的背面一般为各种端口，如图 5-19 所示。

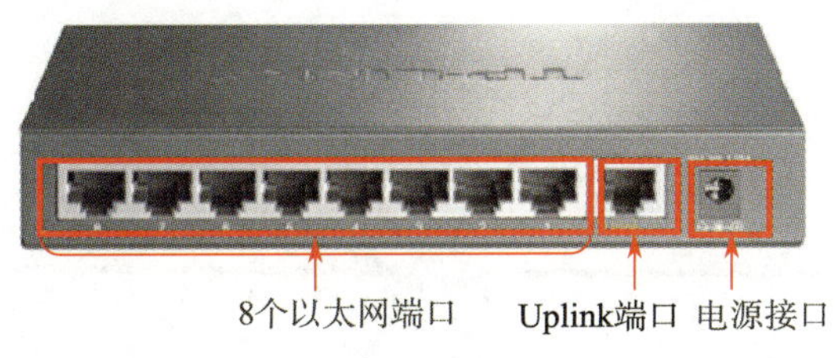

图 5-19 交换机背面端口示意图

- 以太网端口：用于连接实验中的计算机 PC1 ~ PC6。
- Uplink 端口：多台交换机级联时使用的级联端口，用于解决网络设备互联（如交换机和交换机）时网线（交叉线和直通线）的使用问题。现在新出的交换机有的是没有 Uplink 端口的，大多数没有 Uplink 端口的交换机的每个端口都支持 AUTO-MDI\MDIX 自动翻转，无论是交叉线还是直通线都是可以使用的。
- 电源接口：用于连接交换机的工作电源。

交换机的正面主要是指示灯，如图 5-20 所示。

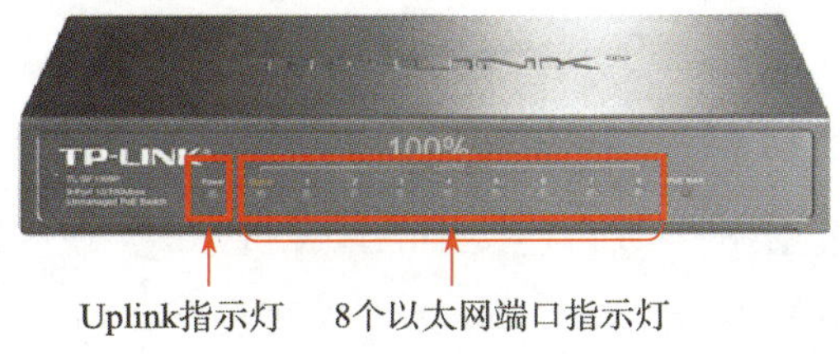

图 5-20 交换机正面指示灯示意图

- 8 个以太网端口指示灯：网线未能正常连接时指示灯不亮（此时应使用网线测试仪检查网线是否制作合格或检查网线是否已插接牢固）；指示灯亮时表示网线连接成功；指示灯闪烁时表示端口正在收发数据。
- Uplink 指示灯：指示灯亮时表示交换机已接好级联线。以太网端口可接 RJ-45 网线。

三、星形拓扑结构

星形拓扑结构相对简单、便于管理、建网容易，是组建局域网时普遍采用的一种拓扑结构。在星形拓扑结构中，网络的各节点通过点到点的方式连接到一个中央节点上（此处为交换机），由该中央节点向目的节点传输信息，如图 5–21 所示。

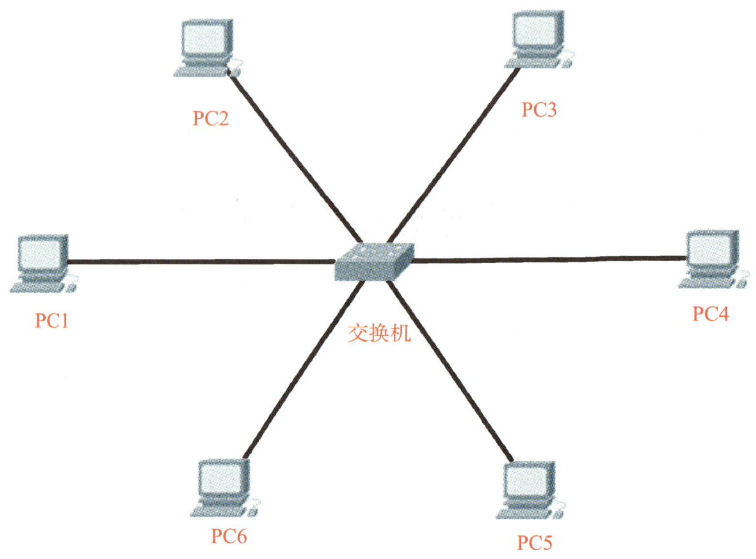

图 5-21　单交换机实验拓扑图

一、准备设备和材料

准备两台实验用的交换机、数台连接用的计算机。

根据前面学习到的内容选择中心网络传输设备为交换机，参照本项目任务 1 中的制作方法制作好用于实验连接的直通线进行操作。

二、搭建只有一台网络传输设备的星形网络

（1）为交换机插上电源，按照图 5–21 所示的实验拓扑图用直通线将计算机与交换机连接起来，并查看交换机正面的指示灯是否点亮，若指示灯点亮则说明计算机与交换机之间的物理连接成功。

（2）进行 PC 端设置，因为交换机只能在同一网络中进行数据传输，所以这 6 台计算机 PC1 ~ PC6 的 IP 地址的网络号与子网掩码必须一致（网络号一致也就是处于同一

个网络中)，如将 PC1 ~ PC6 的 IP 地址设置为 192.168.100.101 ~ 192.168.100.106，子网掩码都设置为 255.255.255.0（相当于这 6 台主机是位于 192.168.100 网络里的 101 ~ 106 号主机，这个 IP 地址可由自己随意设定，使用私有地址即可）。

PC1 ~ PC6 的设置方法可参考项目二中的相关内容。因为本实验中的所有计算机都处在同一个网络内，所以只要设置 IP 地址和子网掩码即可，不需要设置网关和 DNS。

提示

6 台计算机的 IP 地址虽然可以自己随意设定，但是在子网掩码为 255.255.255.0 的前提下必须保证 IP 地址前 3 个字节相同（参考项目二中 IP 地址的内容）。

（3）设置完成后，使用 ping 命令进行局域网连通性的测试。在任意一台主机上 ping 其他几台主机都能得到网络连通的测试结果即表示实验成功，如图 5-22 所示。

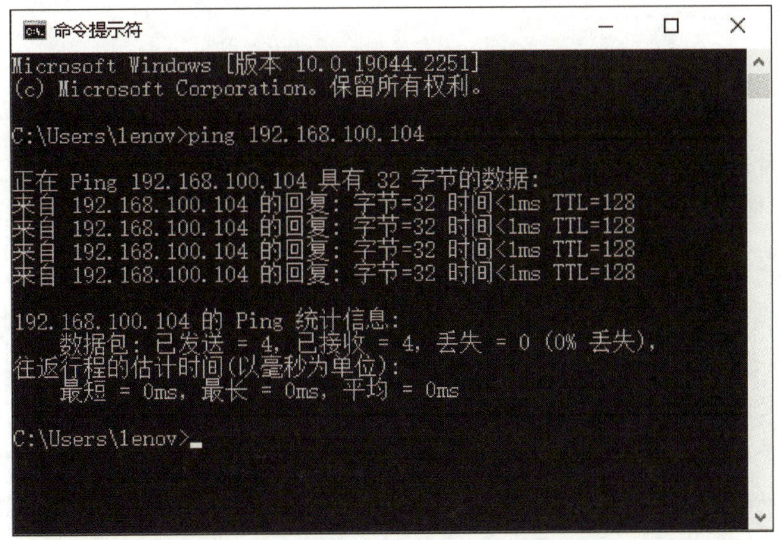

图 5-22　使用 ping 命令测试网络连通情况

提示

若此时无法测试成功，则要关闭所有计算机上防火墙对 ICMP 数据包的拦截。

三、搭建具有两台网络传输设备的星形网络

在局域网中连接的主机数量比较多的时候，一台交换机无法提供足够的端口进行连接，那么这时就需要多台网络传输设备（交换机）进行级联，实验拓扑图如图 5-23 所示。

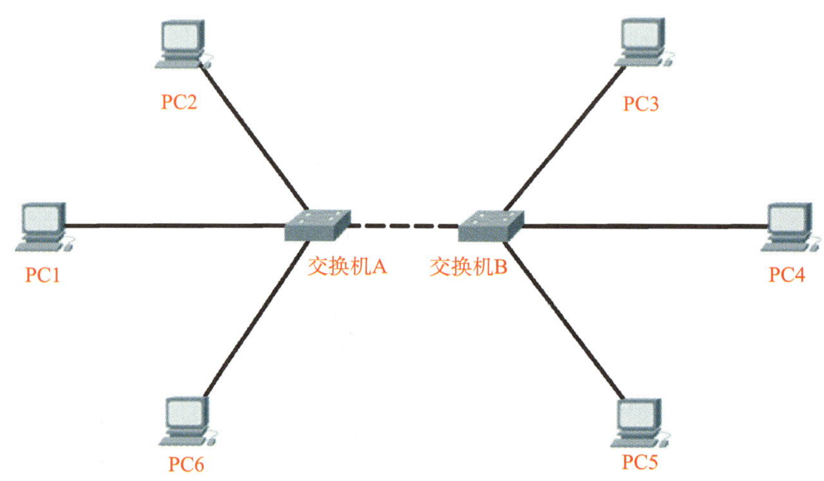

图 5-23　多台交换机实验拓扑图

虽然交换机相互连接之后可以扩展交换机的连接数量（可以简单地理解为多台交换机进行了合并），但是根据交换机只在同一个网络中传输数据的特性，多台交换机连接之后的星形网络中的数据传输依然是在同一个网络中进行的。

操作过程与步骤如下。

（1）为两台交换机分别插上电源，按照图 5-23 所示的实验拓扑图分别用直通线将计算机与交换机连接起来，并查看交换机正面的指示灯是否点亮，若指示灯点亮则说明计算机与交换机之间的物理连接成功。

（2）实验中两台交换机是通过双绞线进行级联的，完成连接后也可以查看对应端口的指示灯情况以确保物理连接成功。要注意的是，如果是在两台交换机的普通以太网端口上进行双绞线的连接，那么应该使用交叉线连接；如果是两台交换机的一端使用普通以太网端口，另一端使用级联端口进行双绞线的连接，那么使用直通线即可。

（3）因为实验中计算机处于同一个网络，所以可参考上一个实验进行 IP 地址的设置。

（4）实验测试过程也与上一个实验一致，PC1 ~ PC6 之间可以全部相互 ping 通即可。

项目六
局域网资源共享

任务 1　设置局域网简单文件共享

能独立在局域网内的计算机上设置共享文件夹，完成局域网文件共享。

构建网络就是把主机与主机联系起来，那么主机之间建立起这种联系有什么用呢？试想在一个企业里，办公室内的各台计算机需要频繁地交换与处理文件，为了提高办公效率，使用无纸化办公方式显然是更便捷和节约的，那么能不能借助网络让大家的计算机之间实现文件共享，或者在其他的计算机上使用远程的共享文件就像在本机上使用那么方便呢？

在局域网中，要实现文件的共享，最简单的方法就是采用共享“公用”文件夹的方式对共享资源进行访问。在局域网中经常被使用且安全性需求并不高的文件共享资源经常使用这种方式进行共享。本任务将学习相关知识，并完成共享文件夹的设置、查看和使用。

一、用户和组

用户和组是微软管理控制台（MMC）管理单元中的用户文件夹，显示默认的用户账户（组）以及创建的用户账户（组）。这些默认的用户账户（组）是在安装操作系统时自动创建的。建立的用户可以隶属于任何一个或多个组，从而具备一个或多个组所赋予的权限。

下面是 Windows 的用户和组的说明。

1. 基本组

（1）Administrators

Administrators 也称管理员组。属于该 Administrators 组内的用户都具备系统管理员的权限，同时拥有对这台计算机最大的控制权限，能执行整台计算机的管理任务。内置的系统管理员账户 Administrator 就是该组的默认成员，并且无法把它从该组删除。

（2）Backup Operators

Backup Operators 为备份管理员组。在本组内的成员，都可以通过单击“控制面板”/“系统和安全”/“备份和还原”的方法，备份和还原文件夹与文件。

（3）Guests

Guests 为来宾组。该组提供给一些没有本地账户但是需要访问本地计算机内资源的用户使用，该组成员没有对应当前计算机桌面的工作环境。该组最常见的默认成员为 Guest 账户（也称为来宾账户，此账户同样不能删除）。

（4）Network Configuration Operators

Network Configuration Operators 为网络设置组。本组内的用户允许在客户端执行一般的网络设置任务，如更改 IP 地址，但是不能安装或删除驱动程序与服务，也不能执行与网络服务器设置有关的任务，如 DNS 服务器、DHCP 服务器的设置。

（5）Users

Users 为用户组。该组成员仅拥有一些基本的权利，如运行应用程序，但是该组成员不能修改操作系统的设置、更改其他用户账户的数据、关闭服务器级的计算机。所有添加的本地用户账户未经指派前都自动属于该组。

（6）Power Users

Power Users 为高级用户组。该组内的用户比 Users 组的用户有更多的权利，但是比

Administrators 组拥有的权利又少一些，如该组成员可以创建、删除、更改本地用户账户；可以创建、删除、管理本地计算机内的共享文件夹与共享打印机；可以自定义系统设置，如更改计算机时间、关闭计算机等。该组成员不可以更改 Administrators 组与 Backup Operators 组、无法夺取文件的所有权、无法备份与还原文件、无法安装与删除设备驱动程序、无法管理安全与审核日志。

（7）Remote Desktop Users

Remote Desktop Users 为远程桌面组。该组成员能通过远程计算机登录本机，如利用终端服务器从远程计算机登录本机。

2. 内置特殊组

（1）Everyone

任何一个用户账户都属于 Everyone 组。需注意的是，如果 Guest 账户被启用，必须给 Everyone 组指派权限，因为当一个没有账户的用户连接计算机时，该用户可被允许自动利用 Guest 账户连接，而 Guest 属于 Everyone 组，所以该用户将得到 Everyone 组所拥有的权限。

（2）Authenticated Users

任何一个利用有效的用户账户连接的用户都属于该组。建议在设置权限时，尽量针对 Authenticated Users 组进行设置，而不要针对 Everyone 组进行设置。

（3）Interactive

任何在本地登录的用户都属于这个组。

（4）Network

任何通过网络连接此计算机的用户都属于这个组。

（5）Creator Owner

文件夹、文件或打印文件等资源的创建者，就是该资源的 Creator Owner（创建所有者）。但若创建者是 Administrators 组内的成员，则其 Creator Owner 为 Administrators 组。

（6）Anonymous Logon

任何未利用有效的 Windows Server 2003 账户连接的用户，都属于这个组。需要注意的是，在 Windows Server 2003 内，Everyone 组内并不包含 Anonymous Logon 组。

二、共享文件夹

共享文件夹是指可被其他计算机访问并分享的文件夹。共享文件夹内的资源可以被授权用户通过网络方式访问并使用。在 Windows 7 系统中的公用文件夹就是一个简单的共享文件夹，用户不需要过多的设置就可以分享自己希望分享的文件。

提示

在任务管理器中可以查看用户执行的文件，这里要注意：用户名为 LOCAL SERVICE、NETWORK SERVICE、SYSTEM 的用户是系统用户，是系统自带的而不是病毒或入侵者，都是正常的用户。注册表中的 BUILTIN 是 built in 的意思，表示内建账户，属于正常账户。

任务实施

一、在局域网内共享文件夹

1．开启来宾账户（无身份验证的访问都被视为来宾的访问）

用鼠标右键单击“开始”菜单，在弹出的菜单中选择“计算机管理”，打开计算机管理界面，如图 6–1 所示。开启来宾账户，如图 6–2、图 6–3 所示。

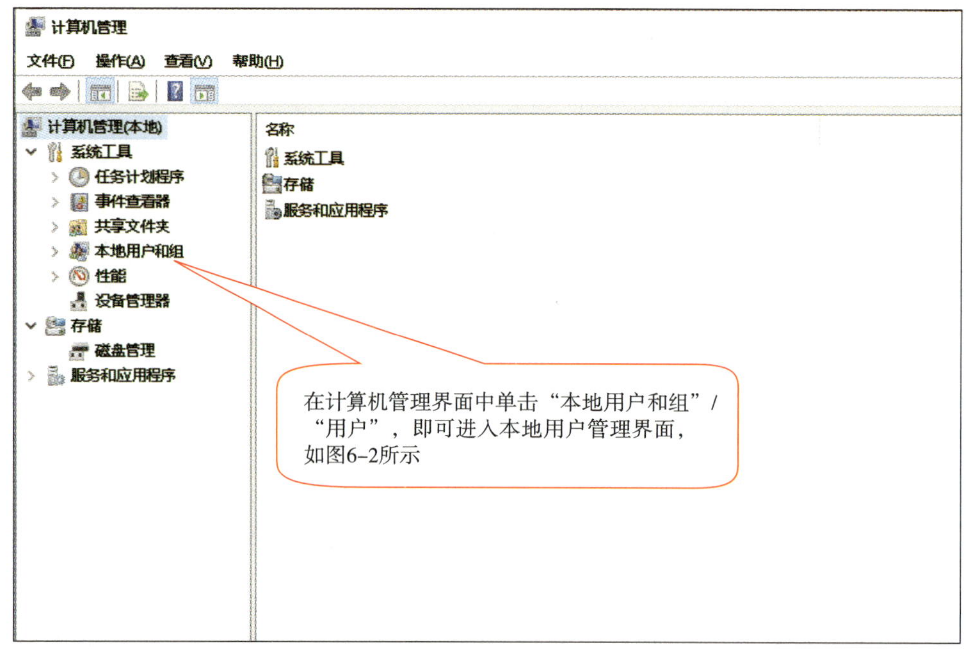

图 6–1　计算机管理界面

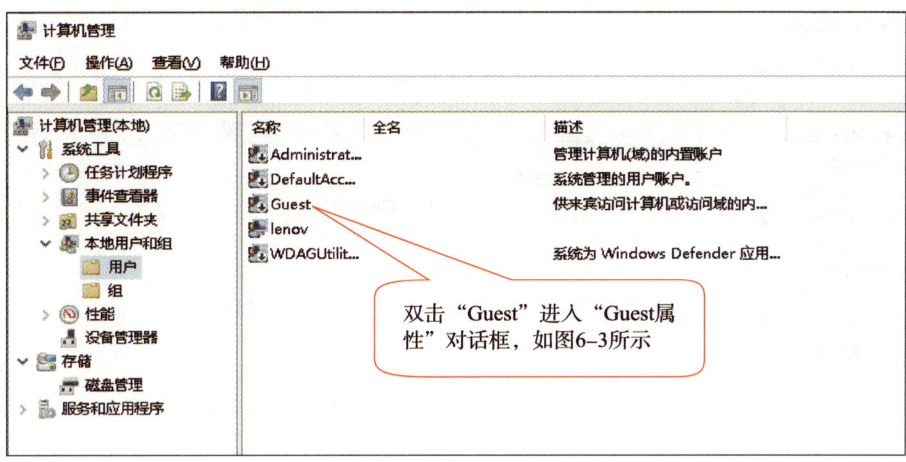

图 6–2　本地用户管理界面

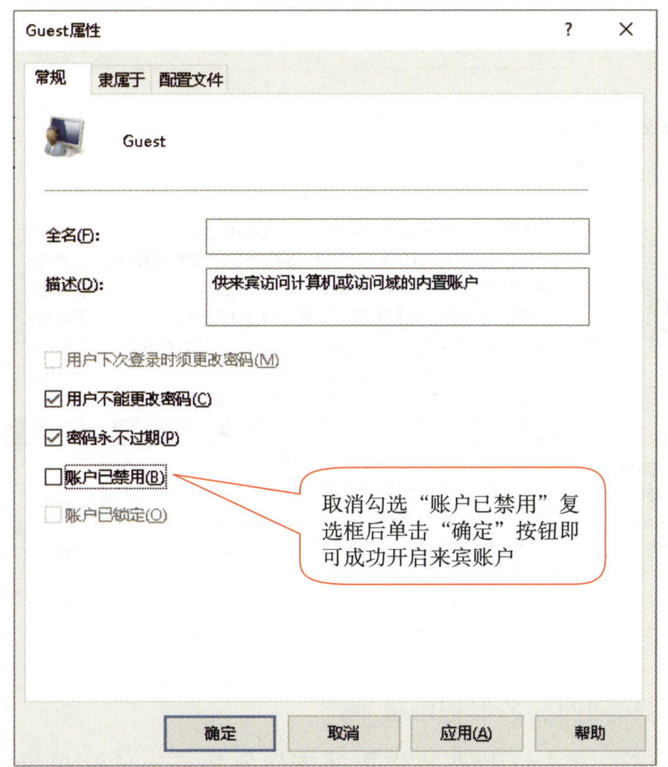

图 6–3　“Guest 属性”对话框

2. 设置共享方式为不需要用户名和密码的“来宾”方式的访问

按【⊞】+【R】快捷键，在弹出的“运行”对话框中输入“gpedit.msc”，打开本地组策略编辑器界面，如图 6–4、图 6–5、图 6–6 所示。

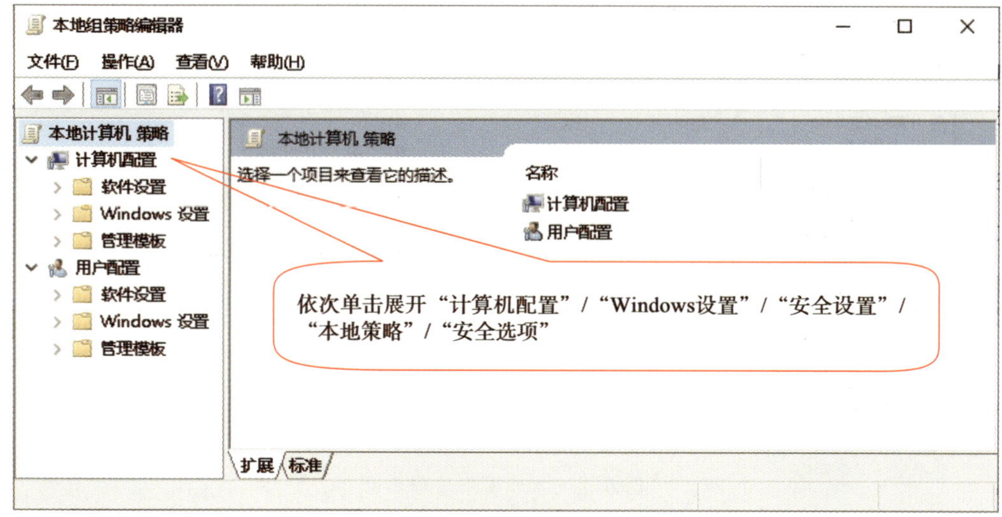

图 6-4　本地组策略编辑器界面

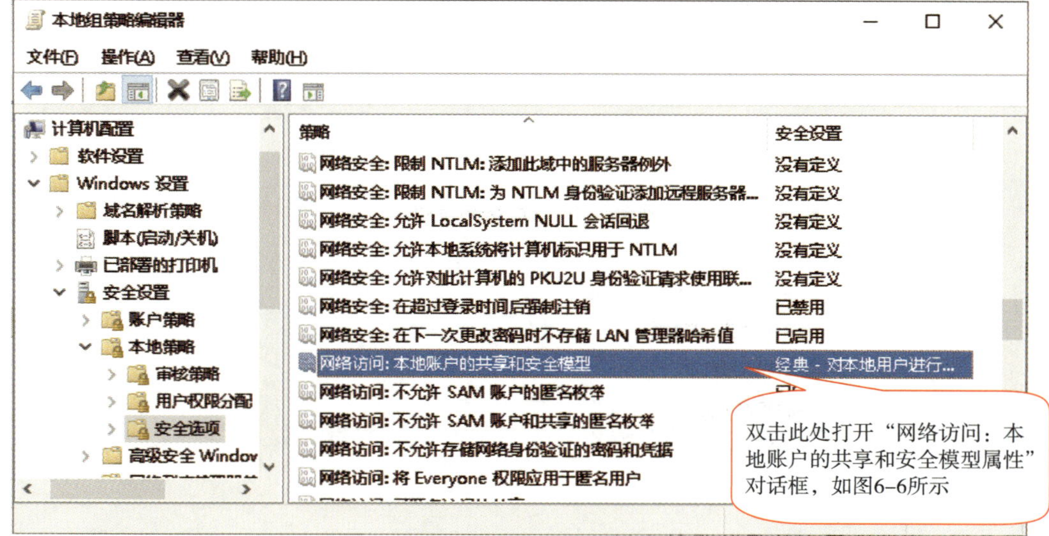

图 6-5　安全选项策略列表

3. 设置网络访问的黑名单和白名单

参考上一步中的方法打开本地组策略编辑器界面。依次单击展开“计算机配置”/“Windows 设置”/“安全设置”/“本地策略”/“用户权限分配”，在右侧策略列表中找到“从网络访问此计算机”（白名单）和“拒绝从网络访问这台计算机”（黑名单）进行相关设置，如图 6–7、图 6–8、图 6–9 所示。

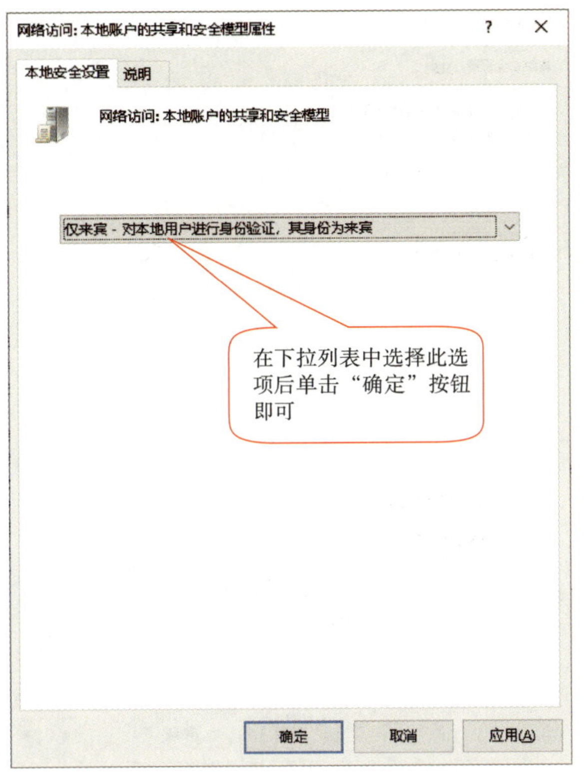

图 6-6 “网络访问：本地账户的共享和安全模型属性”对话框

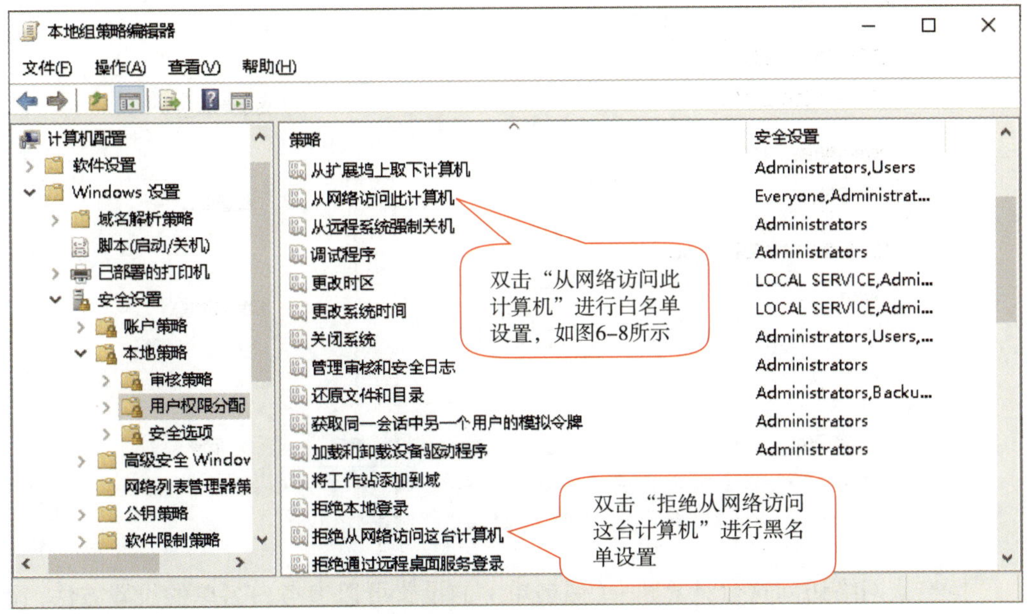

图 6-7　用户权限分配策略列表

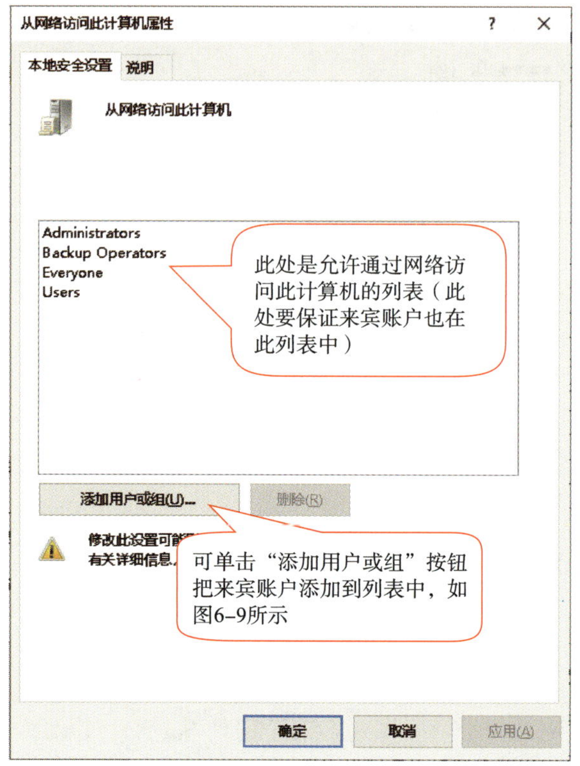

图 6–8 “从网络访问此计算机属性”对话框

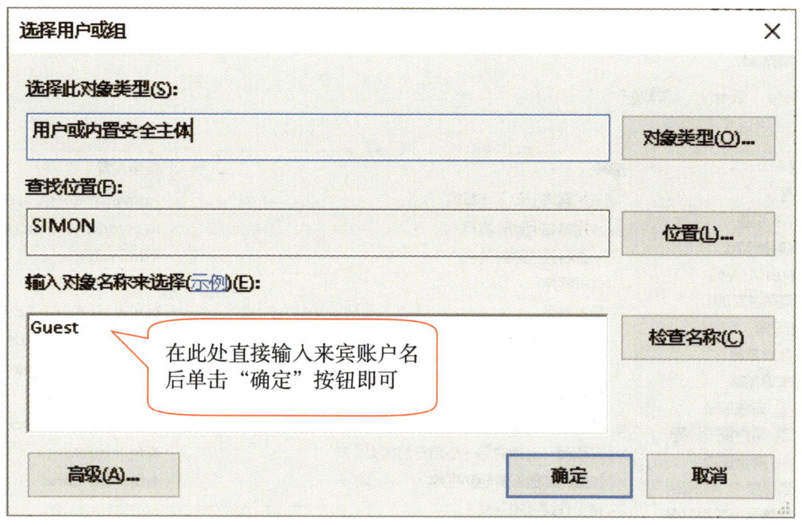

图 6–9 “选择用户或组”对话框

“拒绝从网络访问这台计算机”（黑名单）的设置可以参考白名单的设置方法，区别是在计算机的黑名单中不能有来宾账户，若有则需要删除，如图 6–10 所示。

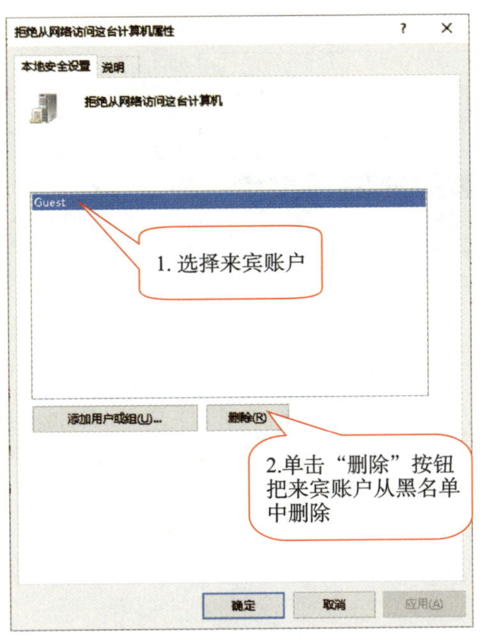

图 6-10 “拒绝从网络访问这台计算机属性”对话框

4. 设置共享文件夹及其权限

右键单击需要共享给网络上其他计算机访问的文件夹，在弹出的菜单中选择“属性”，打开文件夹“属性”对话框，具体操作如图 6-11、图 6-12、图 6-13 所示。

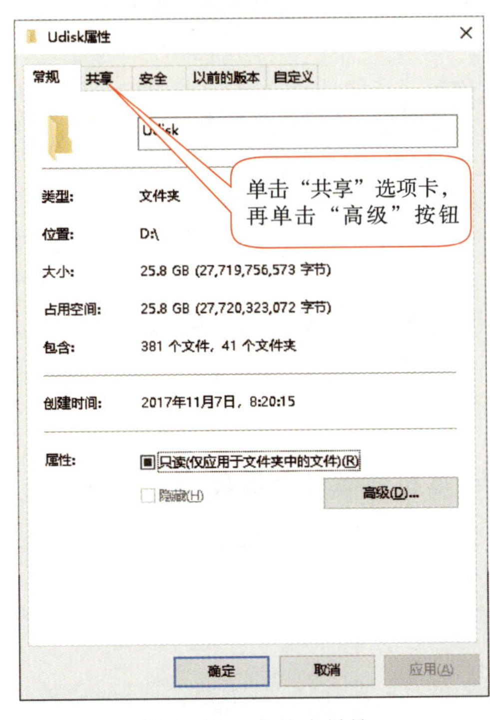

图 6-11 文件夹属性

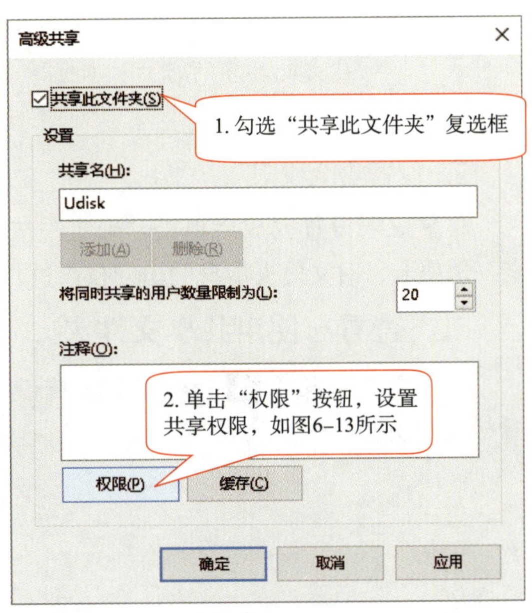

图 6-12 高级共享设置

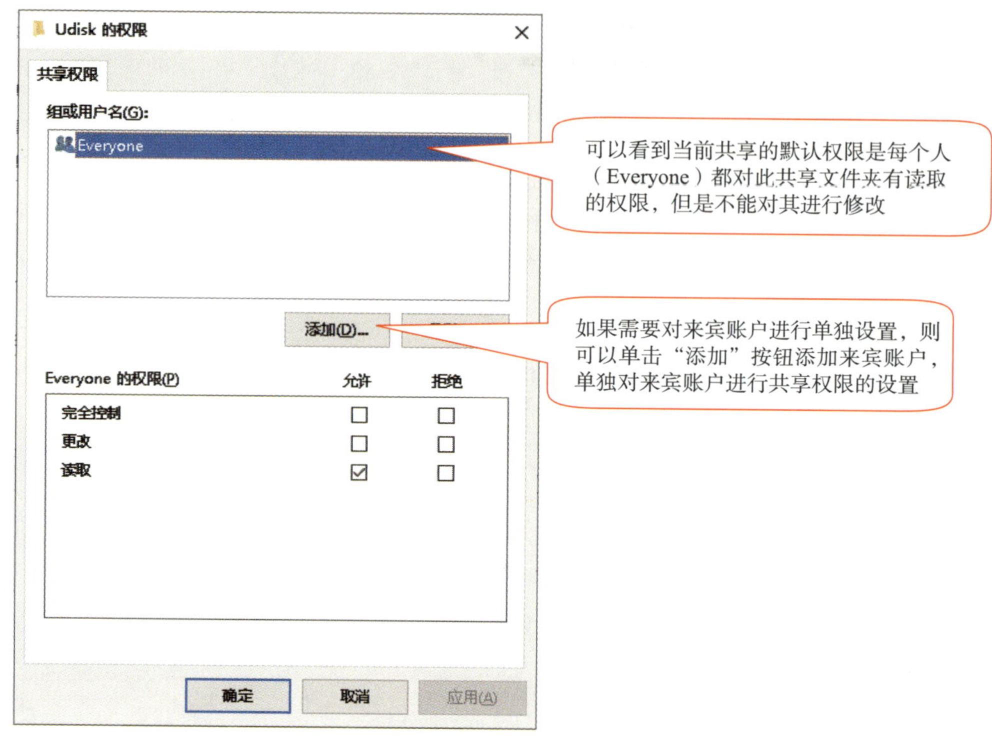

图 6–13　共享权限设置

提示

如图 6–12 所示，在该处也可以设置共享的用户数量（允许同时连接此共享的客户机数）和共享文件夹的共享名。

5. 设置安全权限

共享权限设置完成后单击“确定”按钮，回到图 6–11 所示的对话框，单击“安全”选项卡，对文件夹本身的访问权限进行进一步设置，如图 6–14 所示。

二、查看与使用共享文件夹

在客户机上按【⊞】+【E】快捷键打开计算机资源管理器界面，如图 6–15、图 6–16 所示。

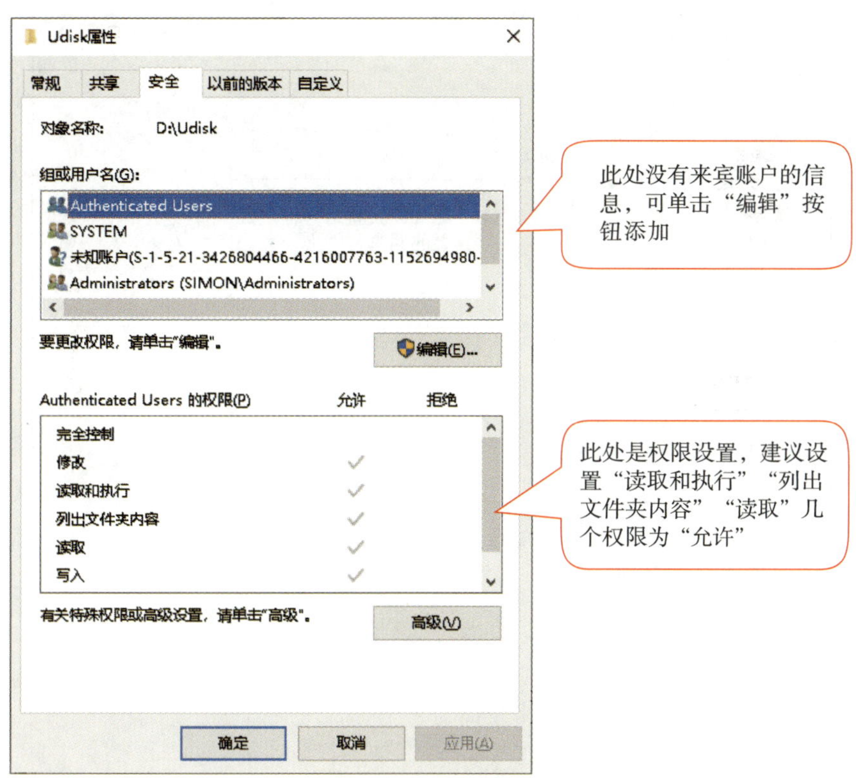

图 6-14 安全权限设置

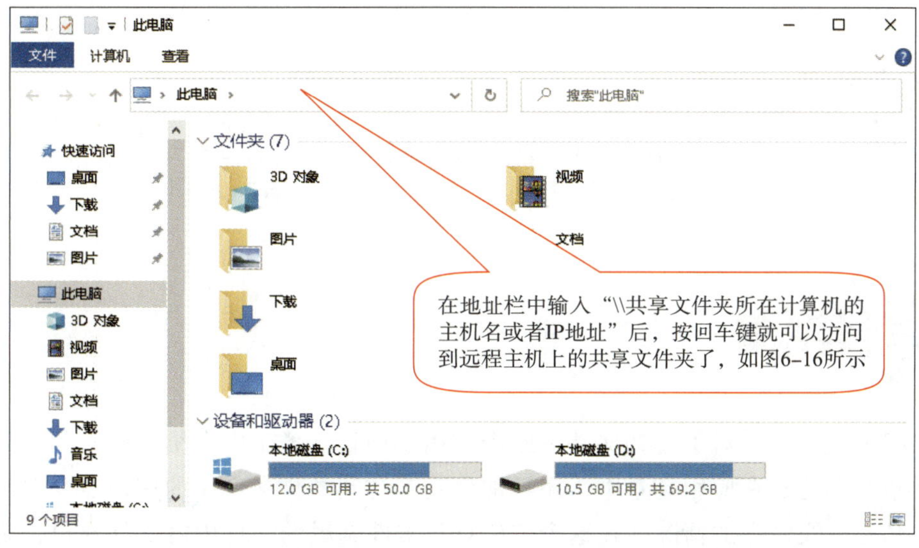

图 6-15 资源管理器界面

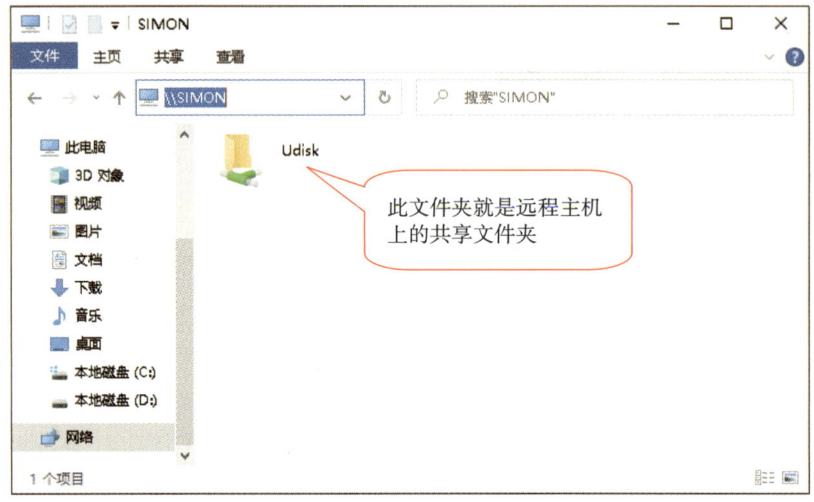

图 6-16　远程主机上的共享文件夹

任务 2　设置带验证的局域网内文件共享

能熟练对局域网内文件共享设置验证信息和访问权限。

在实际应用中，对于公共文件一般都使用本项目任务 1 中介绍的简单共享的方式进行共享。但是，在应用场景中，还经常会遇到访问共享文件夹的用户需要单独设立一个“私有”文件夹的情况。在这个“私有”文件夹里的文件内容必须通过正确的用户名和密码才可以访问。那么怎么才能针对这种应用场景进行共享文件夹的设置呢？本任务将学习相关知识，并练习为共享文件夹设置两个不同权限的用户。

一、NTFS

NTFS（新技术文件系统）是一个特别为网络和磁盘配额、文件加密等安全管理特性设计的磁盘格式，提供长文件名、数据的保护和恢复，能通过目录和文件许可实现安全性，并支持跨越分区。当磁盘分区的格式采用 NTFS 时，其功能才能生效。

二、文件夹共享权限

共享权限仅仅对通过网络访问本机共享文件夹资源的用户生效，只是对文件夹（不能对文件）设置的共享权限，对本机上的本地用户无效。

参考任务 1 中（见图 6-13）文件夹共享权限的设置方法，可知文件夹共享权限设置分为以下几种。

- 完全控制：包含所有权限。
- 更改：用户可修改此共享文件夹内文件内容。
- 读取：用户可通过共享读取此文件夹内容。

三、文件夹安全权限

文件夹的安全权限又称文件夹的 NTFS 权限，是文件系统采用 NTFS 方式时对文件夹安全的设置，NTFS 权限对文件夹和文件都是有效的，对于远程用户和本地用户也都是有效的。

参考任务 1 中（见图 6-14）文件夹安全权限的设置方法，可知文件夹安全权限设置分为以下几种。

- 完全控制：具有对文件或文件夹的所有权限。
- 修改：用户可修改、删除文件和文件夹。
- 读取和执行：除了读取权限，用户还可以直接执行文件夹内文件。
- 列出文件夹内容：用户可以像在本地一样查看文件夹中的文件列表。
- 读取：用户可以读取共享文件夹内文件。
- 写入：用户可以在共享文件夹内写入文件或文件夹。
- 特殊权限：用户可以查看共享文件夹的权限信息。

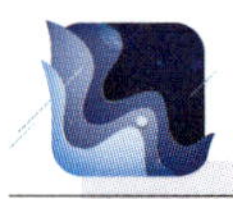

提示

共享权限、NTFS 权限都是累加的，也就是“权限”相当于一扇“门”，累加的权限相当于要顺利进入需要满足每一扇“门”的要求。

所有权限都有“允许”和“拒绝”两个选项，“拒绝”权限超越其他权限。

一、管理账户

本任务需要设置两个不同权限的用户，其中用户“TEA”拥有对此共享文件夹的最高权限，用户“STU”对共享文件夹里的内容只能读取与查看。

1. 设置账户密码

参考本项目任务 1 中的方法打开计算机管理界面后在“本地用户和组”中展开本地用户管理界面（见图 6–2），保证所有已经启用的用户都已经设置了密码。右键单击所有没有设置密码的账户（包括来宾账户），选择“设置密码”，按提示进行密码的设置，如图 6–17 所示。

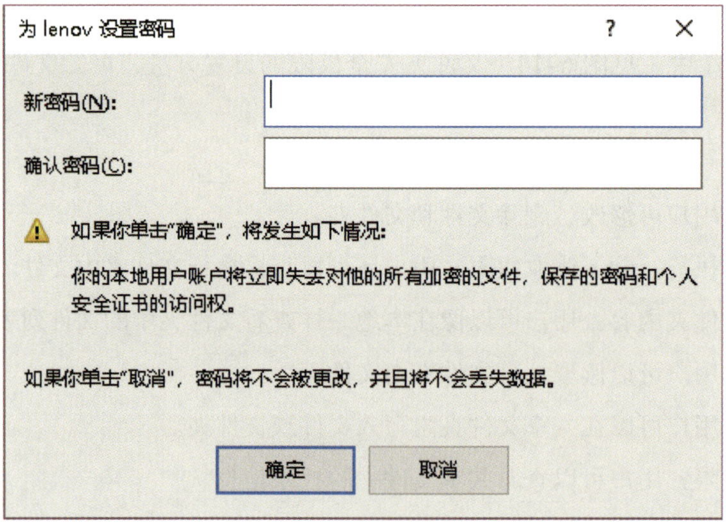

图 6–17 设置密码

2. 建立用于共享用户登录的账号

在本地用户管理界面的用户列表区域空白处单击鼠标右键，在弹出的菜单中选择“新用户”，新用户创建方法如图 6–18 所示。

继续创建新用户可以单击“创建”按钮，所有需要用到的用户都创建完成后单击“关闭”按钮，结束新用户的创建。

3. 设置本地账户的共享和安全模型

参考任务 1 中本地组策略编辑器的设置方法，在“网络访问：本地账户的共享和安全模型属性”对话框中选择“经典 – 对本地用户进行身份验证，不改变其本来身份”，如图 6–19 所示。

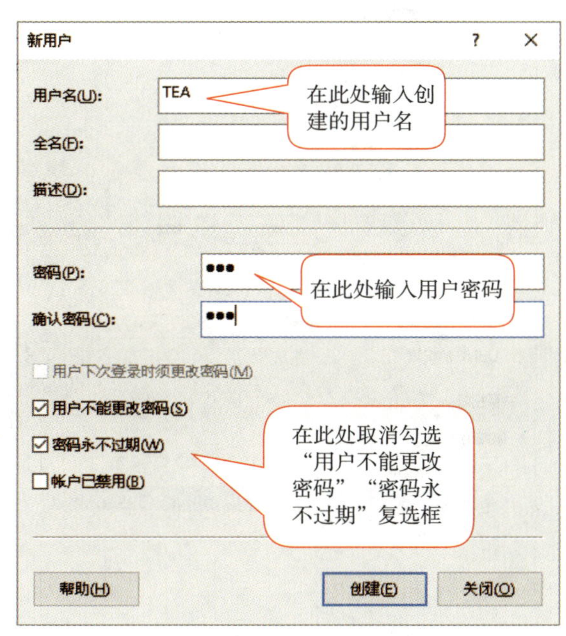

图 6–18 创建新用户

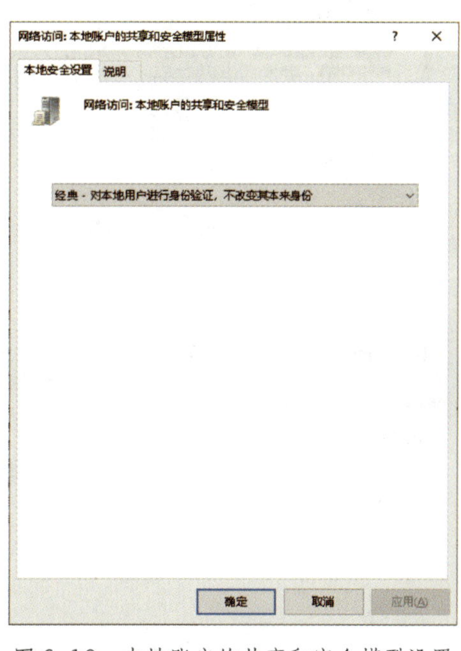

图 6–19 本地账户的共享和安全模型设置

4. 设置网络访问的黑名单和白名单

参考任务 1 中的设置方法，确保“从网络访问此计算机”（白名单）的用户列表中包含刚创建的用户“TEA”和“STU”，“拒绝从网络访问这台计算机”（黑名单）的用户列表中不得包含用户“TEA”和“STU”。此处设置步骤省略，设置结果如图 6–20、图 6–21 所示。

5. 设置共享权限

参考任务 1 中设置文件夹共享及访问共享的用户权限，删除默认的“Everyone”用户（Everyone 的权限是所有用户的权限，无法为不同用户设置不同权限）。添加“TEA”和“STU”用户并设置共享权限，如图 6–22、图 6–23 所示。

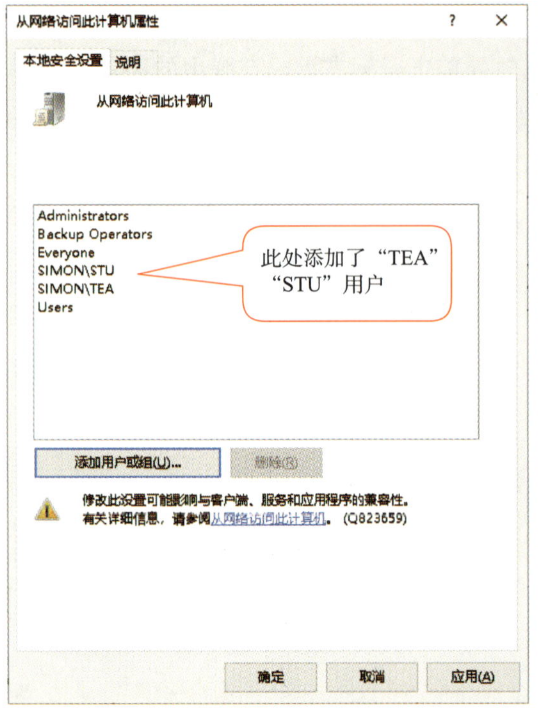

图 6-20　白名单设置

拒绝从网络访问这台计算机属性
本地安全设置
说明
拒绝从网络访问这台计算机
Guest
此处确保没有“TEA”“STU”用户
添加用户或组(U)...
删除(R)
确定
取消
应用(A)

图 6-21　黑名单设置

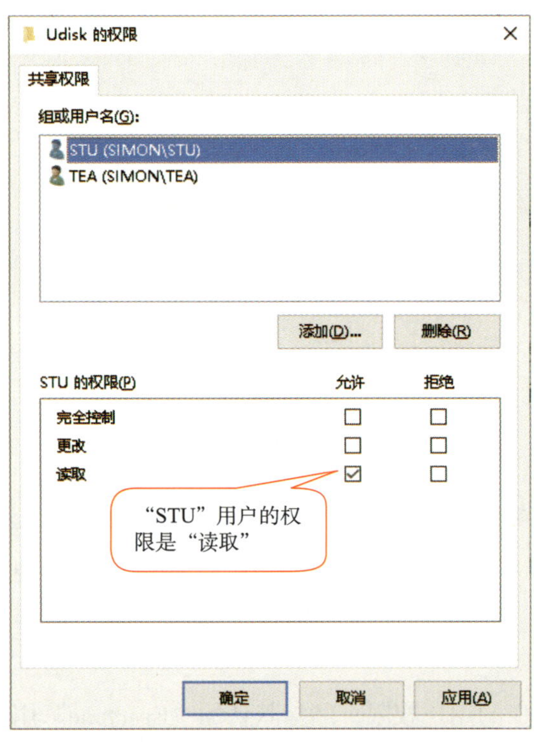

图 6-22　“STU”用户共享权限设置

图 6-23　“TEA”用户共享权限设置

6. 设置安全权限

参照任务 1 中的方法设置文件的安全权限（仅在文件系统为 NTFS 时才有这个选项）。同样需要添加新创建的用户“TEA”“STU”并分别为其设置权限，如图 6–24、图 6–25 所示。

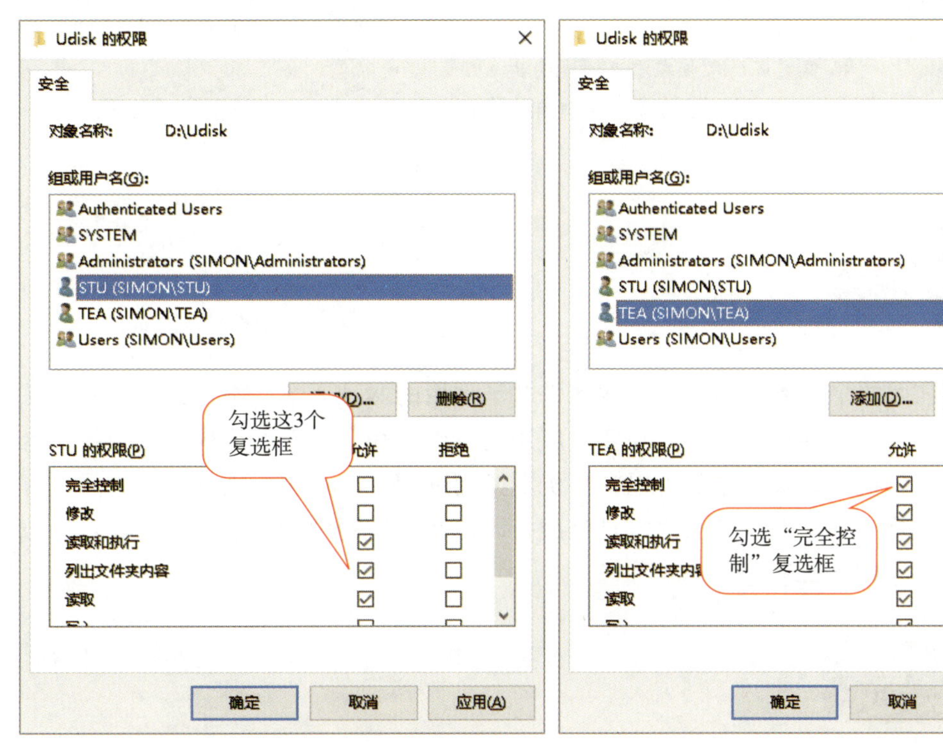

图 6–24　“STU”用户安全权限设置　　　图 6–25　“TEA”用户安全权限设置

二、查看与使用共享文件夹

参考任务 1 中的方法在远程主机的资源管理器的地址栏中输入“\\共享主机的主机名或 IP 地址”访问共享文件夹，会弹出需输入用户名和密码的界面，如图 6–26 所示，输入后单击“确定”按钮，可以用设定的权限访问共享文件夹。

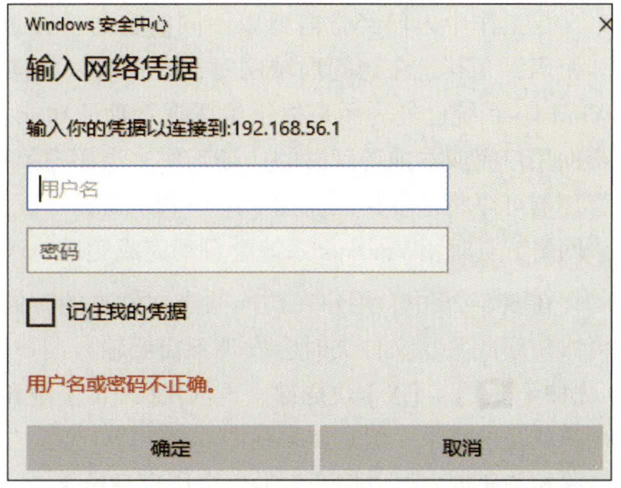

图 6–26　远程访问共享文件夹，弹出登录验证界面

任务 3　设置局域网打印机共享及管理局域网共享资源

1. 能完成打印机在局域网内的共享设置。
2. 能对局域网共享资源进行有效的管理。

本项目前面两个任务介绍了局域网文件共享常用的两种方案，本任务还将介绍在局域网中设置打印机共享的操作，在实际应用场景中，往往不能保证局域网中的每台主机都配备打印机，如果大家都可以在本机上使用远程打印机进行文件打印，那么可以大大提高办公效率。本任务的内容是完成打印机在局域网内的共享设置，并对局域网共享资源进行有效管理。

一、凭据

在工作中人们经常需要以不同的身份登录远程主机，而每次都需要输入用户名和密码，尤其是在访问局域网时，这种重复的操作浪费了时间，也影响了工作效率。Windows 系统已经为用户提供了凭据管理的功能。凭据管理器是一个系统组件，能够帮助用户完成本地访问时的认证工作。当用户第一次输入用户名和密码的时候，凭据管理器可以将这些访问凭据（用户名、密码、证书等）保存在本地，当用户再次访问该网络节点时，Windows 系统会自动完成凭据的认证过程。

在图 6–26 中，用户在访问共享文件夹的时候以正确的用户名和密码登录成功后，再次访问此共享文件夹时会发现不需要输入用户名和密码了，此时需要“注销”用户（先按【⊞】+【X】快捷键，再依次按【U】键和【I】键），通过该方式才能以另一个用户的身份登录。但是如果在图 6–26 中勾选了“记住我的凭据”复选框，那么就需要删除相关凭据才可以切换为另一个用户身份登录。

二、打印后台服务

Print Spooler 服务（打印后台处理服务，也叫打印后台服务）的进程名是 spoolsv.exe，这个服务在微软系统的启动类型里一般默认为自动开启。Spooler 为了提高文件打印效率，将多个请求打印的文件进行统一保存和管理，先将要打印的文件复制到内存中，待打印机空闲后，再将文件数据送往打印机处理，这样处理速度会更快。如果打印后台服务没有打开，和打印相关的一切功能都无法使用，也无法实现使用网络打印机等功能。

三、打印后台服务的开启方法

在命令提示符（管理员）或 PowerShell（管理员）的模式下可以使用“net start spooler”命令打开打印后台服务。

在桌面的“计算机”图标上单击鼠标右键，在弹出的菜单中选择“管理”，在计算机管理界面中依次展开“服务和应用程序”/“服务”，在右侧的服务列表中也可以找到打印后台服务并开启，如图 6-27 所示。

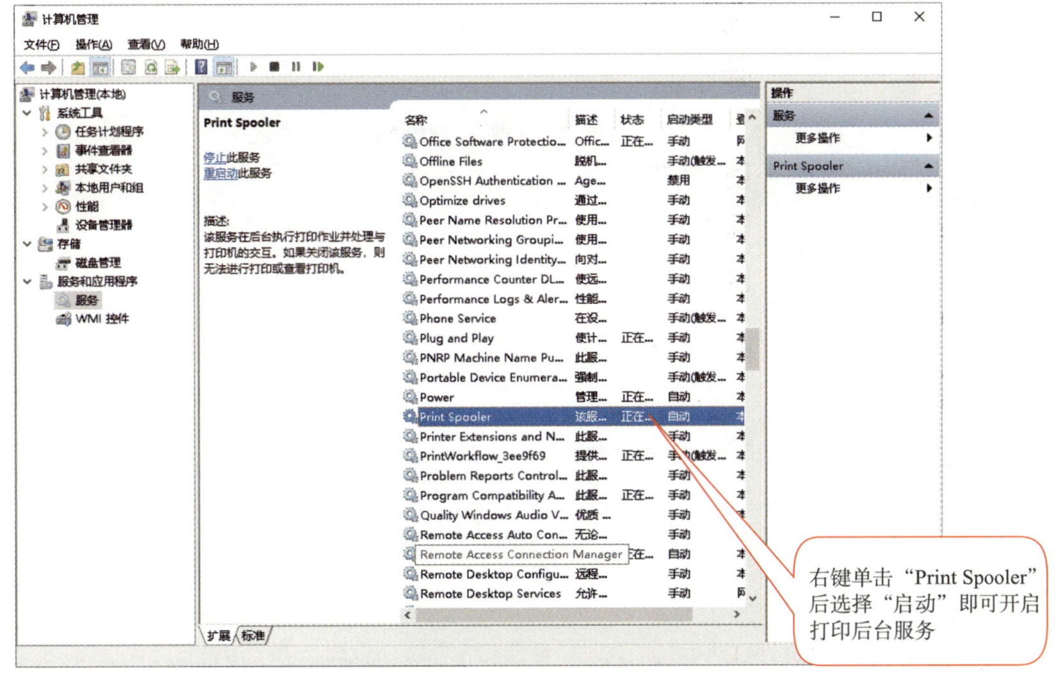

图 6-27　启动打印后台服务

一、共享局域网打印机

1. 设置打印机共享

在“开始”菜单中单击“设置”按钮/“设备”/“打印机和扫描仪”打开打印机和扫描仪界面，按图 6–28、图 6–29 所示操作。

图 6–28　打印机和扫描仪界面

2. 使用远程共享打印机

参考前面两个任务中访问远程资源的方式在资源管理器的地址栏中输入“\\共享主机的主机名或 IP 地址”访问网络中的主机（如果弹出登录认证框，则任意输入一个可以访问远程资源的用户名和密码），进行远程共享资源的查看，如图 6–30 所示。

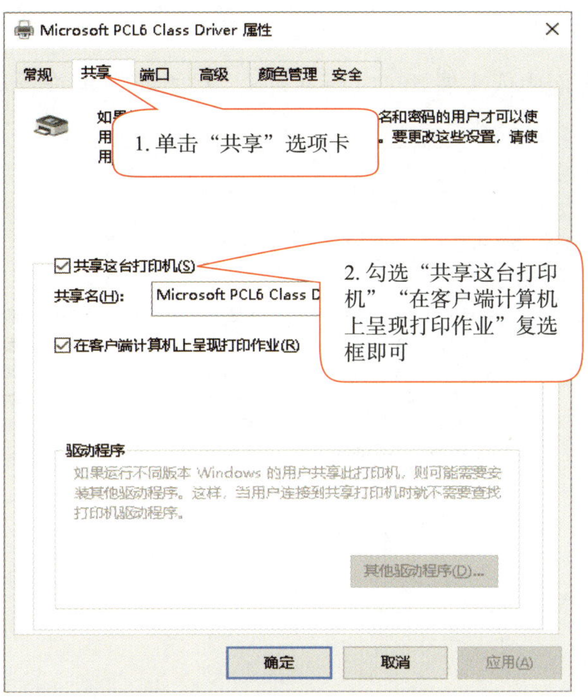

图 6-29　打印机“属性”对话框

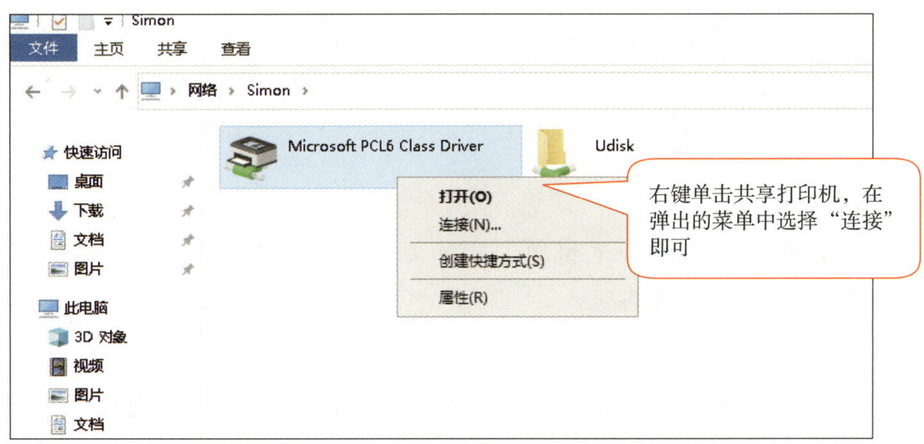

图 6-30　远程共享资源查看

提示

用户可以以来宾的方式使用共享打印机，但是要参考前面的内容把来宾账户从黑名单里删除并添加到白名单里。

二、查看共享资源

在计算机管理界面中依次展开“共享文件夹”/“共享”可查看本机的共享资源，如图 6–31 所示。

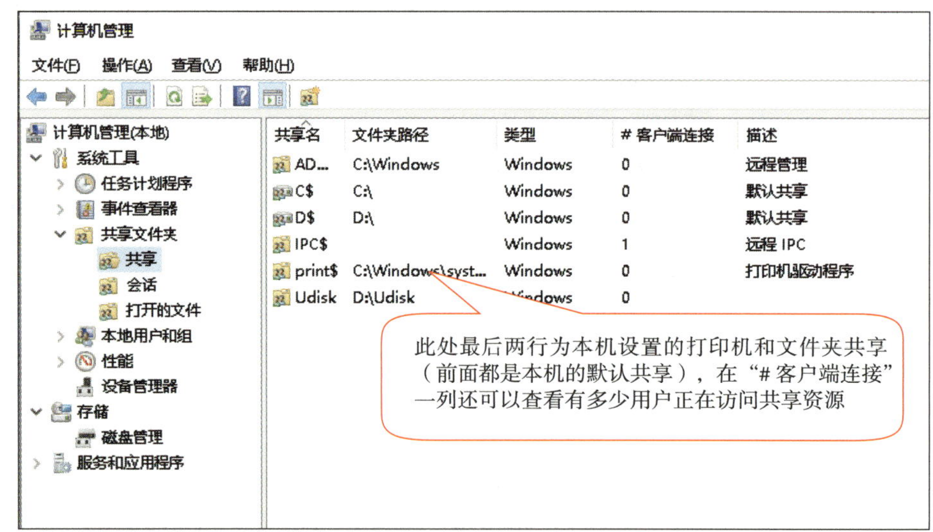

图 6–31　本机共享资源查看

单击“会话”和“打开的文件”还可以查看到哪些用户打开了哪些文件等详细信息。

三、管理共享资源

1. 关闭文件共享

在图 6–31 所示的界面下，右键单击共享文件夹，在弹出的菜单中选择“停止共享”，即可关闭相应的文件夹共享。

2. 映射网络驱动器

当共享文件夹在网络上共享后，人们每次访问共享文件夹都需要输入“\\ 共享主机的主机名或 IP 地址”和访问的用户名、密码进行访问，如果此共享文件夹为长期需要使用的文件夹，那么可以使用网络映射的功能来简化访问。

设置共享文件夹的映射网络驱动器（如需使用用户名和密码访问，记得勾选“记住我的凭据”复选框），如图 6–32、图 6–33 所示。

设置后发现在资源管理器中出现一个具有网络位置属性的网络驱动器即映射的网络驱动器，以后访问此共享就会变得更加方便了，如图 6–34 所示。

图 6–32　设置共享文件夹的映射

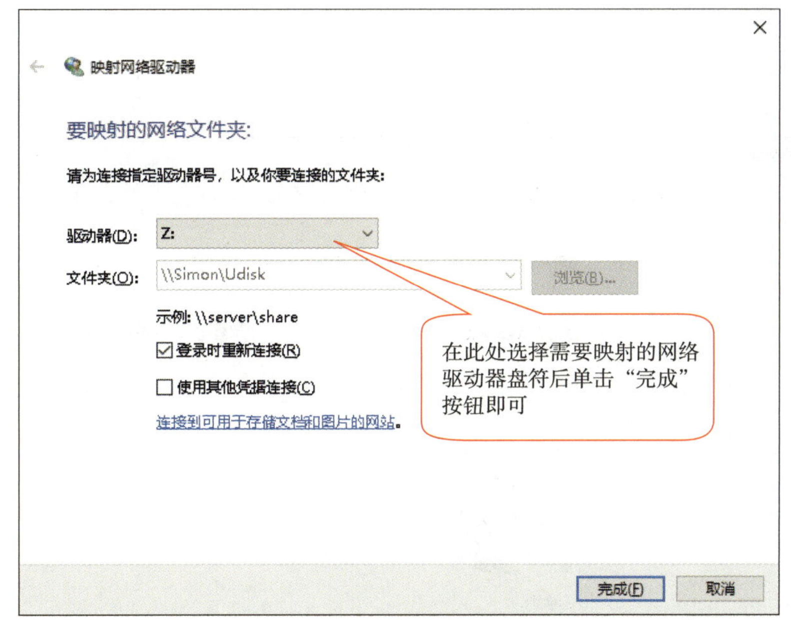

图 6–33　映射网络驱动器界面

3. 管理凭据

访问其他主机的信息会以凭据的方式保存下来，那么如何管理这些凭据呢？清除之前保存的远程共享文件夹登录的用户名和密码，按图 6–35 所示进行操作。

按【⊞】+【R】快捷键打开“运行”对话框并输入命令“control keymgr.dll”打开凭据管理器界面，如图 6–35 所示。

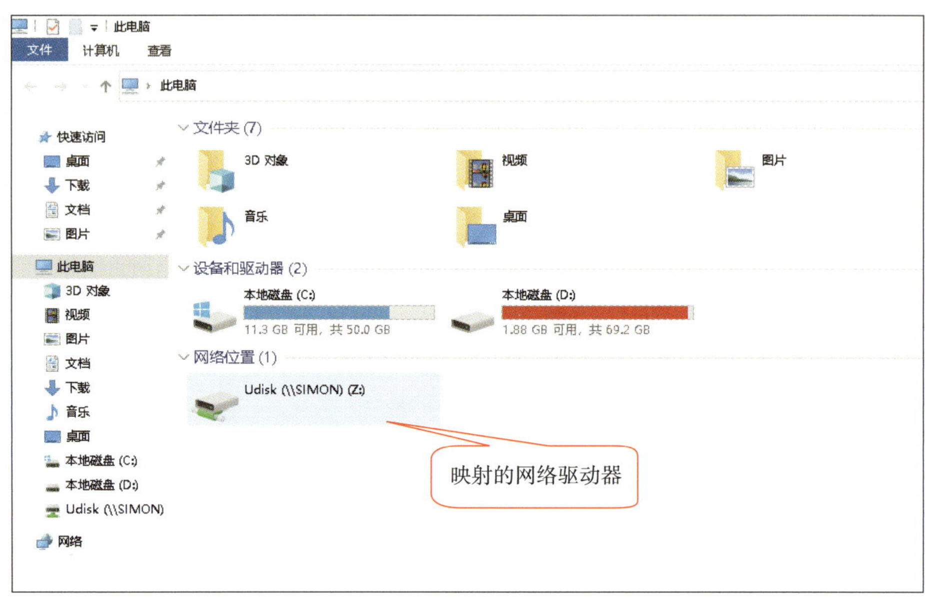

图 6–34　资源管理器界面

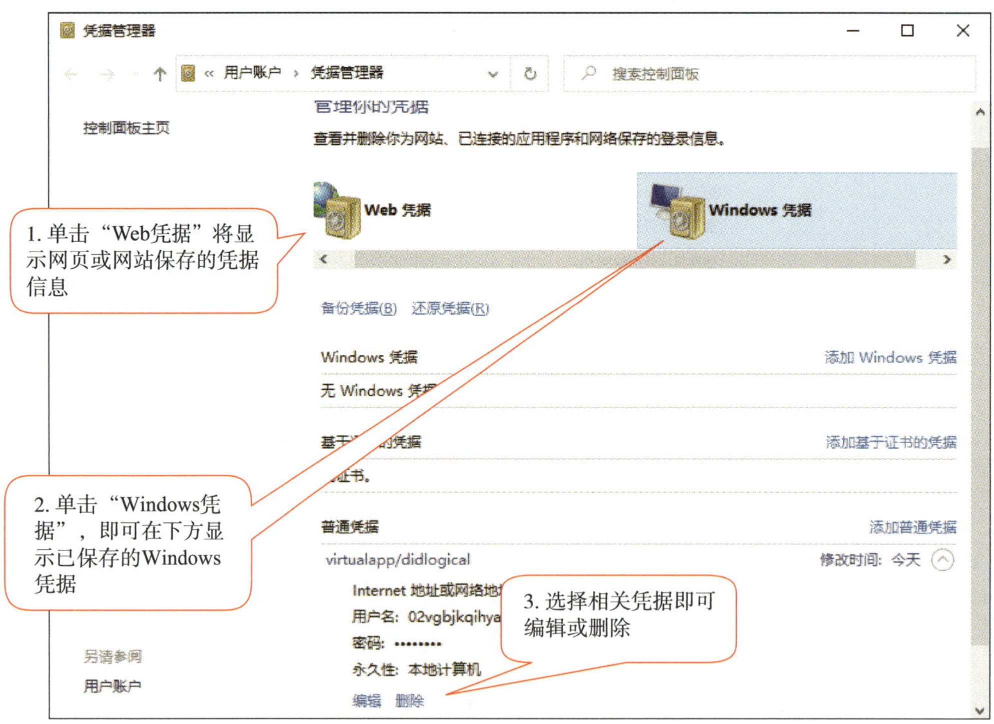

图 6–35　凭据管理器界面

项目七
互联网的接入

任务 1　了解常见广域网接入方式

1. 了解广域网的基本概念。
2. 掌握广域网接入方式的类型和特点。

在项目五和项目六中，相信大家已经学会小型局域网的组建以及局域网内资源共享的方法，虽然局域网使用起来非常方便，但是局域网的局限性也比较大，仅仅局限于本地，当需要获取更多资源及信息的时候，就必须使用广域网。本任务的主要内容是学习广域网的相关知识及接入广域网的方式。

一、局域网和广域网的区别

局域网和广域网的区别很大，可归纳为以下 3 点。

1. 网络规模的区别

在固定的一个地理区域（如家庭、办公室等）内由 2 台以上的计算机利用双绞线

和其他网络设备搭建的一个封闭的计算机组就可以被称为局域网。而广域网则是一种地域跨度非常大的网络集合，广域网可以连接多个地区、城市，甚至国家。此知识点在前文中已有详细介绍，此处不再赘述。

2. 协议的区别

局域网所使用的都是 IEEE 802 的标准，常见的局域网协议有 TCP/IP 协议族、IPX/SPX 协议、NetBEUI 协议、WAPI 协议 4 种，此处不进行详细叙述。

广域网协议应用在 OSI 参考模型的最下面 3 层，定义了在不同的广域网介质上的通信。

广域网主要的协议有以下 4 种。

（1）PPP（point to point protocol）

PPP 也称点到点协议，是为在同等单元之间传输数据包的简单链路设计的链路层协议，此链路一般提供全双工操作，并按照顺序进行数据包传递，主要通过拨号或专线等方式建立点到点连接并发送数据，由于使用广泛，PPP 逐渐成为各种主机、网桥、路由器之间简单连接的一种通用解决方案。PPP 是华为路由器默认的封装，属于面向字符的控制协议。

（2）HDLC（high level data link control）协议

HDLC 协议也称高级数据链路控制协议，HDLC 协议是链路层协议的一项国际标准，用于实现远程用户间的资源共享与信息交互。HDLC 协议可以保证传输到下一层的数据在传输过程中被准确接收并且序列正确。HDLC 协议还有另一个重要功能是流量控制，一旦接收端接收到数据，会立即传输。HDLC 协议是 Cisco 路由器默认的封装，属于面向位的控制协议，并且此协议应用非常广泛，不仅支持半双工、全双工传输，还支持点到点、多点结构，也支持交换型、非交换型信道。

（3）frame relay 协议

frame relay 协议也称帧中继协议，是一种非常有效的数据传输技术，帧中继协议可以在一对一或一对多的应用中快速传输数字信息，并且可以用于语音及数据的通信。有意思的是，帧中继协议不仅可用于广域网通信，也可用于局域网通信，每个帧中继协议用户都会得到一个连接帧中继网络节点的专线，帧中继网络对于用户来说，是通过一条经常改变并且不可见的信道来处理与其他用户间的数据传输。帧中继网络是 x.25 分组交换网的改进，以虚电路的方式工作。

（4）SDLC（synchronous data link control）协议

SDLC 协议也称同步数据链路控制协议，这是一种 IBM 数据链路层协议，适用于（SNA）。通过 SDLC 协议，数据链路层为特定的通信网络提供了网络可寻址单元间的数据差错释放功能，信息流经过数据链路层由上往下传输至物理层，紧接着通过接口传输到通信链路，需要注意的是，SDLC 协议可以支持各种链路类型和拓扑结构。SDLC 协议通常应用于点到点连接、多点连接、有界及无界媒体、半双工和全双工传输方式，以及电路交换网络与分组交换网络。

3. IP 地址的区别

无论是局域网还是广域网，任何计算机设备需要通信就都要使用 IP 地址，为了保证广域网中的 IP 地址与局域网中的 IP 地址不会冲突，局域网中使用的是私有地址，广域网中使用的则是公有地址。此知识点在前文中已有详细介绍，此处不再赘述。

二、网关

网关又称网间连接器、协议转换器，它可以对两个完全不同的网络之间传输的数据进行翻译。网关用于在网络层以上实现网络的互联，是最复杂的网络互联设备，既可以用于广域网互联，也可以用于局域网互联。

简单来说，网关可以被认为就是一个网络的出口，工作原理和邮局寄信或快递物流类似。需要注意的是，在现实环境中网关必须与 IP 地址处于相同网段，通过对 IP 地址的学习可知，处于不同网段的设备是无法直接通信的，如某计算机的 IP 地址为 192.168.10.10，子网掩码为 255.255.255.0，通过以上参数可知在此网络内可使用的 IP 地址范围为 192.168.10.1 ~ 192.168.10.254，那么在配置网关时必须在可使用的 IP 地址范围内取其中一个 IP 地址作为网关，否则计算机将无法与网关通信，也无法通过网关与其他网络通信。为了方便记忆，绝大多数用户习惯取网段中的第一个或最后一个 IP 地址作为网关使用，如在上述网段中，一般会选用 192.168.10.1 或 192.168.10.254 作为网关。

例如，某用户需要从“广东省广州市天河区 ×× 公司”向“上海市浦东区 ×× 公司”邮寄一个包裹，正常的流程是用户前往“广东省广州市天河区邮局”邮寄包裹，包裹通过物流公司的运输到达“上海市浦东区邮局”，并由邮递员派送包裹。对于寄件人来说，需要完成寄件的先决条件是必须知道邮局在什么地方，那么可以理解为“广东省广州市天河区 ×× 公司”是局域网中的一台计算机，而“广东省广州市天河区邮局”则是这个局域网的网关，如果它们处于不同网段，那就表示“广东省广州市天河区 ×× 公司”与“广东省广州市天河区邮局”无法通信，等同于寄件人根本不知道邮局在哪儿并且无法前往邮局完成包裹邮寄，所以在一个网络中，网关必须与 IP 地址处于相同网段内，只有在符合这个条件的情况下才能使不同网络之间的设备进行数据传输。

综上所述，网关的作用就是将两个不同的网络连接，目前最常见的网关设备就是路由器。

三、广域网的接入

1. 传统接入方式

传统的网络接入方式有很多，先后出现了 PSTN（公用电话交换网）、ISDN（综合业务数字网）、ADSL（非对称数字用户线）、VDSL（甚高比特率数字用户线）、PON（无源光网络）等不同的接入技术。

PSTN 方式即通常说的拨号上网方式，是家庭用户早期接入互联网的主要方式，这种方式的带宽小、速度慢，并且在上网时电话的语音通话功能不能使用。ISDN 方式在 PSTN 方式的基础上实现了上网的同时可接打电话，带宽也更大。随后普及的 ADSL 方式实现了更大的带宽，在很长一段时间内成为主流的接入方式。

目前，这些技术中的大部分已经被淘汰，最主流的是光纤接入（主要为 PON 方式）。

2. FTTH（fiber to the home）

FTTH 即光纤到户，是光纤通信的一种传输方法。具体来说，通过将光网络单元（ONU）安装在家居或企业处形成光纤到户，FTTH 最大的技术特点是不仅提供速率更高、更稳定的通信带宽（100 Mbps 全双工、1 000 Mbps 全双工），而且增强了网络对数据格式、速率、波长和协议的透明性，放宽了对环境条件和供电等方面的要求，简化了维护和安装，让更多的用户可以使用。PON 技术已成为全球宽带运营商共同关注的热点，被认为是实现 FTTH 的最佳技术方案之一。目前 FTTH 可实现家用 1 000 Mbps 的高速率接入（具体数值通过接入设备决定）。

3. FTTD（fiber to the desktop）

FTTD 即光纤到桌面，就是通过光纤代替传统的超五类、六类双绞线，直接将光纤延伸至用户的计算机终端（需要计算机主板上配有专用的光纤接口），通过光纤实现网络接入终端。随着光纤和光纤接入设备价格的不断降低，FTTD 在国内也广泛应用于特殊政府部门，如财政部门、公安部门、审计部门、国家安全部门、法律部门等。FTTD 除了能实现 FTTH 所具备的高速率与稳定传输（FTTD 同样支持 100 Mbps 全双工、1 000 Mbps 全双工），更重要的是 FTTD 可支持超长距离传输，并且通信内容是绝对保密的，第三方无法窃听。对比传统的双绞线连接，光纤连接可以杜绝电磁干扰，不会存在双绞线连接容易出现的传输中断等现象，连接更为可靠。FTTD 同样可以实现 1 000 Mbps 或以上的高速率接入（具体数值由接入设备决定）。

4. FTTB（fiber to the building）

FTTB 即光纤到大楼，就是将光纤信号接入到办公楼或公寓、大厦的总配线箱内部，实现光纤信号接入的方式，而在楼层的内部则仍然是利用同轴电缆、双绞线或光纤实现信号的分拨输入，以实现高速数据的应用。FTTB 具有传输速度快、容量大、应用广等特点，每个用户不仅可以独享带宽，上行下行带宽也可以均衡对等，对于远程办公、视频会议、视频点播等需要高速带宽支持的应用环境也可以完美适配。

5. FTTC（fiber to the curb）

FTTC 即光纤到路边，就是将一千英尺（304.8 m）区域内的路边间的光缆进行安装，再通过同轴电缆、双绞线或光纤接入到家庭或办公区域实现光纤信号接入的方式。FTTC 的结构主要适用于点到点或者点到多点的树形分支拓扑结构。一般是先敷设一条靠近用户的潜在宽带传输链路，只要出现宽带业务需求，就可以快速将光纤引至用户处，实现光纤到家的战略目标。FTTC 的出现取代了传统的旧式电话服务，使用 FTTC 时只需要一条光纤就可以完成电话接入、有线电视接入、网络接入等业务。

对于绝大部分用户来说，现在使用的都是光纤接入网络，但是在不同的应用场景中，所使用的光纤接入方式也不一样，除了上述所介绍的方式，还有 FTTO（光纤到办公室）、FTTP（光纤到驻地）等方式。

了解学校实训室、家庭或小区、父母亲工作单位等地方的网络接入方式，按照表 7-1 要求完成表格并填写心得体会。

表 7-1　任务实施记录表

序号	地点	接入方式	网络带宽	运营商及费用
例	家庭	FTTH	300 Mbps	运营商：中国移动；费用：1 000 元 / 年
1				
2				
3				
4				
5				
心得体会				

任务 2　典型家庭单机接入互联网

1. 了解互联网的接入方式。
2. 了解常见互联网接入设备。
3. 能将家庭单机接入互联网并进行拨号调试。

早期的计算机用户大多使用计算机来处理各种电子文档，对于互联网并没有什么使用需求，但是随着科技发展，互联网已经成为计算机用户不可或缺的需求。本任务的主要内容是学习一般家庭单机接入互联网的方式、获取互联网接入服务的途径及所需设备，并练习将家庭单机接入互联网。

一、互联网的接入方式

1. 专线接入

专线接入是采用线路直接接入的方式，用户将计算机与配置好的调制解调器（俗称“猫”）连接后，在计算机的网络设置中手动配置 TCP/IP 及网络参数（包括 IP 地址、子网掩码、默认网关、首选 DNS、备选 DNS），以上参数均为静态，也就是说所有参数都是固定的，一般由运营商提供给用户。配置完成后即可在用户与运营商中自动建立一条链路，达到访问互联网的效果。

2. 虚拟拨号

最早的家庭接入互联网的方式就是拨号上网。计算机经调制解调器通过电话线连接到互联网上，用户在计算机上输入账号、密码和指定接入号，由计算机通过拨号方式拨通接入号并验证身份后，即可访问网络。拨号上网早已被取代，但它的一些业务逻辑和实现方式在后续的技术中仍有传承，即虚拟拨号。

虚拟拨号不同于在电话线路上用调制解调器拨号的方式，而是采用专门的 PPPoE，用户在计算机或路由器的相应界面中输入运营商提供的账号、密码，经运营商验证身份，确认其业务处于正常开通状态后，建立起一条高速的用户链路，并分配给用户相应的动态 IP 地址。

PPPoE 即以太网中的点到点协议，是将点到点协议（PPP）封装在以太网架构中的一种网络隧道协议。由于本协议中集成了 PPP，所以可以实现传统以太网所不能提供的身份验证、压缩以及加密等功能。

二、互联网接入服务的获取

互联网服务提供商（internet service provider，ISP）是面向公众提供信息服务的经营者，是用户进入 Internet 最后的入口和桥梁。目前，面向我国的公众用户提供服务的 ISP 主要是 4 家电信运营商，即人们熟知的中国电信、中国联通、中国移动，以及在全国有线电视网络基础上组建的中国广电。此外，还有一些租用电信运营商线路向用户提供互联网接入服务的 ISP，如长城宽带、方正宽带等。

三、互联网接入设备

家庭网络接入互联网主要需要用到光调制解调器（optical modem），又称光猫。光纤通信因具有带宽大、容量大等优点而成为当今信息传输的主要形式，要实现光纤通信就必须对光信号进行调制解调，作为光纤通信系统的关键设备，光调制解调器受到了越来越多的关注。

光猫是类似于基带 modem 的设备，和基带 modem 不同的是，光猫所接入的是光纤专线，使用光信号，用于广域网中光电信号的转换和接口协议的转换。

以前进行拨号上网所使用的普通 modem 和现在大家所熟悉的光猫工作原理几乎是一样的，目前绝大部分住宅小区所使用的猫都支持 100 Mbps 甚至是 1 000 Mbps 的网络带宽。

目前家庭宽带中光纤接入方式已经较为普及，但 ADSL 方式在部分地区仍在被使用，这两种方式只有在物理连接上存在区别，后期配置操作基本相同。在实际生活中，装接线路前需要先到当地运营商处办理宽带入网申请，相关手续办理完成并且缴费后，即可获得账号、密码，并由运营商工作人员上门安装，将光纤或电话线引入户内。

一、任务准备

（1）在计算机中安装好以太网网卡及对应的驱动程序。

（2）对于光纤接入方式，需准备光调制解调器，如为 ADSL 接入方式，则需准备 ADSL 调制解调器（ADSL modem），此设备一般在办理宽带时从运营商处获得。

（3）将相应设备进行物理连接。对于光纤接入方式，将光猫与家用计算机相连接即可，如图 7–1 所示。

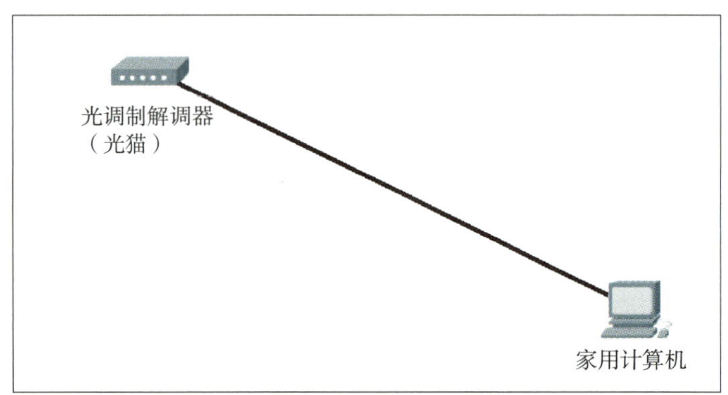

图 7–1　光猫物理连接

ADSL 接入方式因采用的是电话线，相对复杂，其物理连接如图 7–2 所示。

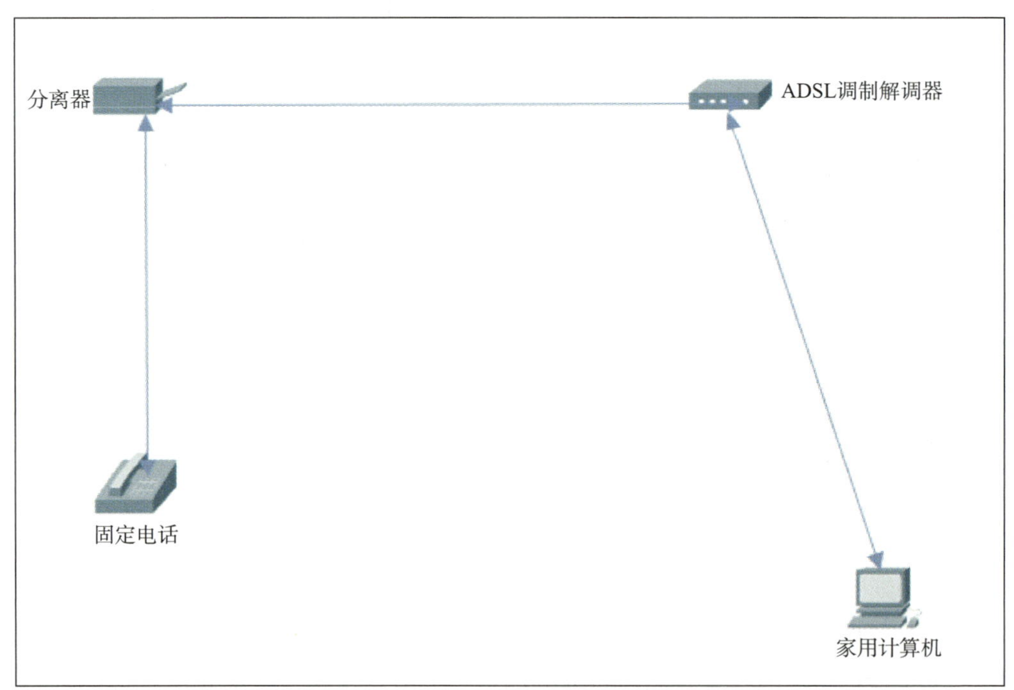

图 7–2　ADSL 物理连接

分离器又称滤波器或隔离器，用于分离电话信号与互联网信号，从而达到“通话上网两不误”，其外观如图 7–3 所示。需要注意的是，ADSL 调制解调器连接计算机网卡和分离器使用的是双绞线，分离器连接固定电话使用的则是电话线。

图 7-3　分离器外观

二、拨号调试

（1）用鼠标右键单击“开始”菜单，在弹出的菜单中选择“设置”，如图 7-4 所示。

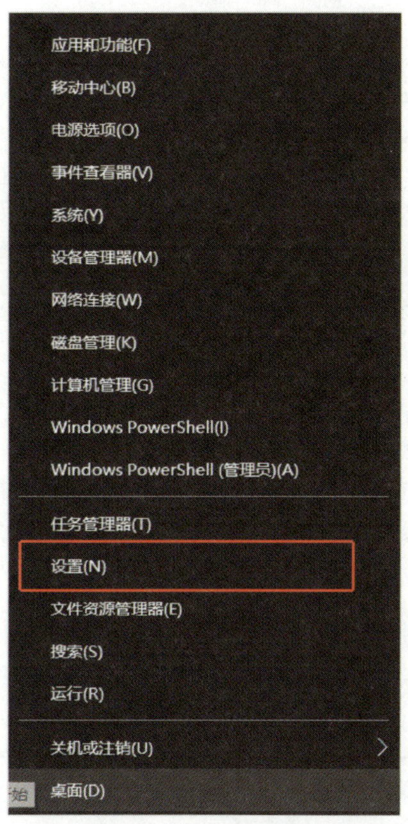

图 7-4　选择“设置”

（2）在 Windows 设置界面中单击“网络和 Internet”（见图 2-9）。

（3）在网络和 Internet 界面中单击“以太网”，如图 7–5 所示。

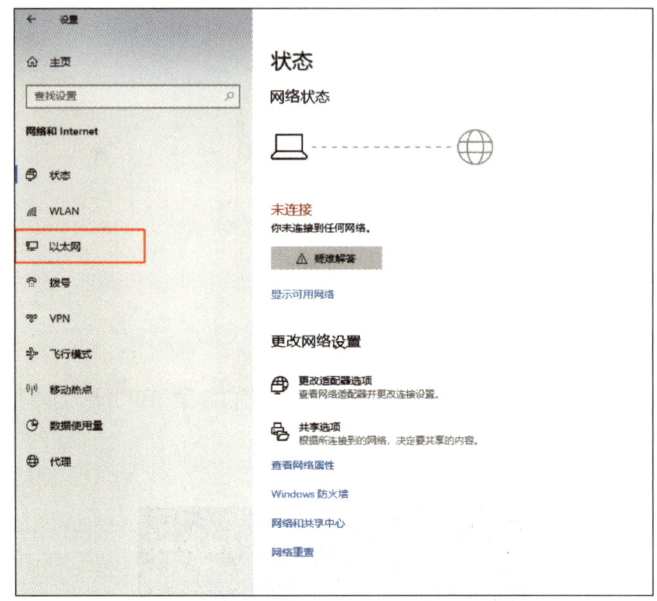

图 7–5　网络和 Internet 界面

（4）在以太网界面右侧单击“网络和共享中心”，如图 7–6 所示。

图 7–6　以太网界面

（5）在网络和共享中心界面中单击“设置新的连接或网络”，如图 7–7 所示。

（6）在设置连接或网络界面中选择“连接到 Internet”，如图 7–8 所示。

（7）在连接到 Internet 界面中选择“宽带（PPPoE）”，如图 7–9 所示。

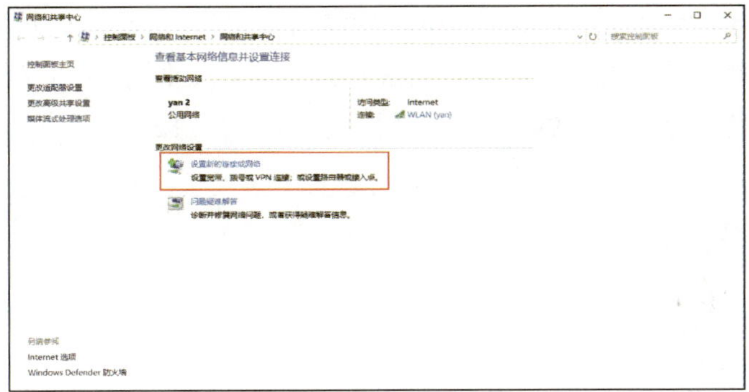

图 7-7　网络和共享中心界面

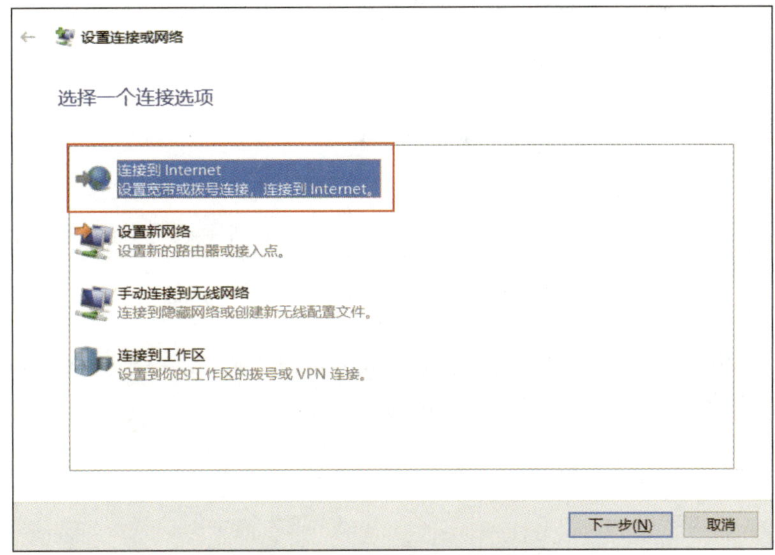

图 7-8　设置连接或网络界面

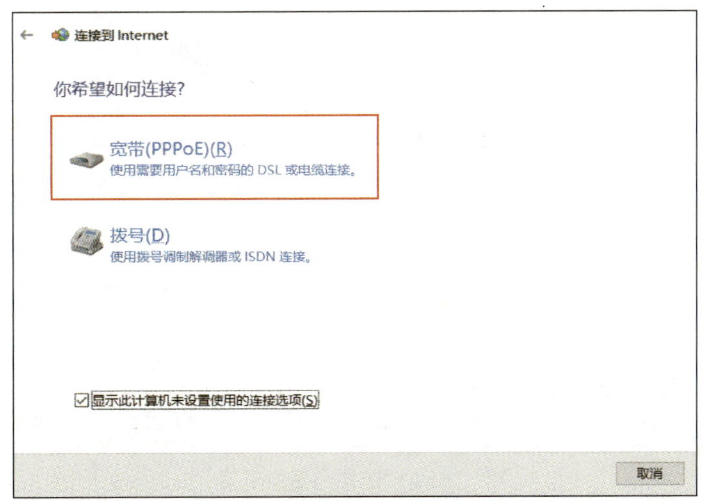

图 7-9　连接到 Internet 界面

（8）如图 7-10 所示，在此界面中的“用户名”与“密码”处填写网络运营商所提供的上网账号和密码，并勾选“记住此密码”复选框（便于日后操作），在“连接名称”处可自行命名，也可以不做修改，然后单击“连接”按钮。

连接到 Internet

键入你的 Internet 服务提供商(ISP)提供的信息

用户名(U): [你的 ISP 给你的名称]

密码(P): [你的 ISP 给你的密码]

☐ 显示字符(S)

☐ 记住此密码(R)

连接名称(N): 宽带连接

☐ 允许其他人使用此连接(A)

这个选项允许可以访问这台计算机的人使用此连接。

我没有 ISP

连接(C) 取消

图 7-10　用户名与密码配置界面

（9）此时 Windows 系统将自动进行连接 Internet 的测试，一般持续时间为 3 ~ 15 s，也可以直接单击“跳过”按钮，如图 7-11 所示。

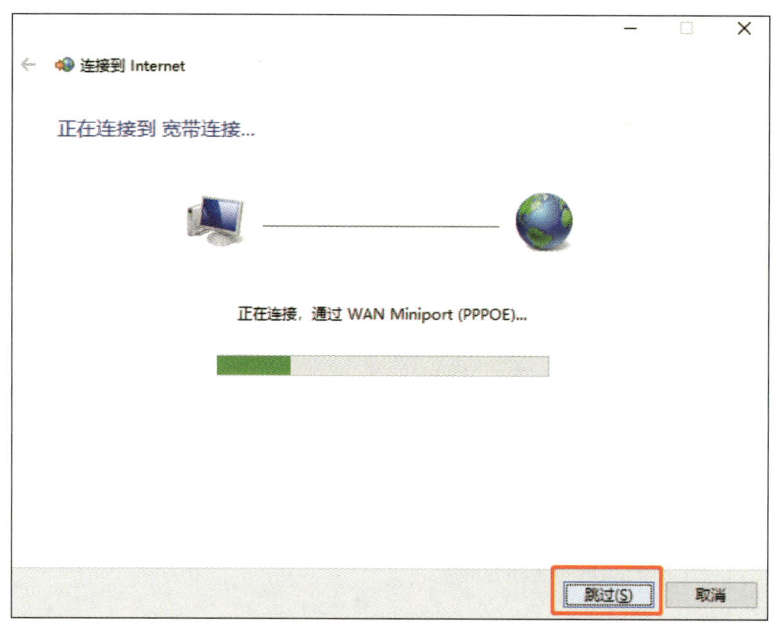

图 7-11　连接到宽带界面

（10）当界面显示“到 Internet 的连接可以使用”时，证明已成功连接网络，计算机可以正常访问互联网，如图 7-12 所示。

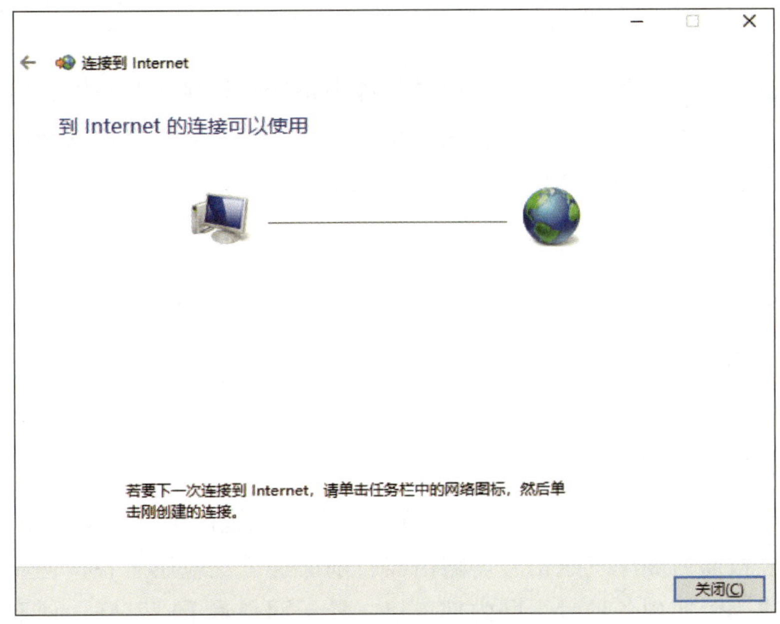

图 7-12　成功连接 Internet 界面

任务 3　使用有线家用路由器将小型局域网接入广域网

1. 掌握路由器的概念和用途。
2. 能使用有线家用路由器将小型局域网接入互联网。

在本项目任务 2 中介绍了如何在单机环境中将计算机接入互联网，但其实使用此方法并不太方便，因为单机接入在每次开机后都需要拨号，如果局域网内不止一台计算机，也只有进行拨号的计算机才可以连接网络。为了避免这种情况的发生，就需要使用路由器，本次任务将介绍通过有线家用路由器将小型局域网接入广域网。

一、路由器的概念

路由器是连接各局域网、广域网的设备，会根据信道的情况自动选择和设定策略，以最佳的路径按前后顺序发送信号。路由器目前已经广泛应用于各行各业，各种不同档次的产品成为了实现各种骨干网内部连接、骨干网与骨干网互联、骨干网与互联网互联互通业务的主力军。

二、路由器的用途

路由器用于连接多个逻辑上分开的网络，逻辑上分开的网络代表一个单独的网络或者子网。当数据从一个子网传输到另一个子网的时候，需要通过路由器来完成。因此，路由器具有判断网络地址和选择路径的功能，路由器能在多网络互联的环境中建立灵活的连接，可使用完全不同的数据分组和介质访问方法连接各种子网。路由器只接收源站或其他路由器的信息，是属于网络层的一种互联设备。

三、SOHO 路由器

SOHO 即小型办公室和家庭办公室（small office and home office），SOHO 路由器是一种专门为小型办公室和家庭办公室设计的路由器，由于性能的限制，SOHO 路由器通常不会出现在中型、大型网络内。SOHO 路由器通常适用于 ADSL、小区宽带、光纤入户等互联网接入方式，并提供简单的路由服务和防火墙功能。

常规的 SOHO 路由器一般有 WAN 接口（外网接口）、LAN 接口（内网接口）、电源接口以及物理重置按钮，通常 WAN 接口只有一个，LAN 接口有 3 ~ 4 个，如图 7-13 所示。

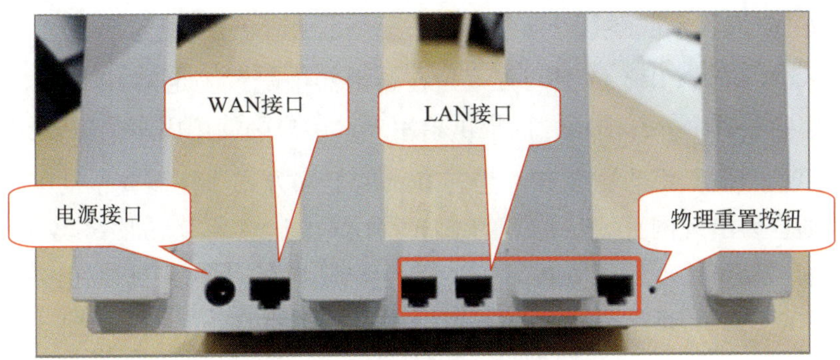

图 7-13　常规 SOHO 路由器的接口

四、路由器的上网方式

路由器的上网方式有宽带账号上网（PPPoE）、自动获取 IP（DHCP）、Bridge（AP）、手动输入 IP（静态 IP）4 种。

在进行配置之前，需要先了解这 4 种上网方式的区别，只有了解了它们的工作原理，才可以根据不同的环境进行相对应的选择。

1. 宽带账号上网（PPPoE）

宽带账号上网（PPPoE）的上网方式是由运营商提供给用户访问网络的账号与密码，用户通过拨号的方式连接网络（用户在运营商处申请宽带，运营商就会提供上网所需的账号与密码）。使用此方式需要在路由器上配置运营商提供的上网账号与密码，配置完成后路由器会自动拨号上网，只需要将光调制解调器与路由器通电，计算机使用双绞线与路由器的 LAN 接口连接好，那么这台计算机就可以访问网络了。

2. 自动获取 IP（DHCP）

自动获取 IP（DHCP）的上网方式是路由器通过服务器功能自动获取上网所需的 IP 地址，用户不需要进行任何设置，只需将路由器的上网方式配置成自动获取 IP（DHCP）即可。现在绝大部分的光调制解调器已经由运营商的网络工程师进行了自动拨号配置，并且开启了 DHCP 的功能，只要物理连接没有操作错误，路由器就可以直接从光调制解调器处获取上网所需的 IP 地址。需要注意的是，从光调制解调器中获取的 IP 地址并不是永久固定的，每隔一段时间就会发生变化，所以此方式也被称为动态地址方式。

3. Bridge（AP）

Bridge（AP）的上网方式较为特殊，此方式并不能在一般环境下使用。Bridge（AP）的方式是在局域网内已存在路由器的情况下再使用一个路由器进行桥接，将上网范围扩大。此方式也不需要进行过多的配置，只需要将路由器上网方式配置为 Bridge（AP）即可。

4. 手动输入 IP（静态 IP）

手动输入 IP（静态 IP）的上网方式是在路由器中配置固定的 IP 地址、子网掩码、默认网关，这些参数全部都由运营商提供给用户，用户则使用固定的 IP 地址上网。

但需要注意的是，手动输入 IP（静态 IP）的上网方式往往需要手动配置 DNS 服务器地址，否则容易出现网页无法打开的情况，不同的运营商 DNS 服务器地址都是不一样的，如中国移动可以使用 120.196.122.69，中国联通可以使用 211.96.193.97，中国电信可以使用 202.96.128.86 等，不同的城市也有不一样的 DNS 服务器地址，可以在百度进行搜索。

以上就是家用路由器访问网络所需的各种上网方式，在不同的环境中需要使用不同的方式进行配置。值得一提的是，现在国内 4 大运营商（中国移动、中国联通、中国电信、中国广电）基本上使用的都是光纤入户的入网方式（有个别偏僻处未覆盖光纤则无法使用），工程师上门进行安装的时候都会将光调制解调器配置成自动拨号上网状态，如果不是特殊的网络环境，绝大部分情况下用户只需要将路由器配置成自动获取 IP（DHCP）的上网方式即可。

一、完成物理连接

了解路由器的接口及属性后，就可以将设备进行物理连接了。先接通路由器的电源，然后将光调制解调器（光猫）另一端的网线（原本接在主机上的网线）拔出，接入 SOHO 路由器的 WAN 接口上，再使用两条网线将台式计算机和笔记本电脑的网线接口与 SOHO 路由器的 LAN 接口连接，此时物理连接已经完成，如图 7-14 所示，接下来需要对路由器进行配置。

二、使用 SOHO 路由器接入网络

本次实验使用华为 AX3 Pro 路由器。

提示

由于华为 AX3 Pro 路由器的接口设定是 WAN/LAN 接口共用，使用者可以将主线（与光猫连接的双绞线）接入任意接口，路由器会自动进行判断，接入主线后其余 3 个接口将自动被默认为 LAN 接口。

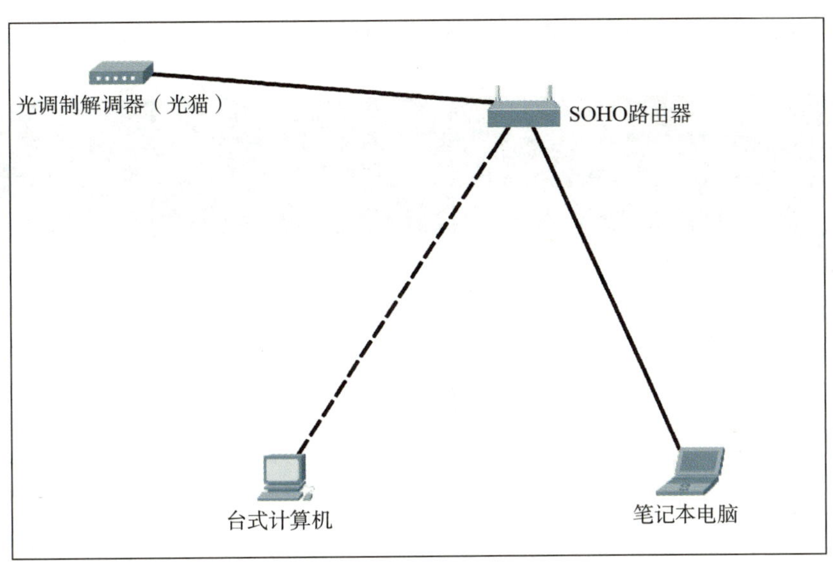

图 7-14　物理连接展示

（1）在计算机中开启浏览器（本次实验使用谷歌浏览器），在地址栏中访问路由器的默认管理地址（不同的生产厂家或者不同的路由器的默认管理地址是不一样的，有的路由器使用 IP 地址作为默认管理地址，有的路由器则使用域名作为默认管理地址，具体需要查看路由器背面的信息或者产品说明书上的信息），首次访问路由器的默认管理地址会要求使用者配置管理密码，配置完成后即可进入路由器主页，如图 7-15 所示。

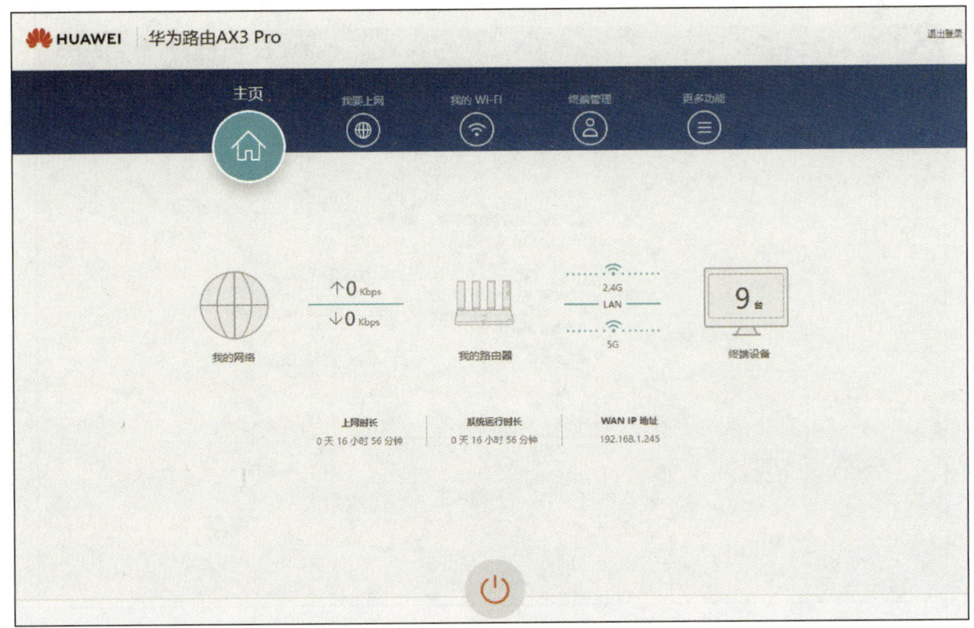

图 7-15　华为 AX3 Pro 路由器主页

（2）在路由器主页中单击“我要上网”（见图 7–16）对路由器进行上网配置。

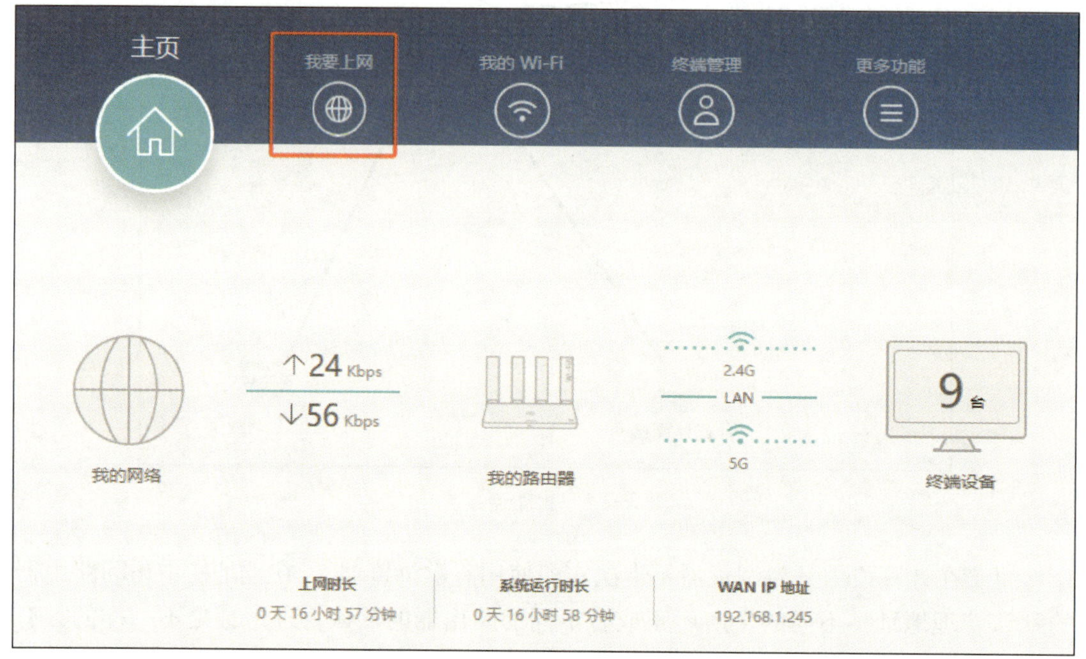

图 7–16　单击“我要上网”

（3）此时在上网方式配置界面中可以看到 4 种上网方式，如图 7–17 所示。

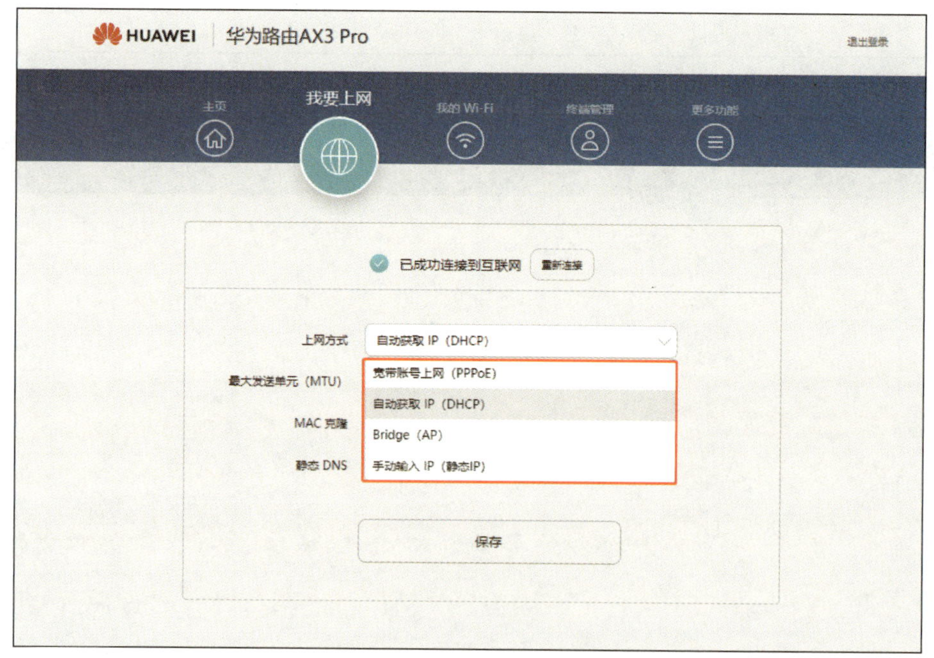

图 7–17　上网方式配置界面

1）宽带账号上网（PPPoE）

例如，运营商提供的宽带账号为 AAA123，宽带密码为 123456，那么只需要在配置界面将运营商提供的宽带账号与宽带密码输入即可，如图 7–18 所示。

图 7–18　宽带账号上网（PPPoE）配置界面

2）自动获取 IP（DHCP）

将上网方式配置为“自动获取 IP（DHCP）”，如图 7–19 所示。

3）Bridge（AP）

将上网方式配置为“Bridge（AP）”，如图 7–20 所示。

4）手动输入 IP（静态 IP）

例如，运营商提供的 IP 地址为 192.168.70.1，子网掩码为 255.255.255.0，默认网关为 192.168.70.254，那么用户只需要在手动输入 IP（静态 IP）的配置界面中将对应参数配置好即可上网，如图 7–21 所示。

图 7-19　自动获取 IP（DHCP）配置界面

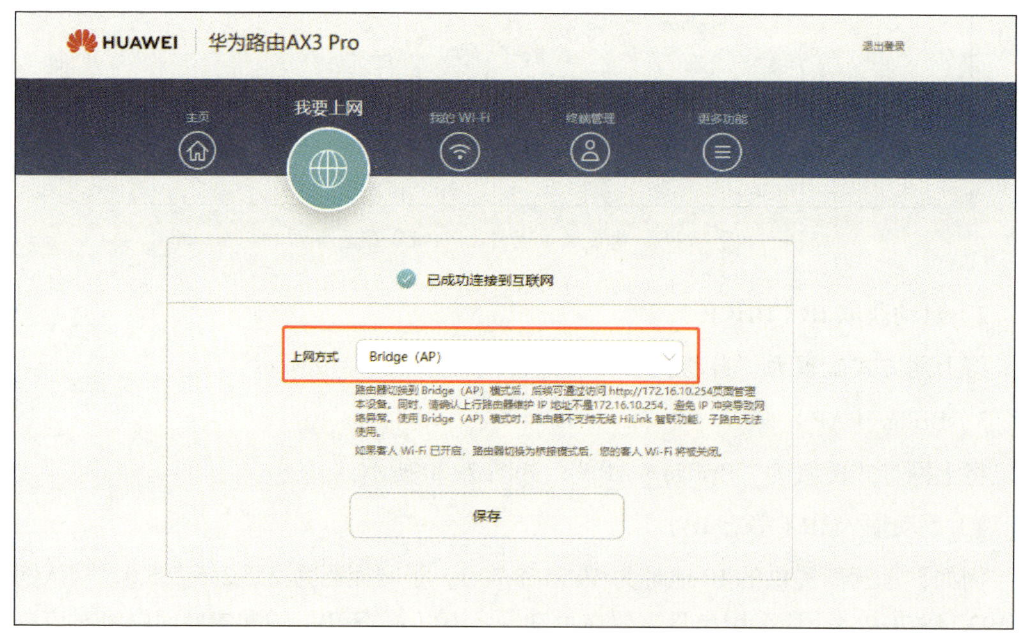

图 7-20　Bridge（AP）配置界面

图 7-21　手动输入 IP（静态 IP）配置界面

项目八
无线局域网的组建

任务 1　了解无线局域网基础知识

1. 了解网络标准 IEEE 802.11 协议。
2. 认识无线局域网中的常见硬件。
3. 了解 Wi-Fi 技术的主要参数。

随着互联网应用的快速发展，人们不再满足于将计算机通过“网线”连接互联网，除了一些数码产品（无人机、VR 等），连家里的冰箱、电视都要上网（物联网）了，在越来越多的场合中人们得益于使用无线网络带来的便捷。本任务的学习内容是掌握无线网络相关知识，了解无线网络常见的软硬件和主要参数。

一、网络标准 IEEE 802.11 协议

IEEE 为无线局域网络制定了标准 802.11 协议族，以此作为标准来规范无线局域网设备。这个标准从早期的 2 Mbps 发展到现在几十 Gbps 的传输速率，由早期的 2.4 GHz

频段发展到 6 GHz 频段。802.11 协议族中常见的协议见表 8-1。

表 8-1　802.11 协议族中常见的协议

协议	发布年份	频段	最高传输速率
802.11	1997	2.4 GHz	2 Mbps
802.11a	1999	5 GHz	54 Mbps
802.11b	1999	2.4 GHz	11 Mbps
802.11g	2003	2.4 GHz	54 Mbps
802.11n	2009	2.4 GHz、5 GHz	600 Mbps
802.11ac	2012	2.4 GHz、5 GHz 也被称为 Wi-Fi5	1.73 Gbps
802.11ax	2019	2.4 GHz、5 GHz、6 GHz 也被称为 Wi-Fi6	9.6 Gbps
802.11be	2021	2.4 GHz、5 GHz、6 GHz 也被称为 Wi-Fi7	30 Gbps

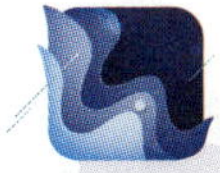

提示

2.4 GHz 和 5 GHz 是 Wi-Fi 的两个主要频段。由于使用 2.4 GHz 频段的无线设备太多（如蓝牙、遥控器、无线鼠标、无线键盘等），非常容易互相干扰，造成网络卡顿。所以在硬件支持的前提下，更推荐使用 5 GHz 频段。由于目前几乎所有自有 Wi-Fi 连接功能的设备都支持 2.4 GHz 的工作频段，所以 2.4 GHz 频段的 Wi-Fi 会有更好的兼容性。而 5 GHz 频段因为具有更快的连接速度、更少的无线干扰，正被更多地使用（5 GHz Wi-Fi 的缺点：兼容性、覆盖性和穿透性较差）。

由于目前 Wi-Fi 7 未普及，本书不做过多介绍。

二、无线局域网常见硬件

1. 无线网卡

无线网卡就是无线网络适配器，其实无线网卡和有线网卡差不多，区别就是无线网卡使用的是无线信号（一般常见的是支持 IEEE 802.11 协议的无线网卡，购买的时候要注意与信号源进行匹配。如果使用的是 802.11ac 协议的无线网络信号源，就必须购买支持 802.11ac 协议的无线网卡）。常见的无线网卡如图 8-1、图 8-2 所示。

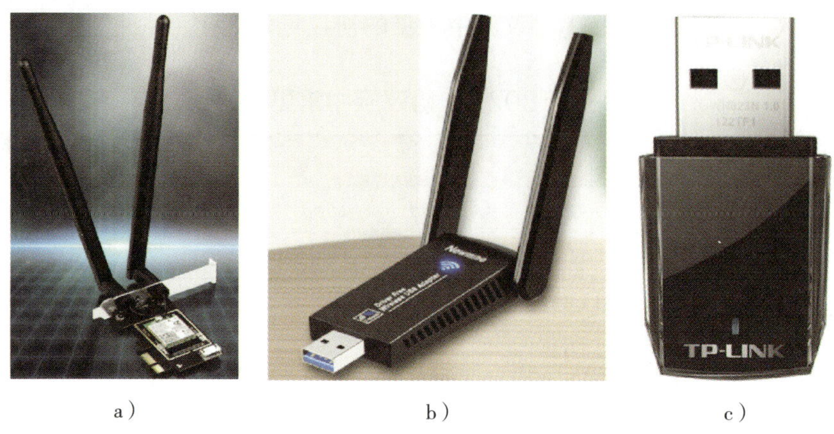

a） b） c）

图 8-1 常见的无线网卡

a）PCI-E 接口 b）双天线 USB 接口 c）无天线 USB 接口

图 8-2 笔记本电脑常用的无线网卡

还有一些设备（如手机和平板电脑）的无线网卡集成在设备的主板上，这里就不一一介绍了。

2. AP

AP 就是有线网络里的多端口转发器，经常被用来组建小型无线局域网。AP 作为桥梁连接有线网络和无线网络，其最主要的功能就是把所有的无线网络客户端集合起来接入互联网。AP 的基本工作原理图如图 8-3 所示。

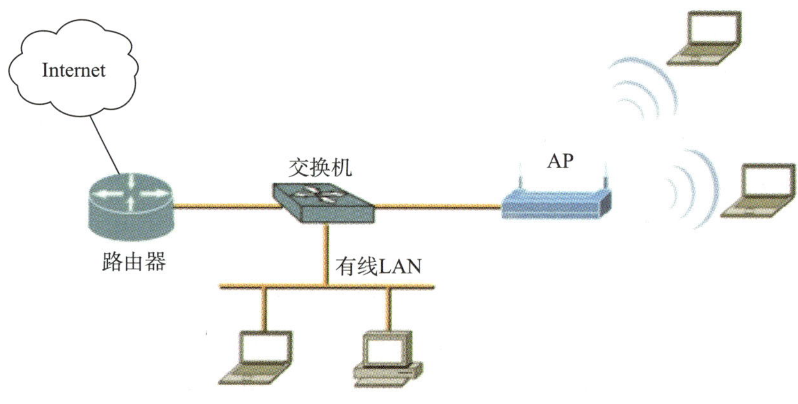

图 8-3 AP 的基本工作原理图

AP 的分类如图 8-4 所示。

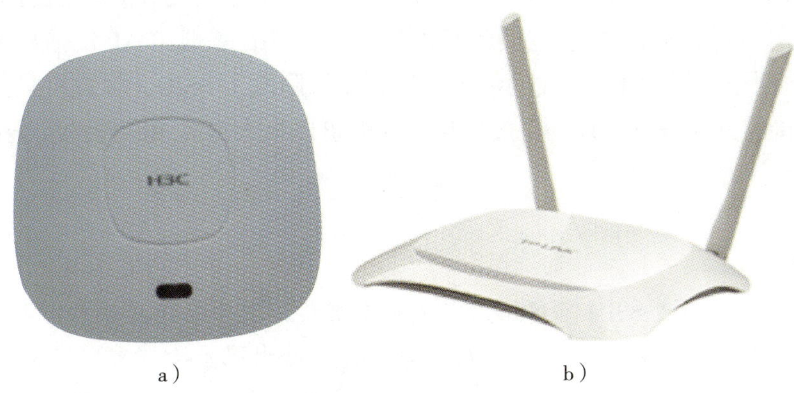

a）　　b）

图 8-4　AP 的分类
a）瘦 AP　b）胖 AP

（1）瘦 AP（fit AP）

瘦 AP 不具备 Wi-Fi 的管理功能，其 Wi-Fi 的相关参数设置都是由接入控制器（AC）（负责把来自不同 AP 的数据进行汇聚并接入 Internet，同时完成 AP 设备的配置管理，无线用户的认证和管理，以及宽带、访问、切换、安全的控制）进行统一管理分发的（适合企业或大范围的无线覆盖）。

（2）胖 AP（fat AP）

胖 AP 具备独立的 Wi-Fi 管理功能，可以单独管理与创建 Wi-Fi（一般家用的无线路由器就属于胖 AP）。

3. 无线路由器

（1）支持各种局域网和广域网接口，主要用于互联局域网和广域网，实现不同网络间的相互通信。

（2）提供分组过滤、分组转发、区分优先级、复用、加密、压缩和防火墙等功能。

（3）提供路由器配置管理、性能管理、容错管理和流量控制等功能。

图 8-4b 所示就是无线路由器，无线路由器本身集成了 AP 和路由器的功能，不但能够连接局域网和广域网，还可以实现无线连接，所以无线路由器成为了小型局域网组网的首选设备。

三、Wi-Fi 的常见技术参数

1. SSID

SSID 中文全称为服务集标识符（service set identifier），是无线网络的标识符，也是 Wi-Fi 信号的名字，是一个 32 位的数据，并且区分大小写。SSID 用于识别在无线网络中发现的无线设备身份，可以是无线局域网的位置标识、用户名称、公司名称，也可以是公司名称+部门、标语等字符，用户可根据自身喜好设定 SSID。所有的无线网络设备必须使用相同的 SSID 才能在彼此间相互通信。SSID 一般由 AP 广播出来，不同的 SSID 代表着不同网络（创建无线网络的时候，如果隐藏了 SSID，客户机只能通过手动设置无线连接的方式进行无线网络的连接，这样可以大大提高 Wi-Fi 的安全性能）。

提示

通常 SSID 不建议设置成中文名称，因为在使用某些旧款无线路由器或旧款手机、旧款计算机时，容易出现无法搜索出中文 SSID 的情况，又或者是搜索出的 SSID 为乱码，无法区分具体设备，甚至出现无法连接的问题。

2. 加密安全类型（WEP 与 WPA）

（1）WEP

通过加密无线客户端与无线访问点之间发送的数据来提供安全性。数据在传输之前被加密，但这种加密方式不够强大，所以要使用一个静态的密钥来加密所有的通信。

（2）WPA

WPA 包括两种模式，一种是使用 802.1x 和 RADIUS 协议进行身份验证，简称为 WPA；另一种是用于 SOHO 环境的简单方案，使用的是预共享密钥，称为 WPA-PSK。它是设计给负担不起 802.1x 验证服务器成本及复杂度的家庭和小型公司网络用的，每一个使用者必须输入密钥来取用网络，而密钥可以是 8～63 个 ASCII 字符或是 64 个十六进制数字。WPA-PSK 是 WPA 的一个版本，与 WEP 相似，数据在传输之前被加密，但 WPA 与 WEP 相比更安全，WPA 会不断地转换密钥。

WPA2 作为 WPA 的升级版，现在已经成为主流的 Wi-Fi 加密方式，WPA2 加密算法在一些新型网卡上都有所应用。WPA2 使用更高级的算法，使得破解其密钥只能采用暴力破解方式和字典法，但是想破解出来几乎是不可能的。

3. 加密方法（TKIP 与 AES）

（1）TKIP 是封装在 WEP 密钥外的加密算法，通过 TKIP 可以消除 WEP 的已知缺点。

（2）AES 是比 TKIP 设计更简单、密钥安装更快、所需内存更少、兼容性更好、更为高级的加密算法，安全性和处理数据能力都比 TKIP 强，更利于路由器发挥其性能。

4. 无线信道

无线信道就是数据无线传输的通道。

2.4 GHz 频段共分为 14 个信道，在我国只使用其中的 1～13 号信道，每个信道的带宽为 22 MHz。13 个信道里面只有 1、6、11 号这 3 个信道是互相不重叠的（没有信道干扰），所以 1、6、11 号这 3 个信道又被称为独立信道。在用户环境中如果存在多个 2.4 GHz 的无线 Wi-Fi，建议将其设置为不同的信道（最好是独立信道，以避免相互干扰）。

5 GHz 频段包含了 5.8 GHz 频段和 5.2 GHz 频段，5.8 GHz 频段在中国开放的只有 149、153、157、161、165 号这 5 个信道（见图 8-5），5.2 GHz 频段的可用信道有 36、40、44、48、52、56、60、64 号。由于国家使用雷达会与 52、56、60、64 号信道冲突，因此常规模式下建议避开这些雷达信道。

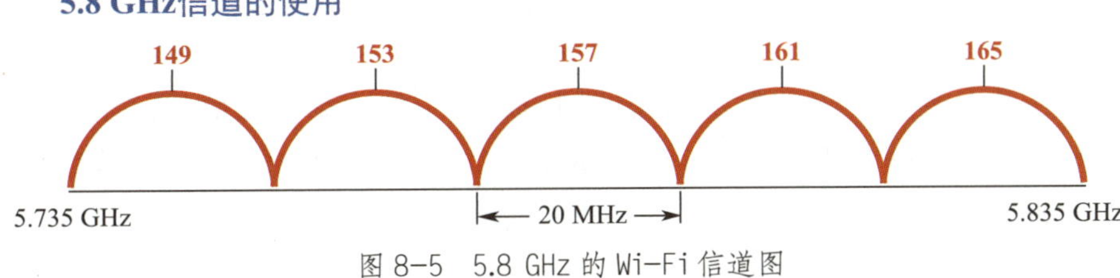

图 8-5　5.8 GHz 的 Wi-Fi 信道图

5 GHz Wi-Fi 基本可以忽略信道干扰的情况对网络带来的影响（都是独立信道）。

5. Wi-Fi6

Wi-Fi6 是支持 802.11ax 协议的无线局域网（可以理解为 Wi-Fi 第六代技术），而 Wi-Fi4 是支持 802.11n 协议的无线局域网，Wi-Fi5 则是支持 802.11ac 协议的无线局域网，Wi-Fi4、Wi-Fi5 和 Wi-Fi6 主要区别的简单介绍见表 8-2。

表 8-2　Wi-Fi4、Wi-Fi5 和 Wi-Fi6 的主要区别

历代记	Wi-Fi4	Wi-Fi5		Wi-Fi6
协议	802.11n	802.11ac		802.11ax
		wave 1	wave 2	
年份	2009	2013	2016	2019
工作频段	2.4 GHz 5 GHz	5 GHz		2.4 GHz 5 GHz
最大带宽	40 MHz	80 MHz	160 MHz	160 MHz
MCS 范围	0～7	0～9		0～11

续表

历代记	Wi-Fi4	Wi-Fi5		Wi-Fi6
最高调制	64QAM	256QAM		1024QAM
单流带宽	150 Mbps	433 Mbps	867 Mbps	1201 Mbps
最大空间流	4×4	8×8		8×8

从上表可以看出 Wi-Fi6 支持的工作频段、最大带宽、单流带宽都明显是最强的，而具体的传输速率也较高（见表 8-1），所以建议大家在购买无线局域网设备的时候，优先选择 Wi-Fi6 的设备。

任务实施

本任务主要是对 Wi-Fi 参数及软硬件知识进行了解。为了更好地了解无线局域网设备的知识，可以通过在互联网上查询产品的方式，对市面上常见的无线路由器进行一个简单的查询与对比，并完成表 8-3 的填写。

表 8-3　无线路由器调查分析表

路由器的品牌型号	支持的 Wi-Fi 技术	支持的最高传输速率	价格
总结：			

任务 2　创建热点与分析 Wi-Fi

1. 能独立创建 Wi-Fi 热点（接入点）。
2. 能对 Wi-Fi 热点进行分析勘测。

Wi-Fi 的使用正变得越来越广泛，现在手机、计算机等各种各样的智能设备基本上不用有线网络上网，更多的是使用 Wi-Fi 上网。那么如何利用手机或者计算机来创建 Wi-Fi 热点共享，让更多设备能够使用 Wi-Fi 上网呢？网络异常时，又如何查看或者分析身边 Wi-Fi 的信道、信号强度等详细信息呢？本任务将分别使用手机和计算机创建热点，并分析热点的基本情况。

一、热点

热点是将接收到的网络信号转化为 Wi-Fi 信号的技术，让手机、平板电脑、笔记本电脑等随身携带设备可以通过无线网卡，在有网络的地方上网，实现网络资源共享。人们外出需要上网时，如果带着支持 Wi-Fi 无线网络的便携设备，就会寻找提供免费 Wi-Fi 热点的地方（如咖啡店）蹭网。但这就限制了便携设备“便携”的意义，如果能自己创建 Wi-Fi 热点，那就可以随时随地上网了。

二、Wi-Fi 查看与分析

在进行 Wi-Fi 无线地勘（实地勘测）的时候，需要不停地变换地点查看 Wi-Fi 的信号、干扰、冲突等情况。为了方便，人们会使用智能手机进行无线信号的查看与分析。这里介绍一款适用于安卓系统的 Wi-Fi 分析仪，能够很方便地完成身边 Wi-Fi 信号的查看和分析。

Wi-Fi 分析仪下载简单，它的几个常用界面如图 8-6 所示。

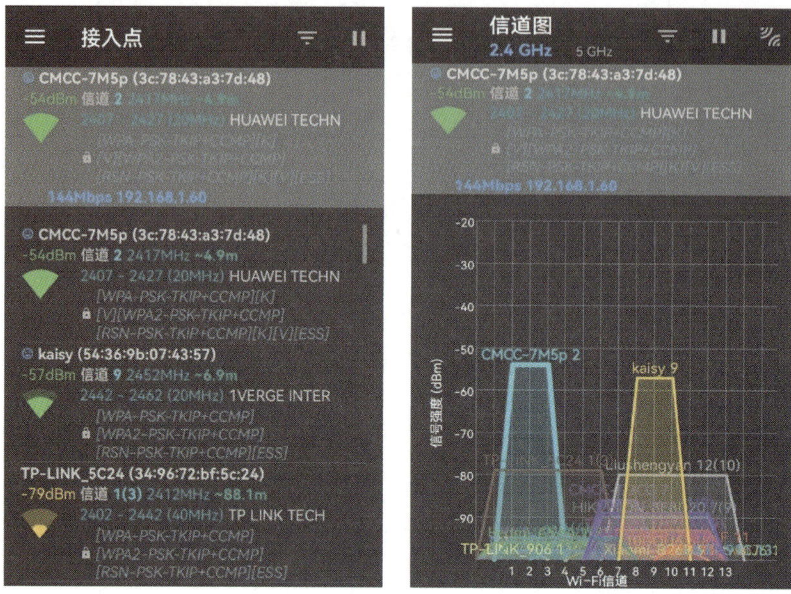

图 8-6 Wi-Fi 分析仪的接入点和信道图界面

在接入点界面中可以看到各个 Wi-Fi 接入点的 SSID、MAC 地址、信号强度、信道及加密方式。

在信道图界面中可以看到各个接入点的信号强度和信道的信息，可以直观地看出 Wi-Fi 信道的重叠情况，也可以在界面上方切换查看 5 GHz 的 Wi-Fi 情况。

在信道评级界面中可以看到在 2.4 GHz 和 5 GHz 的 Wi-Fi 下各个信道的拥堵情况及接入点数量，如图 8-7 所示。

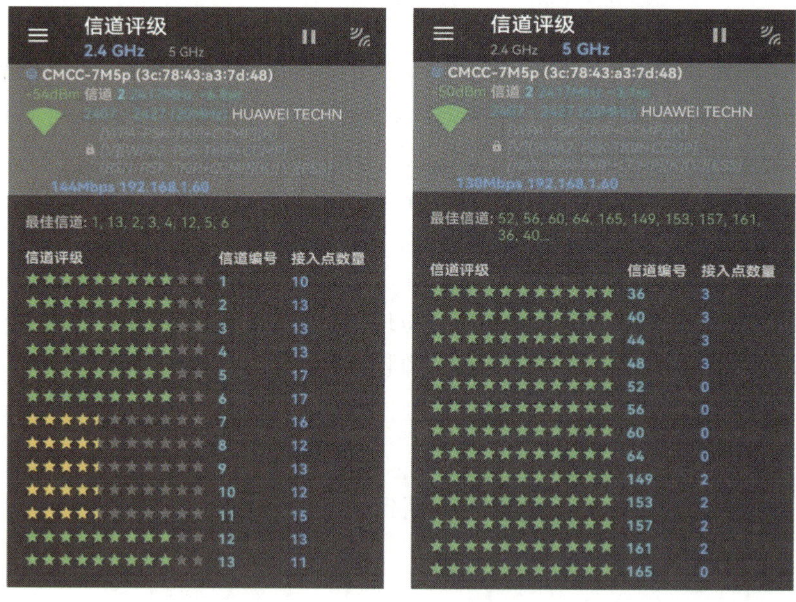

图 8-7 Wi-Fi 分析仪的信道评级界面

结合以上几个界面，可分析出最合适的地点（信号强度满足使用需求）来放置AP，从而把AP设置到最佳的信道上（相对重叠及拥堵情况较少）。

一、使用手机创建 Wi-Fi 热点（以华为手机为例）

点击手机的“设置”进入手机设置和移动网络界面，如图 8-8 所示。

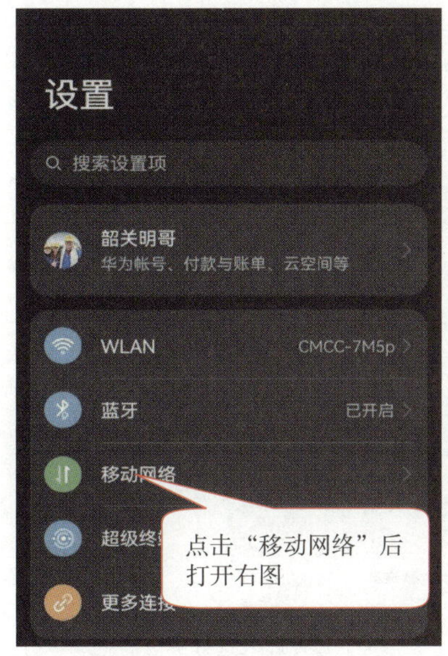

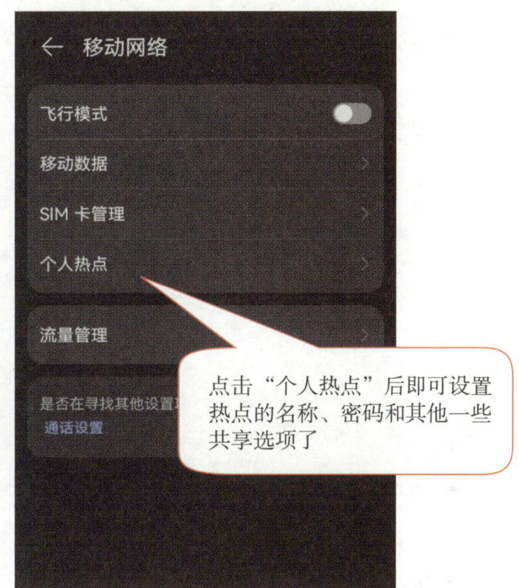

图 8-8 华为手机的设置和移动网络界面

手机热点的创建一般是把手机使用的移动网络数据共享给热点下的其他无线设备使用，这样会消耗手机上的流量。其他设备连接热点和连接公共 Wi-Fi 的方法是一样的。

其他品牌手机的设置方法大致与此相同，这里就不进行过多的阐述了。

二、使用计算机创建 Wi-Fi 热点（以 Windows 10 系统为例）

使用计算机创建热点是把计算机当前的网络连接共享给热点下的其他无线设备，所以前提是该计算机必须具备无线网卡。

（1）在“开始”菜单中单击“设置”按钮进入 Windows 设置界面，单击“网络和Internet”。

（2）如图 8-9、图 8-10、图 8-11 所示，按步骤创建热点。

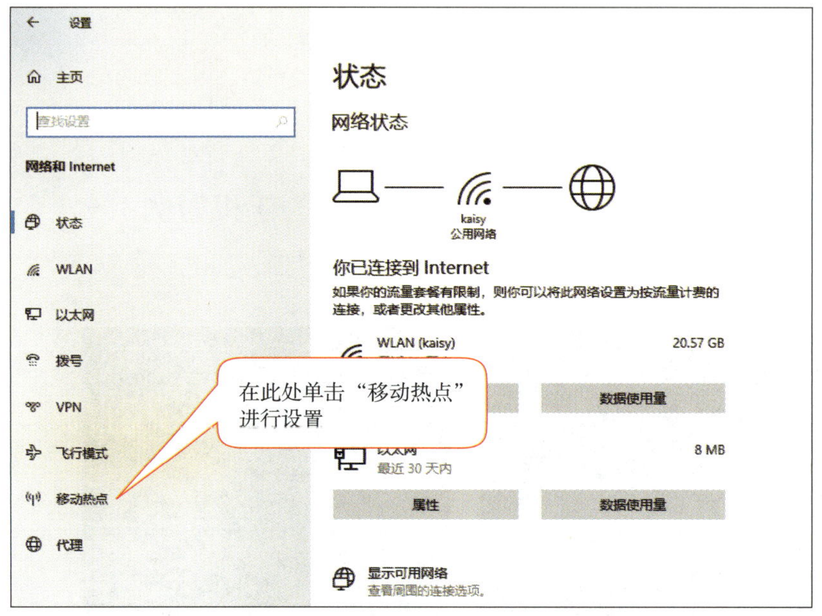

图 8-9　网络和 Internet 设置界面

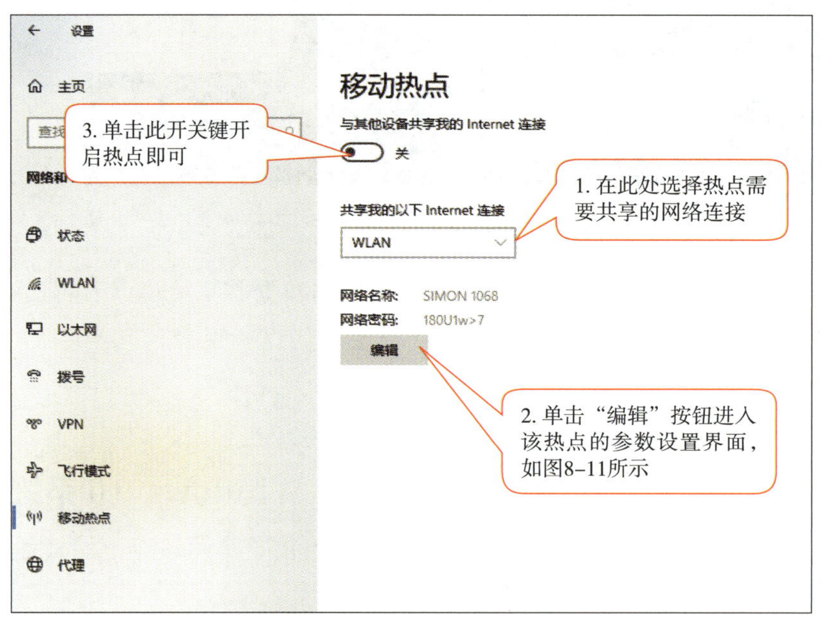

图 8-10　移动热点设置界面

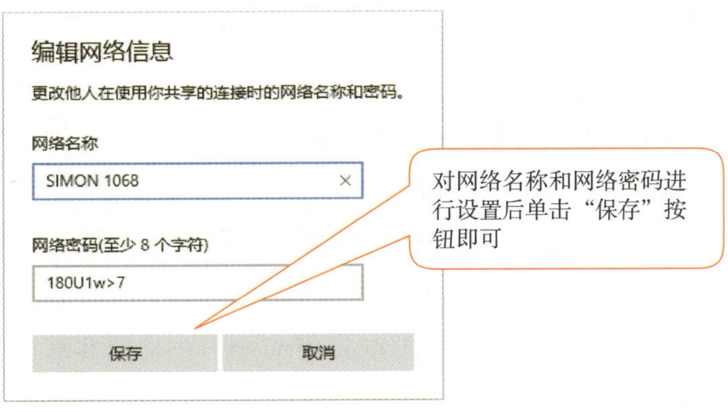

图 8-11　热点参数设置界面

三、分析 Wi-Fi 热点的基本情况

（1）在具备 Wi-Fi（2.4 GHz 与 5 GHz）连接能力的手机上（使用安卓或者鸿蒙系统）安装好 Wi-Fi 分析仪的应用程序。

（2）点击手机上的 Wi-Fi 分析仪进入软件界面，如图 8-12 所示。

图 8-12　Wi-Fi 分析仪软件界面

接入点的主要信息解读如下（以中间的接入点 kaisy 为例）。

- kaisy：此接入点的名称。
- （54:36:9b:07:43:57）：此接入点的 MAC 地址（参考项目二）。
- –57 dBm：信号强度是 –57 dBm（Wi–Fi 信号强度建议为 –85 ~ –40 dBm，低于 –85 dBm 基本无法正常使用，高于 –40 dBm 则无线辐射会太大）。
- 信道 9：该接入点使用的是 2.4 GHz 的 9 号信道。
- WPA2–PSK–TKIP+CCMP：该接入点采用 WPA2–PSK 预共享密钥的认证方式，是由 TKIP/CCMP 加密算法加密的。

（3）查看信道图和信道评级界面。查看热点所在信道的评级是否优秀，有无严重的拥堵情况。

任务 3　设置无线路由器

1. 掌握无线路由器的主要性能指标。
2. 能完成无线路由器的无线网络配置。
3. 能完成两台无线路由器的桥接。

手机、平板电脑等智能设备已逐渐成为人们的必需品，但是这些设备并不能像计算机一样使用双绞线联网。随着时代的发展，现在许多台式计算机上都配备有无线网卡。要使用无线网络的前提就是必须安装无线路由器，本次任务将详细介绍无线路由器的设置，了解其主要性能指标，并进行相关配置。

一、无线路由器的主要性能指标

目前市面上的无线路由器多种多样，价格差别也非常大，但其性能指标基本相同，主要有：

1. CPU

目前市面上的无线路由器绝大多数都支持 1 000 Mbps 的网络传输速率，对于千兆无线路由器来说，CPU 的主频必须在 1 GHz 以上，理论上 CPU 的主频越高，无线路由器的性能越强。例如，在家庭网络环境中，使用无线网络的设备数量不超过 10 台，无线路由器使用主频为 1 GHz 的 CPU 完全可以满足要求。但如果使用无线网络的设备在 20 台以上（使用无线网络的设备不仅仅是手机、计算机、平板电脑等，也可能是智能电视或智慧屏、监控设备等，这些设备同样会使用无线路由器），则需要使用双核 CPU、主频至少为 1.5 GHz 的无线路由器才能满足要求。

2. 内存

以手机为例，其运行内存越大，使用越流畅。其实无线路由器也一样，尤其是在多台设备同时在线的情况下，对于无线路由器的内存就是非常大的考验，如果无线路由器的内存太小，则容易出现网络卡顿、波动的情况。目前市面上常见的千兆无线路由器内存基本上是 128 MB 起步。对于一些高端品牌的无线路由器来说，其内存会在 256 MB 及以上。

3. 不同频段的 Wi-Fi 连接速率

对于绝大多数用户来说，选购无线路由器时只会关注是否支持 2.4 GHz 频段与 5 GHz 频段，但其实不同频段 Wi-Fi 的连接速率存在非常大的差距。

在 2.4 GHz 频段中，在 20 MHz 带宽下，无线路由器的最高传输速率为 72 Mbps；而在 40 MHz 带宽下，无线路由器的最高传输速率则能达到 150 Mbps；在多天线技术（MIMO）的支持下，在 40 MHz 带宽下，无线路由器的最高传输速率可以达到 600 Mbps（需要手机和无线路由器有 4 根天线）。

而在 5 GHz 频段中，无线路由器初始的传输速率为 433 Mbps；在多天线技术的支持下，无线路由器的最高传输速率可以达到 867 Mbps（目前无线路由器存在 2 根 5 GHz 频段的天线）。

提示

需要注意，无线路由器无论是在哪个频段，Wi-Fi 的传输速率都是共享的，假设一台无线路由器的传输速率为 3 000 Mbps，有 5 台设备同时连接在这台无线路由器上，那么这 5 台设备并不是每台都能使用 3 000 Mbps，而是这 5 台设备共享 3 000 Mbps（具体速率大概率不会平均分配，通常与设备性能、网卡性能等相关），也就是说接入的设备数量越多，每台设备所使用的带宽就越小，所以选择传输速率高的无线路由器是有必要的。

CPU、内存、不同频段的 Wi-Fi 连接速率这 3 个性能指标在选择无线路由器时一定要综合考虑，尽可能选购支持 Wi-Fi6 的无线路由器。

二、Wi-Fi 密码设置

用户设置 Wi-Fi 密码时可以使用数字、大写字母、小写字母、标点符号、特殊符号等元素，Wi-Fi 密码最少为 8 个字符，最多为 63 个字符。现在市面上最常见的无线路由器一般都使用 WPA-PSK 与 WPA2-PSK 混合的加密方式，为了防止 Wi-Fi 密码太过简单被破解，一般尽可能设置复杂密码（数字、大写字母、小写字母、标点符号、特殊符号等元素至少使用 3 种），并且尽可能避免安装“Wi-Fi 万能钥匙”等 App，防止密码泄露。

三、无线路由器的桥接

在较大的空间或墙壁隔断较多的空间中，一台无线路由器的信号可能无法完全覆盖所有空间，此时就可以使用两台无线路由器进行桥接。桥接是将两个不同位置、不方便布线的无线路由器连接到同一局域网，最大的特点就是可以将信号放大。

使用两台无线路由器桥接时，尽可能使用相同型号的无线路由器，并根据实际情况进行不同配置，具体配置情况见表 8-4。

表 8-4　无线路由器桥接配置

具体配置	主路由器	桥接路由器
物理连接	接通电源并连接光猫	接通电源
WAN 接口配置	根据上网方式配置	无须配置
LAN 接口配置	默认配置	配置与主路由器相同网段的 IP 地址，但不可与主路由器 IP 地址相同

续表

具体配置	主路由器	桥接路由器
无线配置	开启无线功能与 SSID 广播功能，并使用 WPA-PSK 与 WPA2-PSK 加密方式配置 Wi-Fi 密码	开启 WDS（无线分布系统）功能，搜索主路由器 SSID 并选择桥接，输入主路由器的 Wi-Fi 密码，配置自己的 SSID
信道	任选一个	与主路由器配置相同信道
DHCP 服务器	默认开启	在网关输入主路由器的 IP 地址

除此之外，还有更简单的桥接方式，具体操作参考任务实施。

提示

主路由器也需要开启 WDS 功能，扫描到桥接路由器的 SSID 并填上连接密码进行保存。主路由器和桥接路由器名称不能相同，所以 IP 地址与 SSID 都不能配置成相同的。主路由器与桥接路由器的 Wi-Fi 密码最好配置成相同的，以方便管理。

无线路由器的物理连接方式及上网配置与 SOHO 路由器完全一样，可以参考之前的任务进行设置，本次任务只介绍无线网络部分的配置。

一、配置无线路由器的无线网络

此任务使用华为 AX3 Pro 路由器完成配置。

（1）使用浏览器访问路由器界面，在我要上网界面确认此路由器已经成功连接到互联网（具体操作方法可参考项目七），如图 8-13 所示。

（2）进入我的 Wi-Fi 界面，在此界面中开启“5G 优选”，输入 Wi-Fi 名称，选择安全选项为“WPA/WPA2 PSK 混合模式”，输入 Wi-Fi 密码并勾选“将 Wi-Fi 密码作为路由器登录密码”复选框，选择 Wi-Fi 功率模式为“穿墙”，完成所有设置后单击“保存”按钮即可，如图 8-14 所示。

（3）默认情况下无线路由器的 Wi-Fi 信号是开放的，通过手机或平板电脑的无线

HUAWEI 华为路由AX3 Pro
退出登录
主页 我要上网 我的 Wi-Fi 终端管理 更多功能
确保路由器已成功连接到互联网
已成功连接到互联网 重新连接
上网方式 自动获取 IP（DHCP）
最大发送单元（MTU） 1500
MAC 克隆 不使用 MAC 克隆
静态 DNS
保存

图 8-13 我要上网界面

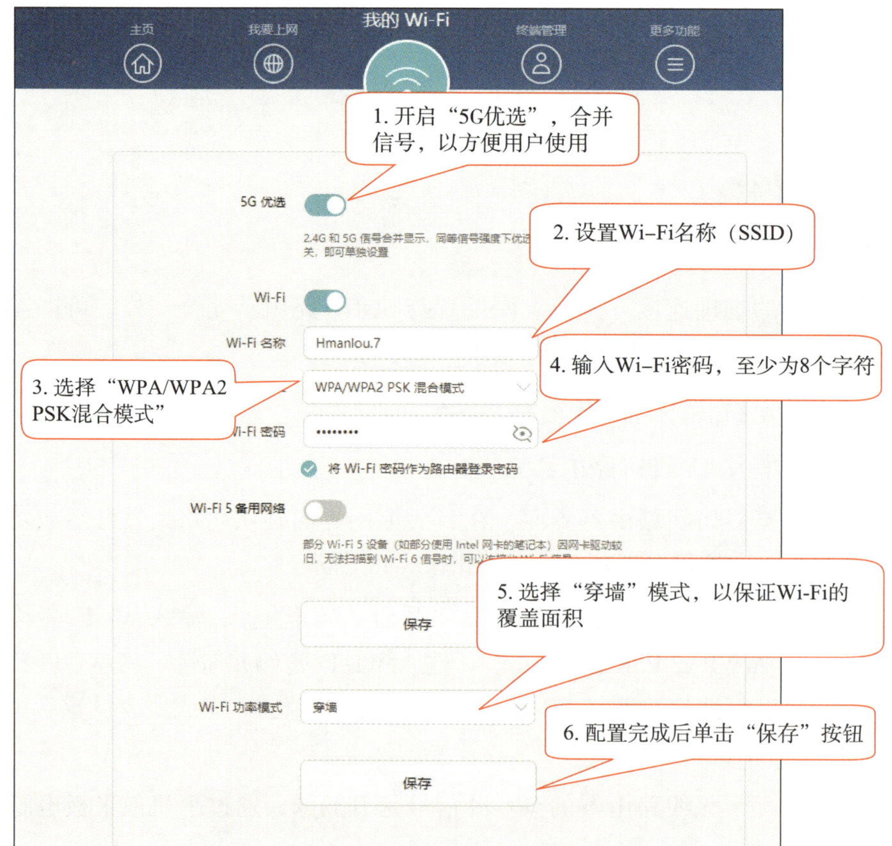

图 8-14 我的 Wi-Fi 界面

网卡可以搜索出 Wi-Fi 的信号并输入密码进行连接，这就可能出现 Wi-Fi 密码被破解而被陌生人蹭网的情况，为了安全起见，有些用户会将 Wi-Fi 信号隐藏，隐藏后陌生人既不知道 Wi-Fi 名称，也不知道 Wi-Fi 密码，被蹭网的概率将大大降低。

设置隐藏 Wi-Fi 信号的步骤如下：进入更多功能界面，单击“Wi-Fi 设置”/“Wi-Fi 高级”，在此界面中将“Wi-Fi 隐身”开启，保存后即可达到隐藏 Wi-Fi 信号的目的，如图 8-15 所示。

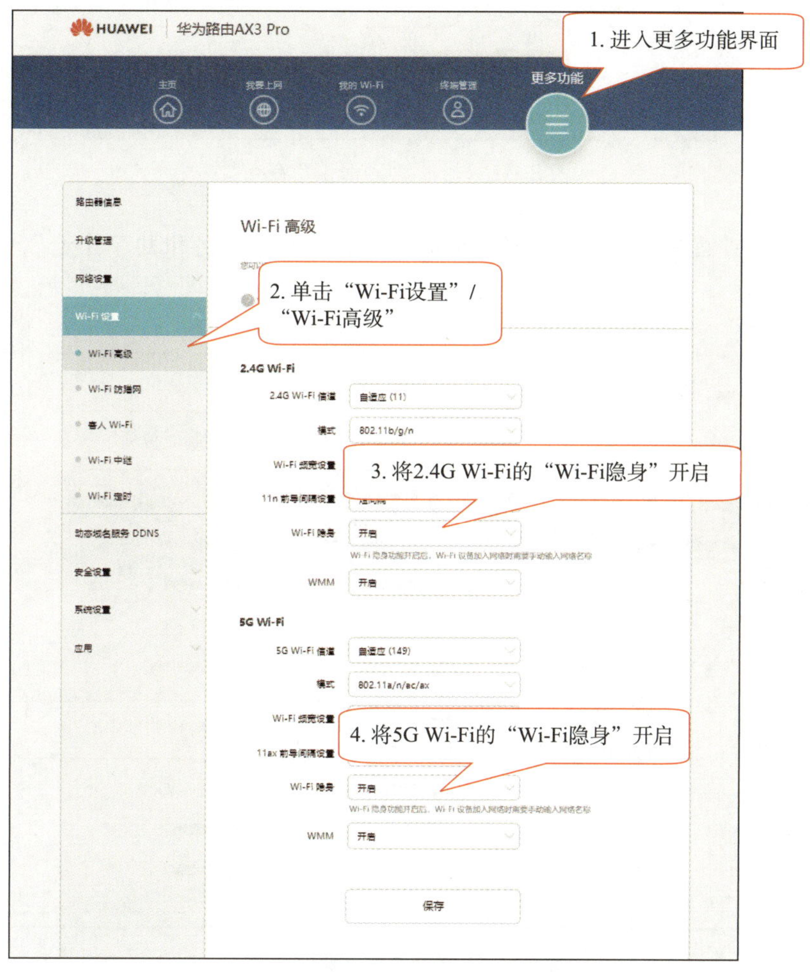

图 8-15　Wi-Fi 高级配置界面

（4）Wi-Fi 信号隐藏后，设备将无法直接被搜索出来，此时需要手动连接被隐藏的 Wi-Fi，此处以笔记本电脑作为演示设备，手动连接隐藏信号的 Wi-Fi 的步骤如下。

1）按【⊞】+【R】快捷键，在弹出的“运行”对话框中输入命令“Control”并单击“确定”按钮，如图 8-16 所示，打开控制面板。

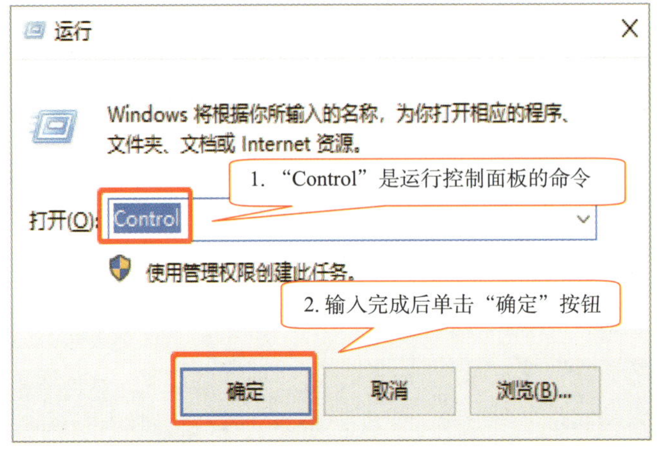

图 8-16　输入“Control”命令

2）在“控制面板”/“所有控制面板项”中单击“网络和共享中心”，如图 8-17 所示。

图 8-17　所有控制面板项界面

3）在网络和共享中心界面中单击“设置新的连接或网络”，如图 8-18 所示。

4）在设置连接或网络界面中选择“手动连接到无线网络”，并单击“下一步”按钮，如图 8-19 所示。

5）在手动连接到无线网络界面中输入网络名（Wi-Fi 名称），选择安全类型为“WPA2- 个人”，在安全密钥处输入 Wi-Fi 密码，单击“下一步”按钮，即可成功添加无线网络，如图 8-20、图 8-21 所示。

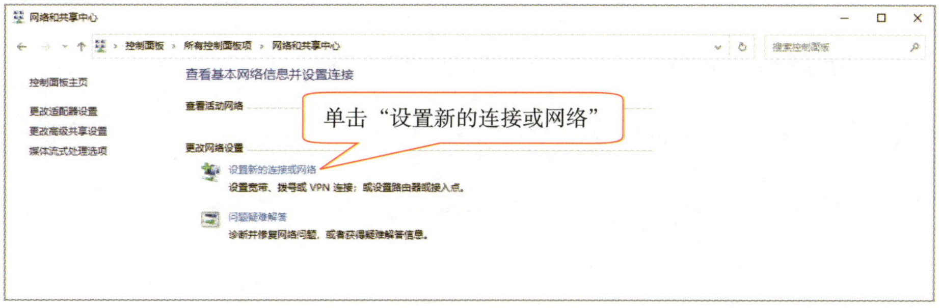

图 8-18　网络和共享中心界面

图 8-19　设置连接或网络界面

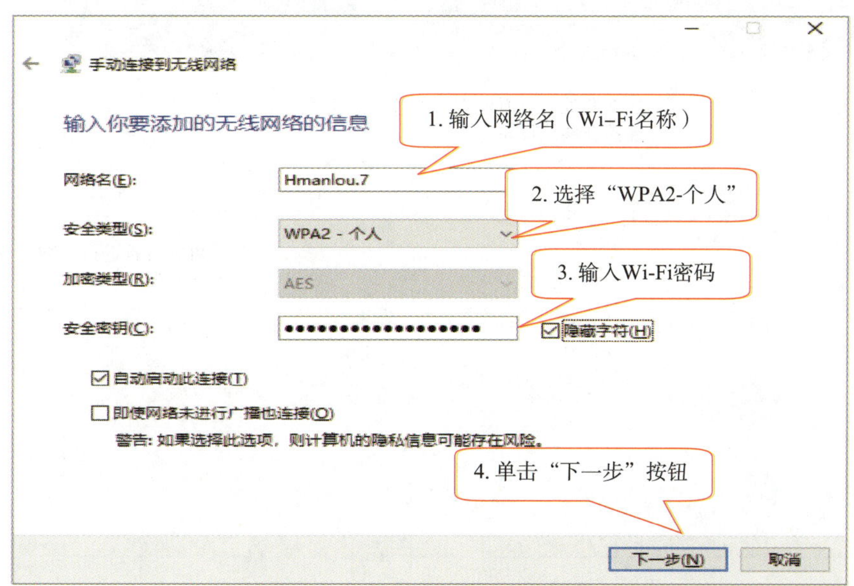

图 8-20　手动连接到无线网络界面

图 8-21　成功添加无线网络界面

（5）如果实在担心被陌生人蹭网，可在路由器主页中单击“终端管理”，在终端管理界面中可查看所有连接的设备，并可以对设备进行上网管控及网络限速，如图 8-22 所示。

图 8-22　路由器终端管理界面

二、桥接两台无线路由器

假设住宅面积较大，一台无线路由器无法完成全屋覆盖，那么需要使用两台无线路由器进行信号扩展，以加大 Wi–Fi 覆盖范围，无线路由器的桥接方案如图 8–23 所示。

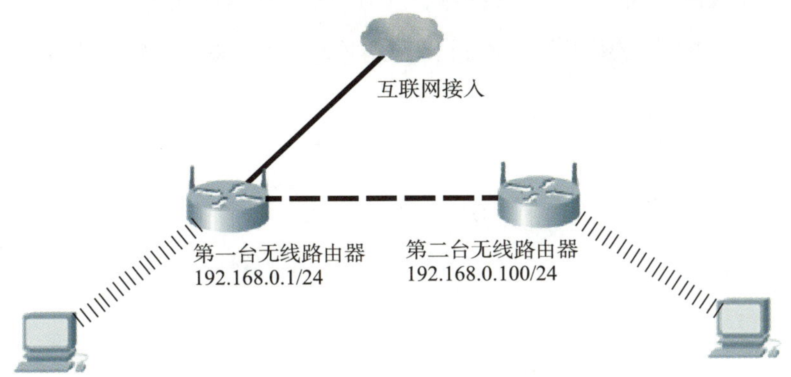

图 8–23　无线路由器的桥接方案

（1）配置两台无线路由器 LAN 接口的 IP 地址（两个 IP 地址的网络号必须一致，并且主机号不能相同）。

（2）需要关闭其中一台无线路由器的 DHCP 功能（否则两台无线路由器会同时分配 IP 地址，造成 IP 地址冲突），关闭方法如图 8–24 所示。

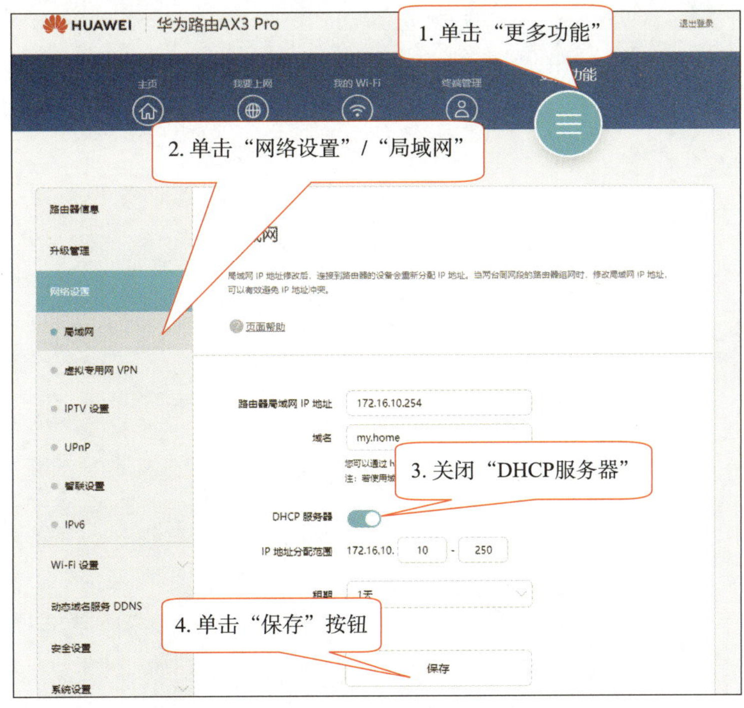

图 8–24　关闭一台无线路由器的 DHCP 功能

（3）将两台无线路由器的 LAN 接口相连，而且最好使用交叉线相连。

（4）第一台无线路由器 WAN 接口的配置可参考前面的步骤设置；第二台无线路由器因为没有连接 WAN 接口，所以无须配置 WAN 接口。

（5）两台无线路由器建议使用相对独立的信道，避免相互干扰。

配置完成后，即可使用无线终端进行网络连接。WDS 方案较为复杂，此处不做详细介绍。

项目九
服务器操作系统

任务 1　认识服务器操作系统

1. 了解服务器操作系统的特点。
2. 了解服务器操作系统的分类。
3. 能下载 Windows Server 2016。

如今 Windows 10 操作系统受到全世界个人计算机用户的喜爱，但 Windows 10 作为个人操作系统，其优势在于便于个人用户进行日常使用，在大型使用环境或在需要给大量用户提供网络服务的场景，个人操作系统是无法满足需求的，为了满足此类大型场景的使用需求，服务器操作系统诞生了。例如，Windows 10 操作系统最多只能支持 20 个用户同时访问，但如果使用 Windows Server 2016 服务器操作系统，理论上同时访问的用户数可以达到无限大。本任务的内容是认识 Windows Server 2016 服务器操作系统，并下载其安装文件。

一、服务器操作系统的概念

服务器操作系统一般是指安装在大型计算机（又称服务器，如 Web 服务器、DHCP 服务器、DNS 服务器、应用程序服务器等）上的操作系统，它是 IT 系统的基础架构平台，也是按应用领域划分的 3 种操作系统之一（另外两种分别是桌面操作系统与嵌入式操作系统）。在特定的需求下，服务器操作系统也可以在个人计算机中安装，相比于个人操作系统，在一个具体的网络中，服务器操作系统要承担额外的管理、配置、维稳等功能，处于每个网络的“心脏”部位。

二、服务器操作系统的分类

服务器操作系统可以实现计算机硬件与计算机软件的直接控制和管理协调，任何计算机的运行都离不开操作系统，服务器也一样。服务器操作系统主要分为 4 种：NetWare、UNIX、Linux 以及使用最多的 Windows Server。

1. NetWare

NetWare 主要应用在一些特定行业及事业单位中，其优秀的批处理功能和安全、稳定的系统性能为它带来了很大的生存空间。NetWare 常用的版本有 NetWare 3.11、3.12、4.10、5.0、6.5、7 等中英文版。

2. UNIX

UNIX 是由 AT&T 公司和 SCO 公司共同推出的，主要针对大型的文件系统服务、数据服务等应用。目前比较主流的有 SCO SVR、BSD UNIX、SUN Solaris、IBM-AIX、HP-U、FreeBSDX。

3. Linux

Linux 虽然与 UNIX 类似，但它并不是由 UNIX 变化而来的。因为 Torvald 从开始编写内核代码时就仿效 UNIX 的工作原理，所以几乎所有 UNIX 的工具与外壳都可以运行在 Linux 环境中。

4. Windows Server

Windows Server 的版本有很多，如 Windows Server 2003（R2）、Windows Server 2008（R2）、Windows Server 2012（R2）、Windows Server 2016、Windows Server 2019、Windows Server 2022 等。Windows Server 结合 .NET 的开发环境，为企业用户提供了良好的应用框架。

三、Windows Server 2016 服务器操作系统的系统版本和安装选项

Windows Server 2016 是微软公司所研发的服务器操作系统，发布时间为 2016 年 10 月 13 日。Windows Server 2016 引入了新的安全层用于保护用户数据、控制访问权限，增强了弹性计算能力，降低了存储成本并简化了网络，还提供了新的方式打包、配置、部署、运行、测试和保护应用程序。

1. 系统版本

Windows Server 2016 包含以下 3 个主要版本。

（1）Windows Server 2016 Standard Edition

此版本为标准版，一般适用于低密度或非虚拟化的环境。此版本主要提供在中小型应用场景中所需要的角色和功能，支持最多 64 个插槽和最大 4 TB 的 RAM，最多包含两个虚拟机的许可证，并且支持 Nano 服务器安装。

（2）Windows Server 2016 Essentials Edition

此版本为基本版，一般适用于最多 25 个用户和 50 台设备的小型企业。基本版是专为小型企业而设计的，支持两个处理器内核和最大 64GB 的 RAM，但不支持包括虚拟化在内的许多功能。

（3）Windows Server 2016 Datacenter Edition

此版本为数据中心版，一般适用于高度虚拟化以及软件定义数据中心的环境。针对高度虚拟化的基础架构设计，此版本不仅完整提供所有角色和功能，还无限提供基于虚拟机的许可证。此版本支持最多 64 个插槽、最多 640 个处理器内核和最大 4 TB 的 RAM。

一般情况下用户都会根据需求选用标准版或数据中心版，这两个版本功能的区别见表 9-1。

表 9-1　Windows Server 2016 不同版本功能的区别

功能	标准版	数据中心版
可用作虚拟化主机	支持；每个许可证允许运行 2 台虚拟机和一台 Hyper-V 主机	支持；每个许可证允许运行无限台虚拟机和一台 Hyper-V 主机
Hyper-V	支持	支持；包括受防护的虚拟机
网络控制器	不支持	支持
容器	支持（对 Windows 容器无限制；Hyper-V 容器最多 2 个）	支持（对所有类型容器的数量均无限制）
保护 Hyper-V 主机	不支持	支持

续表

功能	标准版	数据中心版
软件负载平衡器	不支持	支持
存储副本	不支持	支持
软件定义网络	不支持	支持
超融合平台	不支持	支持
继承激活	支持（托管于数据中心时作为访客）	支持（可以是主机或访客）

2. 安装选项

Standard Edition（标准版）与 Datacenter Edition（数据中心版）一般在安装时有以下 3 个安装选项供用户选择。

（1）Nano Server

Nano Server 提供了理想的轻量级操作系统，基于容器和微服务运行“云原生”应用程序。Nano Server 也可以用于运行敏捷且具有成本效益的数据中心，大大减少了操作系统的占用空间。

（2）Server Core（服务器核心）

Server Core 从服务器操作系统上删除了客户端 UI，在轻量化安装的模式中提供了多种功能。Server Core 不包括可远程使用的 MMC 或服务器管理器，但提供一部分拥有图形界面的工具，如用于本地或远程管理的 PowerShell。

（3）Server With Desktop Experience（具有桌面体验的服务器）

Server With Desktop Experience 为需要运行本地 UI 的应用程序或远程桌面服务主机的用户提供了理想的用户体验。此选项具有完整的 Windows 客户端外壳以及图形化界面，并且服务器本地提供了 MMC 和服务器管理器。

提示

Nano Server 与 Server Core 选项一般应用于特殊场景，正常情况下为了使用方便，绝大多数用户都会选用 Server With Desktop Experience。

（1）下载原版系统镜像。一般来说，建议从 Microsoft 官方网站下载原版系统镜像，但 Microsoft 官方网站在国内存在部分访问受限，并且需要注册账号与实名认证，所以建议使用第三方网站收集的 Microsoft 原版系统镜像链接下载。为了方便用户操作，本任务中将详细介绍在正规第三方网站下载 Microsoft 原版系统镜像的操作步骤。

使用浏览器访问 https://msdn.itellyou.cn 网站，其主页如图 9-1 所示。

图 9-1　I Tell You 网站主页

（2）在“操作系统”菜单中单击“Windows Server 2016”，如图 9-2 所示。

（3）勾选“Windows Server 2016（x64）- DVD（Chinese-Simplified）”复选框，并单击“详细信息”按钮，如图 9-3 所示。

提示

Windows Server 2016（x64）-DVD（Chinese-Simplified）是微软推出的服务器操作系统版本之一，具有强大的安全性、可靠性和易用性以及优化的性能、轻量级的设计、中文简体界面的支持，适合广大中文用户在服务器环境中使用。

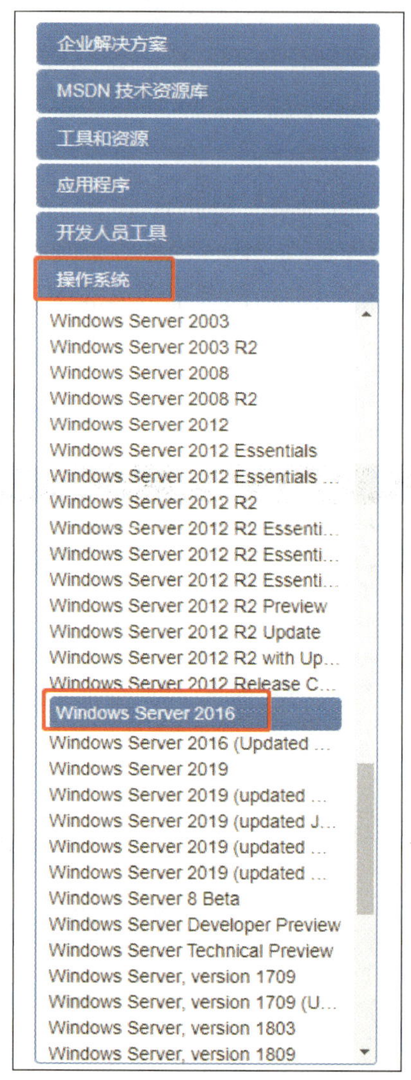

图 9-2 “操作系统”菜单

图 9-3 Windows Server 2016 各版本镜像

（4）在详细信息界面中复制“ed2k”的内容，如图 9-4 所示。

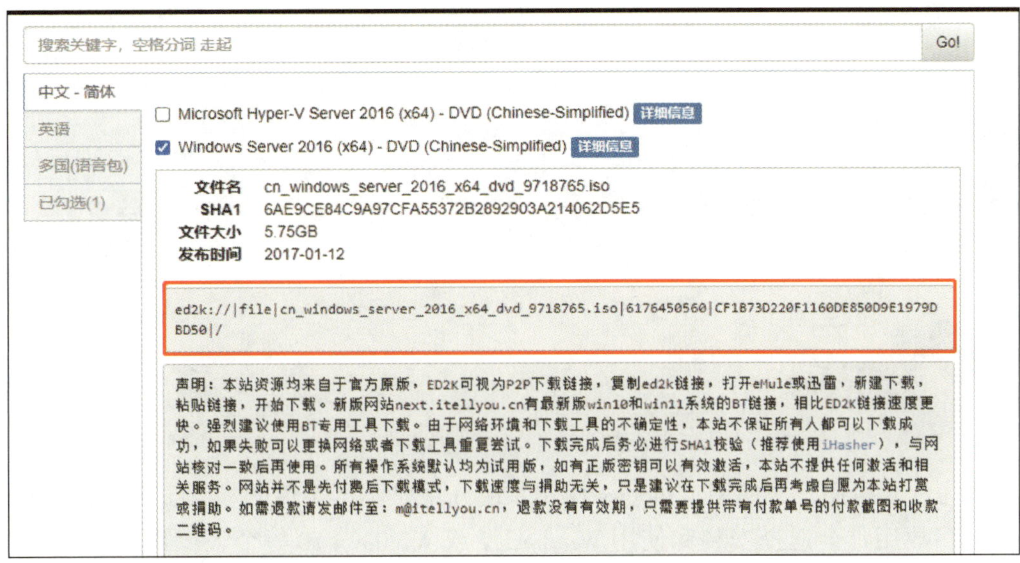

图 9-4　详细信息界面

（5）启动迅雷或其他下载工具，在新建下载任务中粘贴刚才复制的“ed2k”内容，并单击“立即下载”按钮进行下载，如图 9-5 所示。

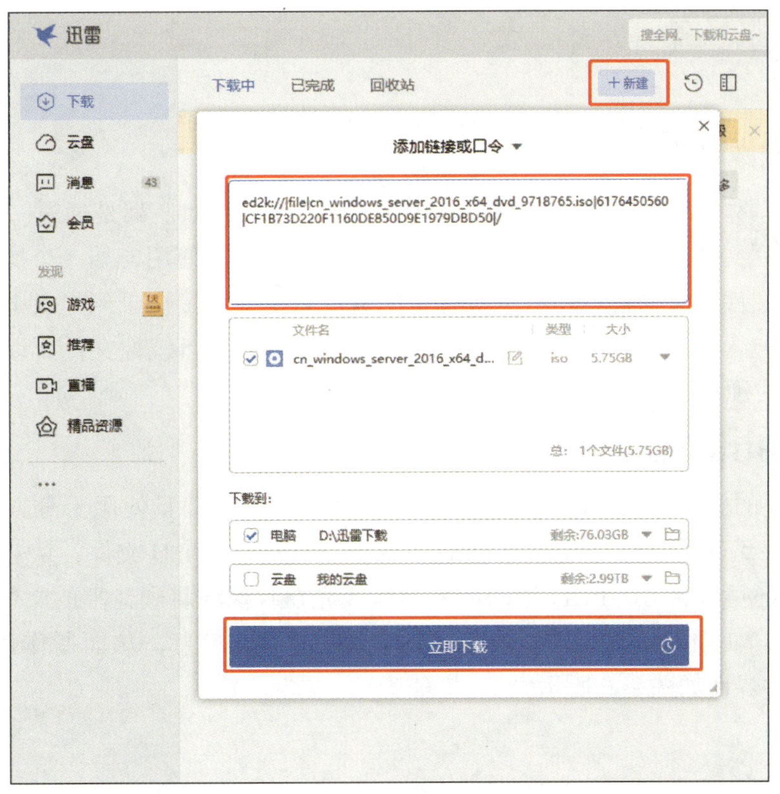

图 9-5　通过迅雷下载

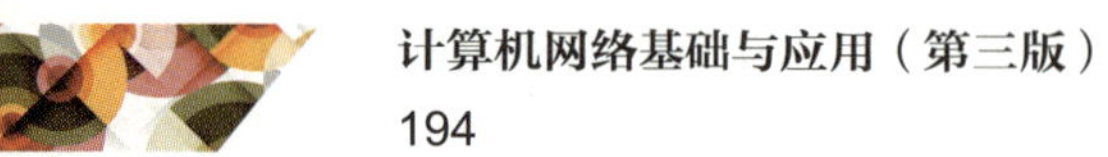

任务 2　安装 Windows Server 2016

能安装 Windows Server 2016。

作为计算机用户，使用 Windows 操作系统几乎是不可避免的。对于个人计算机来说，大多数用户会选择安装和使用 Windows 7 或 Windows 10 等个人操作系统。然而，在企业环境或大型应用场景中，我们需安装 Windows Server 操作系统在服务器上运行。相比于个人操作系统，Windows Server 操作系统的安装过程更为复杂，而且存在更多的技术细节，本任务的内容是安装 Windows Server 2016。

一、镜像文件

镜像（又称映像）文件与 RAR、ZIP、7z 等压缩包类似，都是通过一定的格式将特定的一系列文件制作成单一的文件，以方便用户下载和使用，如一个操作系统、游戏等。镜像文件最大的特点是可以被特定的软件识别并直接烧录到光盘上。通常镜像文件中可以包含系统文件、引导文件、分区表信息等，并且镜像文件可以包含一个分区甚至是一块硬盘的所有信息。

二、UltraISO

UltraISO 的中文名称为软碟通，是一款功能非常强大并且使用十分方便的光盘映像文件制作 / 编辑 / 转换工具。UltraISO 不仅可以直接编辑 ISO 文件，从 ISO 中提取文件和目录，还可以将 CD-ROM 里的内容制作成光盘映像或将硬盘上的文件制作成 ISO 文件。同时，使用 UltraISO 也可以处理 ISO 文件的启动信息，从而制作可引导光盘。UltraISO 软件界面如图 9-6 所示。

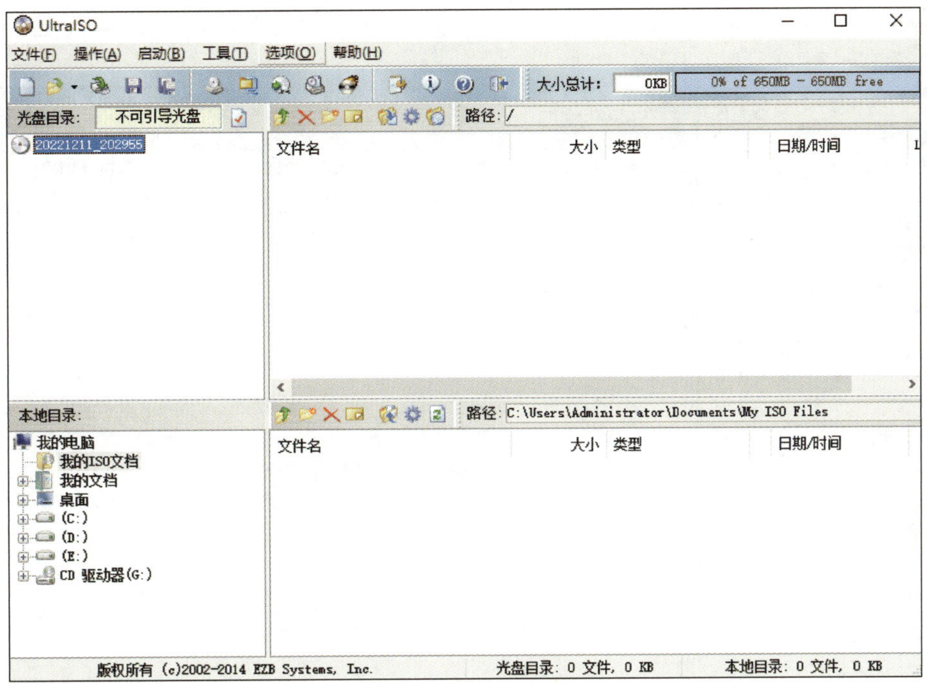

图 9-6　UltraISO 软件界面

提示

UltraISO 软件既可以将镜像文件烧录至光盘，也可以将镜像文件烧录至 U 盘；既能制作启动 / 系统光盘，也能制作启动 / 系统 U 盘。但在日常生活中使用最多的 UltraISO 的功能是烧录。

（1）运行 UltraISO，单击菜单栏中的“文件”，在弹出的下拉菜单中单击“打开”，如图 9-7 所示，并在计算机中找到 Windows Server 2016 镜像文件的存放路径，选中后单击“打开”按钮。

（2）成功在 UltraISO 中打开 Windows Server 2016 镜像文件后，插入需要制作的系统 U 盘，单击菜单栏中的“启动”，并在弹出的下拉菜单中单击“写入硬盘映像”，如图 9-8 所示。

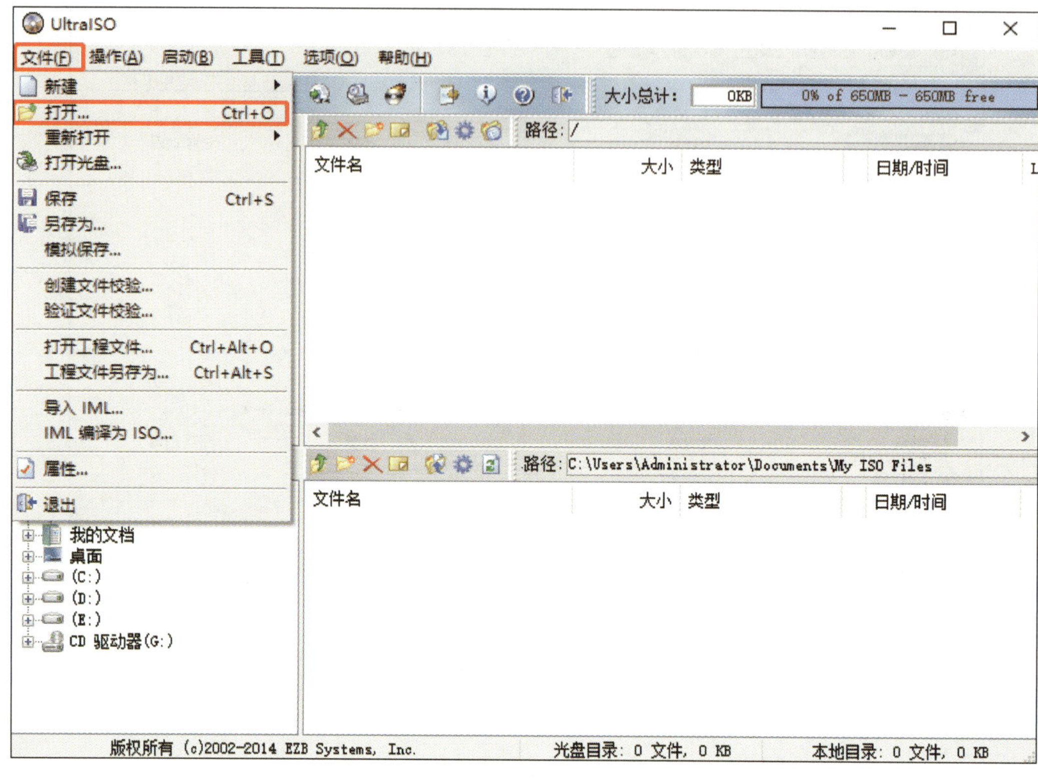

图 9-7　单击“打开”

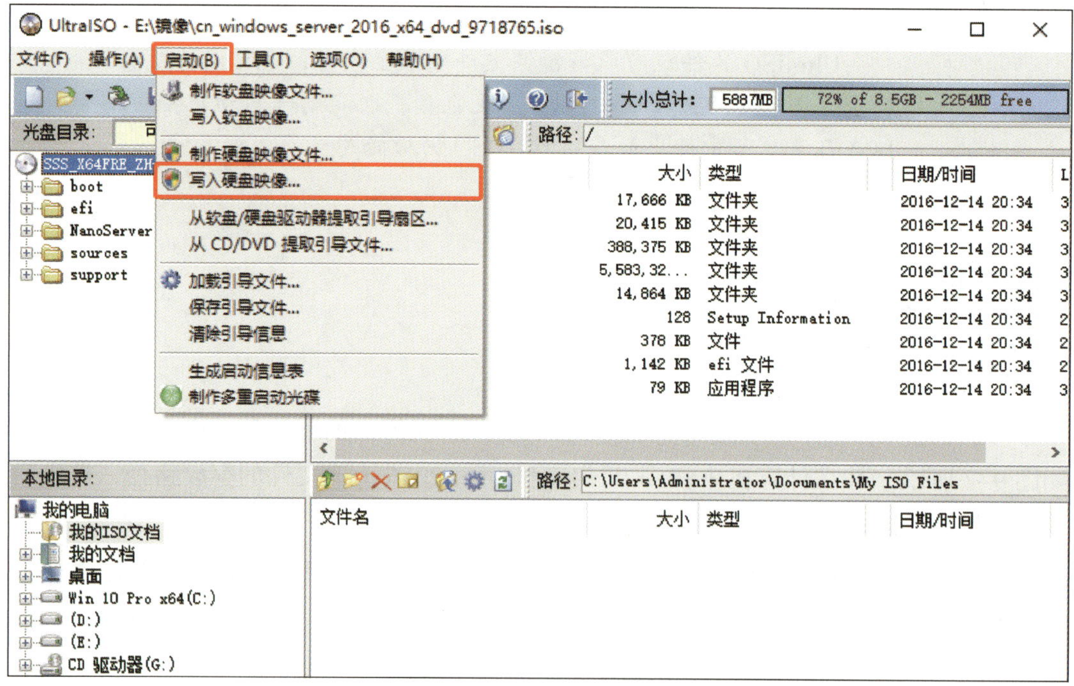

图 9-8　单击“写入硬盘映像”

（3）在弹出的写入硬盘映像界面中检查硬盘驱动器是否就是需要制作的系统 U 盘，选择写入方式为“USB-HDD+”，单击“便捷启动”按钮，在弹出的下拉菜单中单击“便捷写入”，如图 9-9 所示。

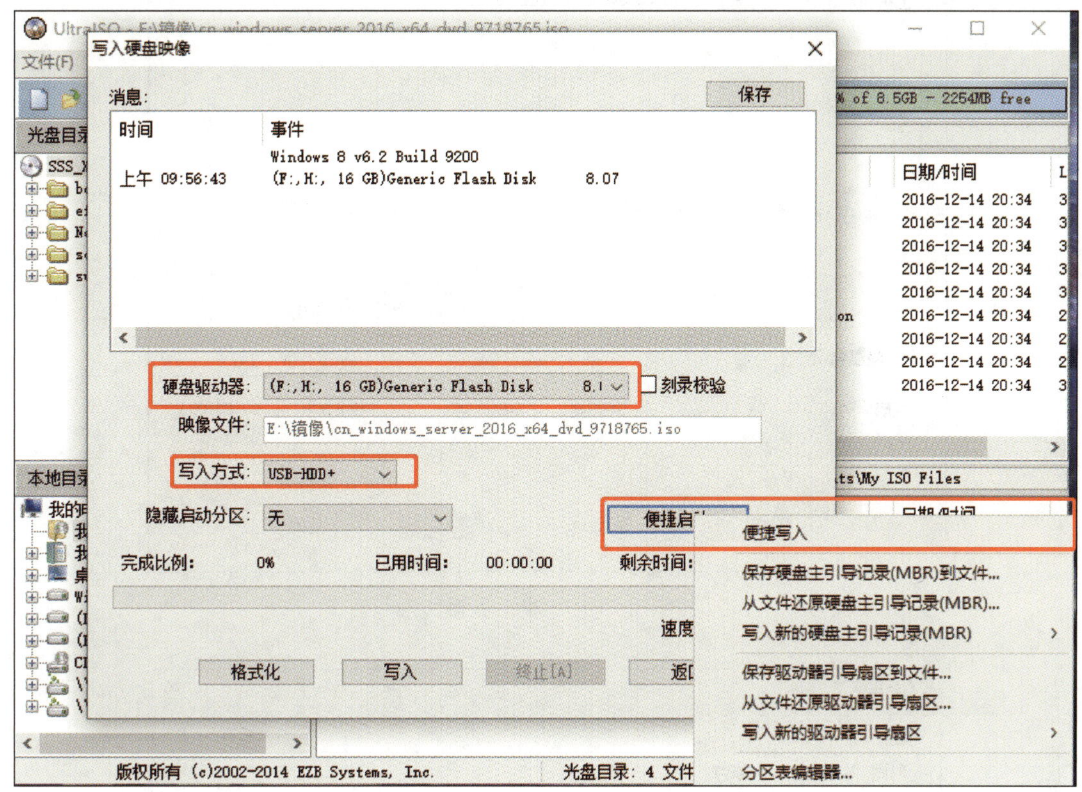

图 9-9　写入硬盘映像界面

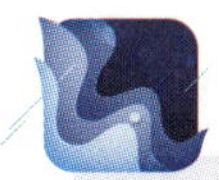

提示

烧录镜像文件会将 U 盘格式化，如果 U 盘中存有重要文件，需要先进行备份，以免文件丢失。

对比直接写入，便捷写入在烧录完成前会有一个检测完整性（封盘）的过程，虽然便捷写入的时间比直接写入稍长，但能确保系统 U 盘具有更好的稳定性，能避免出现无法读取系统 U 盘而导致无法安装系统等情况。

（4）在弹出的提示界面中单击“是”按钮，如图 9-10 所示。

（5）烧录过程持续时间为 10 ~ 15 min，需要耐心等待，如图 9-11 所示。

（6）将烧录成功的系统 U 盘接入计算机并启动，计算机会读取系统 U 盘中的内容并进入 Windows Server 2016 的安装程序界面，单击“下一步”按钮，如图 9-12 所示。

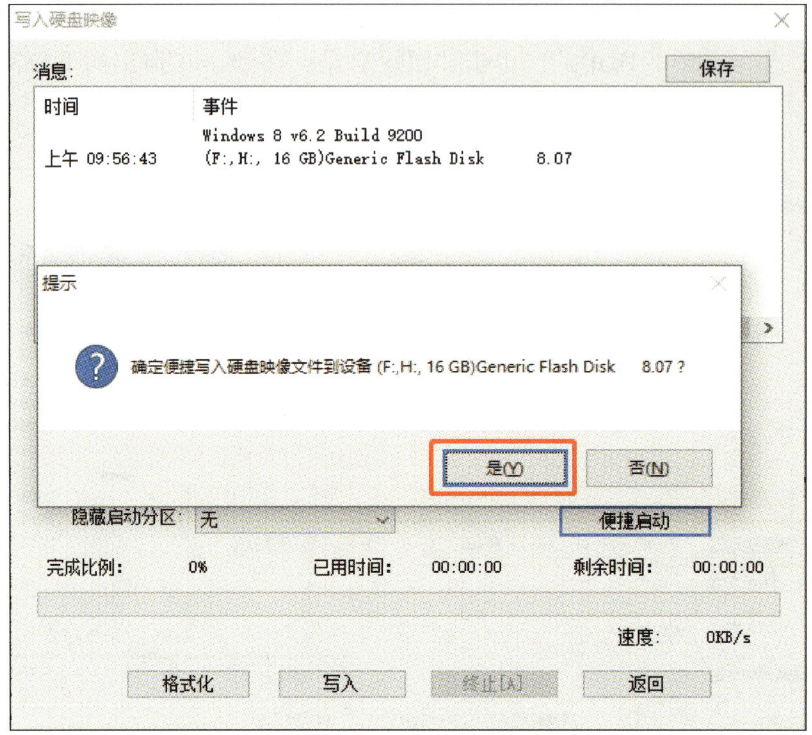

图 9-10 提示界面

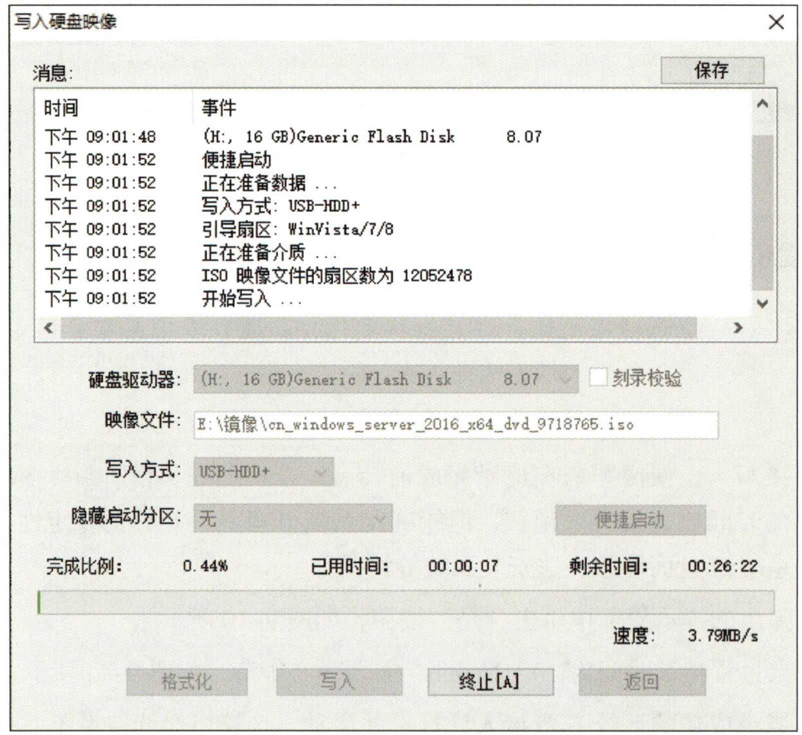

图 9-11 烧录界面

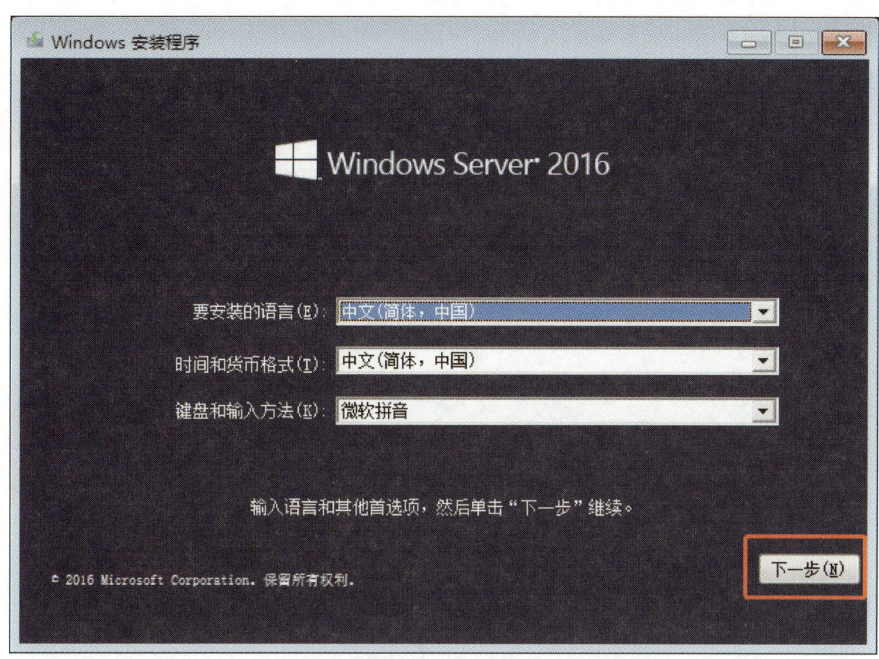

图 9-12 Windows Server 2016 的安装程序界面

（7）单击“现在安装”按钮，如图 9-13 所示。

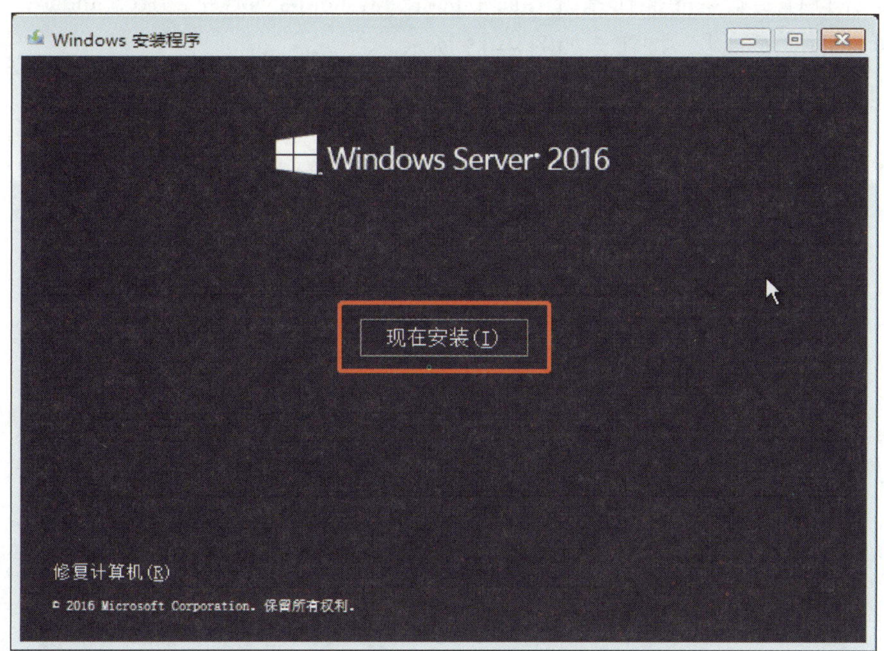

图 9-13 现在安装界面

（8）在激活 Windows 界面中可以单击“我没有产品密钥”，等待系统完成安装后再激活，如图 9–14 所示。

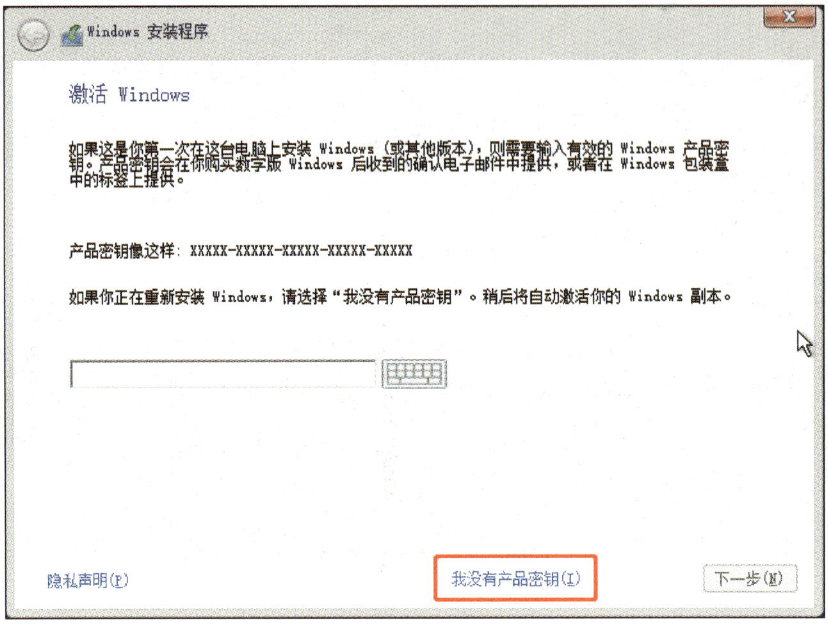

图 9–14　激活 Windows 界面

（9）在选择要安装的操作系统界面中选择“Windows Server 2016 Standard（桌面体验）”，并单击“下一步”按钮，如图 9–15 所示。

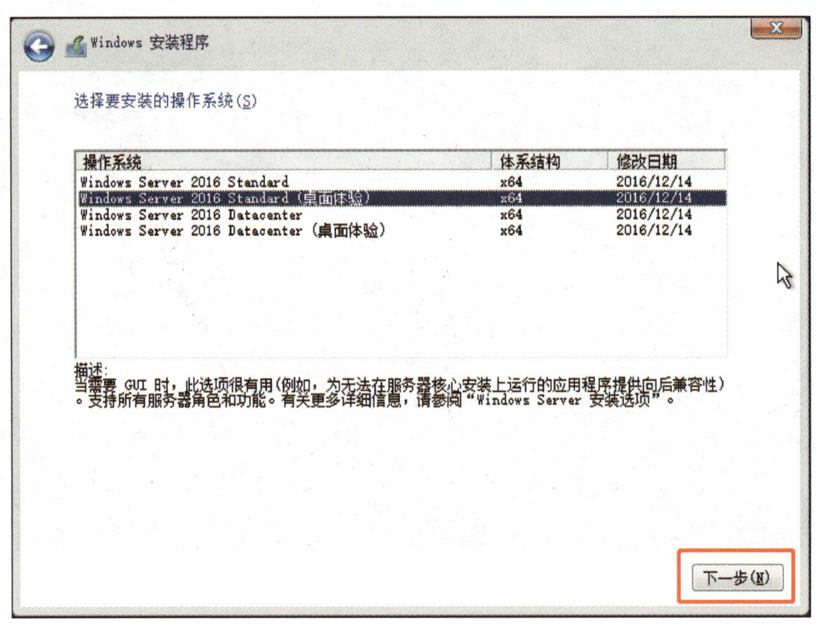

图 9–15　选择要安装的操作系统界面

提示

如果不选择桌面体验的版本，安装完成后就是单纯的核心界面，只能通过命令行进行配置操作，无法使用图形界面，也无法使用鼠标。

（10）在适用的声明和许可条款界面中勾选“我接受许可条款”复选框，并单击“下一步”按钮，如图 9–16 所示。

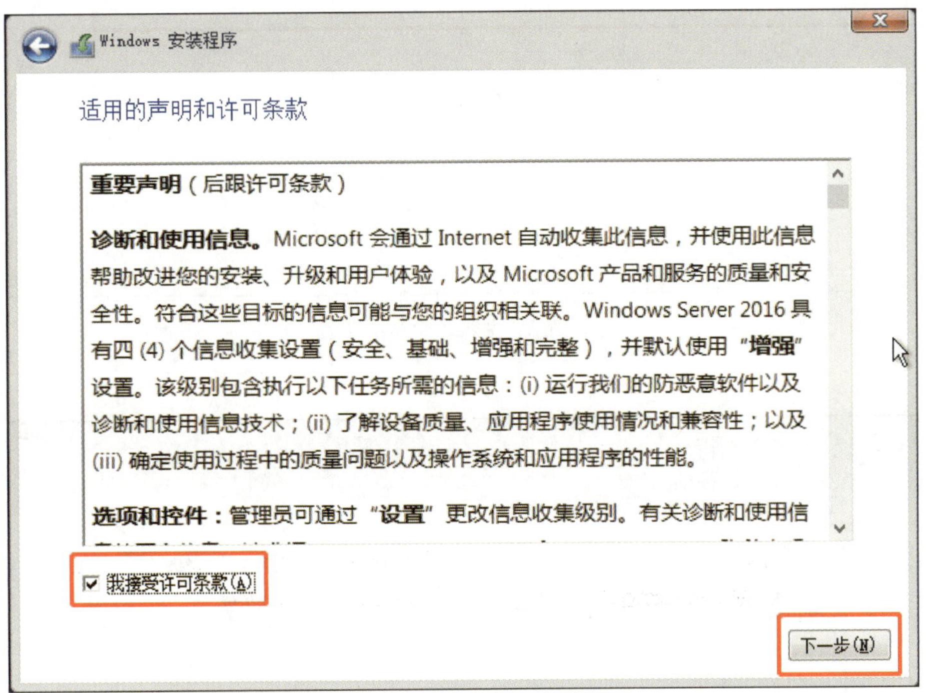

图 9–16 适用的声明和许可条款界面

（11）在安装类型选择界面中选择“自定义：仅安装 Windows（高级）”，如图 9–17 所示。

（12）在硬盘分区界面中需要将计算机硬盘分区才可进行系统安装，单击“新建”进行系统分区，如图 9–18 所示。

（13）Windows Server 操作系统在分区时会自动创建恢复、系统分区、MSR（保留）3 个默认分区，分区完成后选择新建的分区 4，单击“下一步”按钮，如图 9–19 所示。

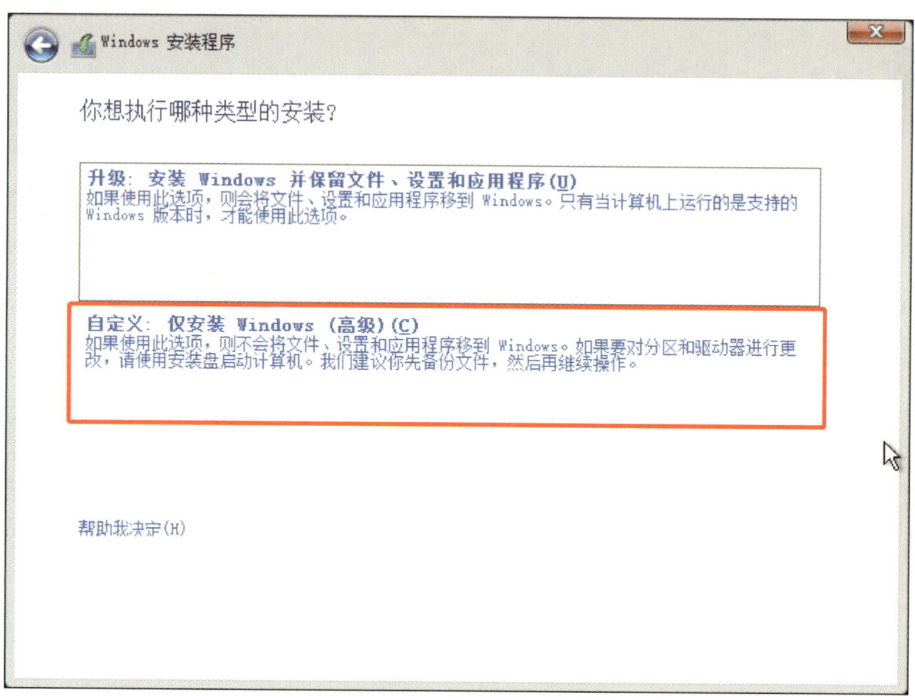

图 9-17　安装类型选择界面

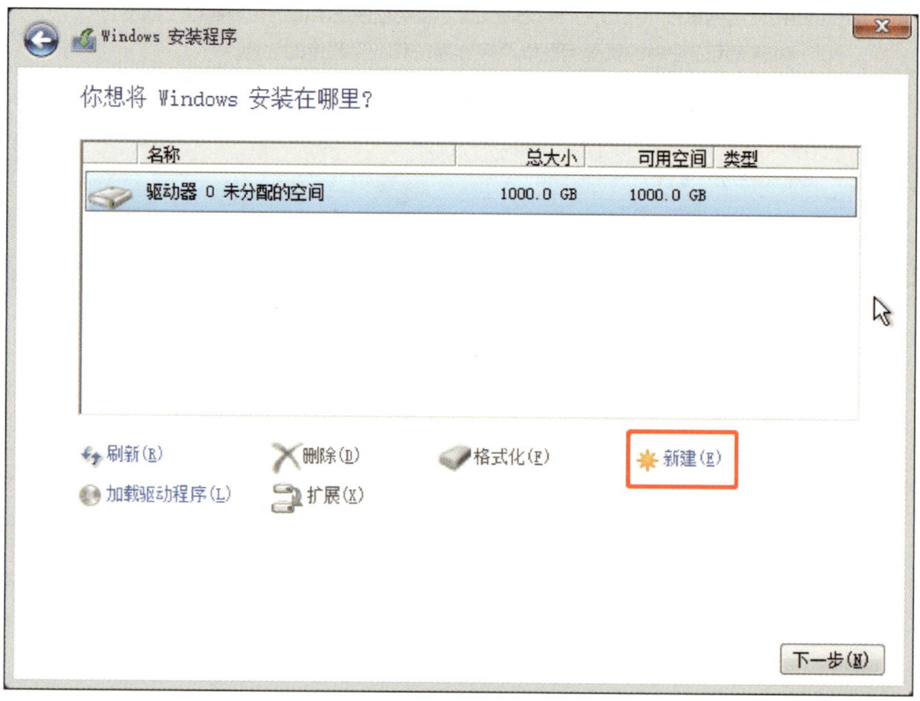

图 9-18　硬盘分区界面

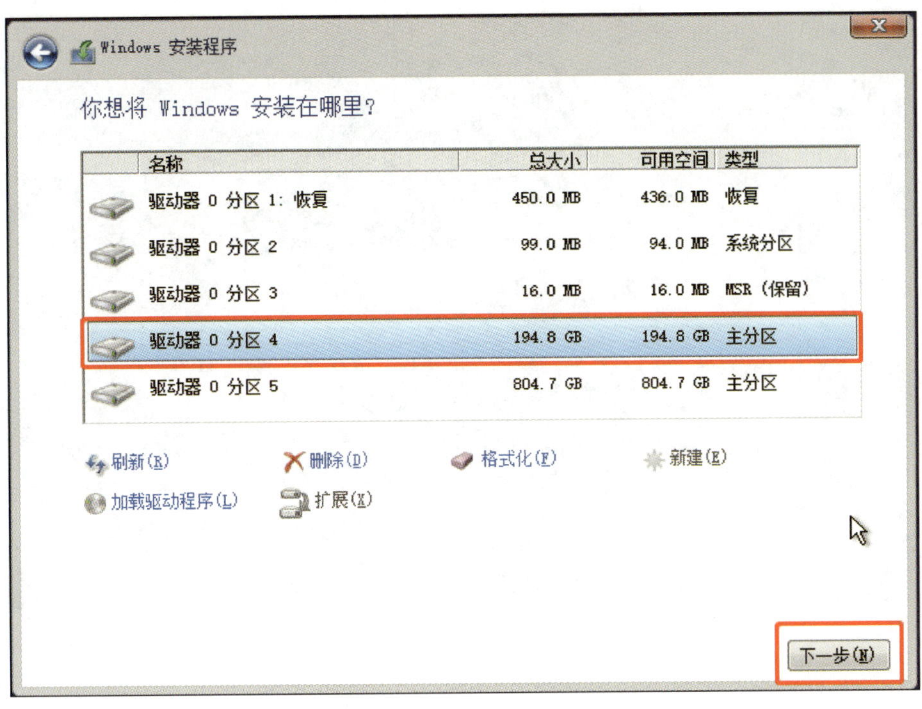

图 9-19　分区完成界面

提示

此硬盘容量为 1 TB，除去自动创建的恢复、系统分区、MSR（保留）3 个默认分区，自主创建的分区为分区 4 与分区 5 两个主分区。

（14）系统安装持续时间大概为 10 ~ 15 min，需要耐心等待，安装完成后计算机会在 15 s 后自动重新启动。

（15）重新启动后计算机会自动进行系统数据的读取，读取完成后出现自定义设置界面，由于 Windows Server 操作系统安全系数较高，必须设置登录密码，并且登录密码必须是复杂密码（数字、大写字母、小写字母、标点符号 4 种元素必须使用 3 种或以上），设置密码后单击“完成”按钮，如图 9-20 所示。

（16）在登录界面输入设置好的密码即可进入系统桌面。

图 9-20　自定义设置界面

任务 3　使用 Windows Server 2016 实现动态主机配置

能在 Windows Server 2016 服务器操作系统中配置动态主机。

作为网络管理员，通常要管理局域网内的成百上千台计算机，一般来说每台计算机必须拥有 IP 地址才可以正常访问网络，但如果每台计算机都要配置静态 IP 地址其实是一件很麻烦的事情。为了方便，网络管理员会使用 Windows Server 服务器操作系统

中的动态主机配置功能，让局域网内的所有计算机自动获取 IP 地址。本任务的内容是使用 Windows Server 2016 搭建 DHCP 服务器，并进行相应配置，使客户机动态获取 IP 地址。

一、DHCP 服务器的作用

动态主机配置协议（DHCP）是局域网的网络协议，通常是指由 DHCP 服务器控制一段 IP 地址的范围，客户机访问 DHCP 服务器的时候就可以自动获取 DHCP 服务器分配的 IP 地址、子网掩码、默认网关、DNS 等。作为 DHCP 服务器的计算机需要安装 TCP/IP 与 DHCP 服务，并将服务器的 IP 地址、子网掩码、默认网关等内容全部配置为静态（固定）。

二、DHCP 服务器的工作原理

在使用 TCP/IP 的网络中，每一台计算机都必须拥有一个 IP 地址才可以访问网络或与其他计算机连接通信。DHCP 服务有利于对局域网中的计算机 IP 地址进行有效的管理，不需要一个个地手动指定 IP 地址。但需要注意的是，DHCP 服务一般情况下只对网络中的动态主机（需要分配 IP 地址的客户端）使用。

三、DHCP 作用域

DHCP 作用域是指本地逻辑子网中可以使用的 IP 地址的集合，如 192.168.30.1 ~ 192.168.30.254。DHCP 服务器必须使用作用域中所定义的 IP 地址对 DHCP 客户端进行分配，因此，必须创建作用域才能使 DHCP 服务器分配 IP 地址给 DHCP 客户端。DHCP 作用域也被称为地址池。

四、DHCP 租约

DHCP 租约就是客户端向 DHCP 服务器获取动态 IP 地址的有效期。

五、WINS

WINS 是 Windows Internet Name Server（Windows 网际名字服务）的简称，是微软公司所开发的域名服务系统。WINS 目前使用非常少，所以不做详细的介绍。

六、.NET 运行库

.NET 运行库用于构建多种应用的免费开源开发平台，可以使用 C#、F# 或 Visual Basic 编写 .NET 应用。由于操作系统中很多应用需要 .NET 运行库支持，所以一般情况下都会安装此运行库。

开始配置动态主机前，需要将服务器的 IP 地址、子网掩码、默认网关等配置成静态。实施过程中需要服务器访问互联网，如局域网环境中无法访问互联网，则需要挂载 Windows Server 2016 系统镜像（ISO）才能完成安装。

（1）在服务器（安装了 Windows Server 2016 服务器操作系统）上的“开始”菜单中单击运行“服务器管理器”。

（2）在服务器管理器界面中单击右上角的“管理”，在下拉菜单中单击“添加角色和功能”，如图 9-21 所示。

图 9-21　服务器管理器界面

（3）在添加角色和功能向导界面中选择“开始之前”，单击“下一步”按钮，如图 9-22 所示。

（4）在添加角色和功能向导界面中选择“安装类型”，单击“下一步”按钮，如图 9-23 所示。

（5）在添加角色和功能向导界面中选择“服务器选择”，单击“下一步”按钮，如图 9-24 所示。

（6）在添加角色和功能向导界面中选择“服务器角色”，勾选“DHCP 服务器”复选框，并单击“下一步”按钮，如图 9-25 所示。

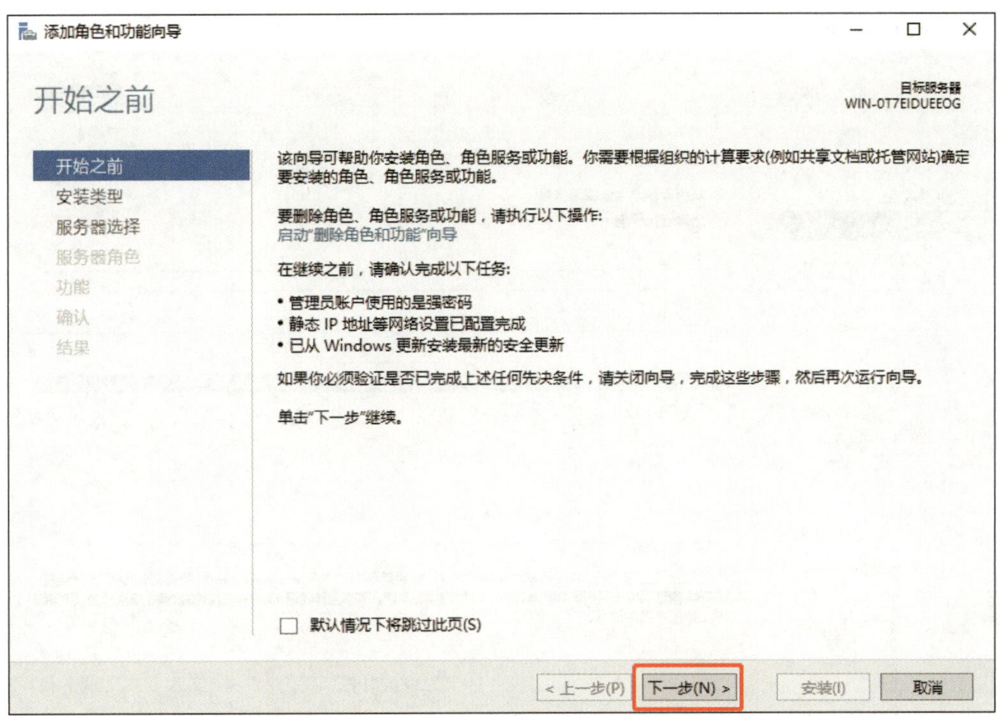

图 9-22　添加角色和功能向导——开始之前界面

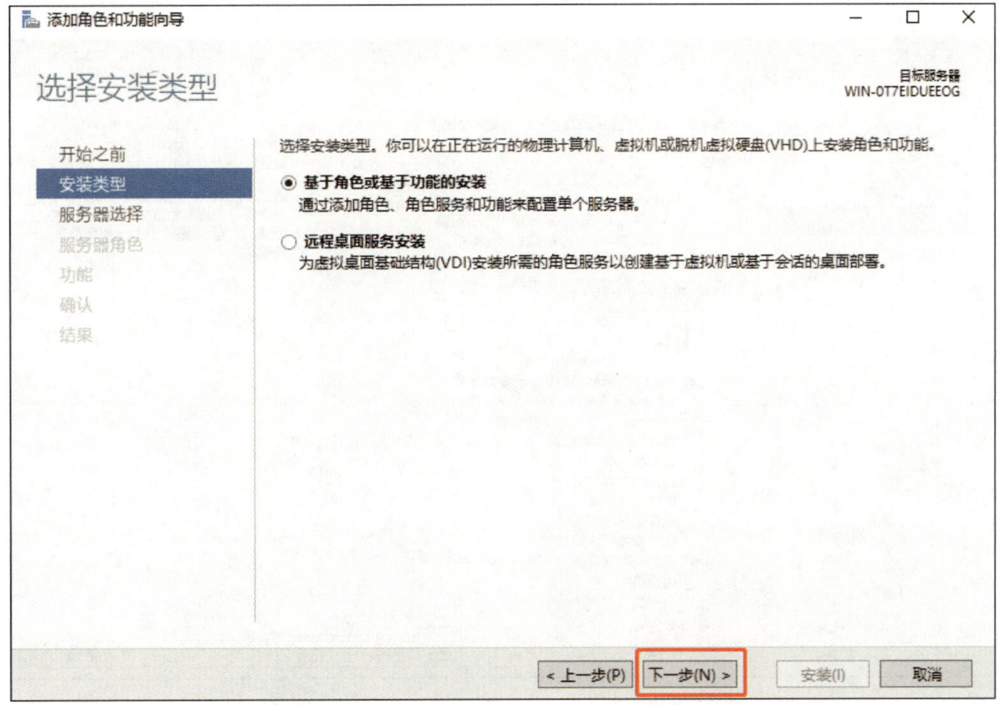

图 9-23　添加角色和功能向导——选择安装类型界面

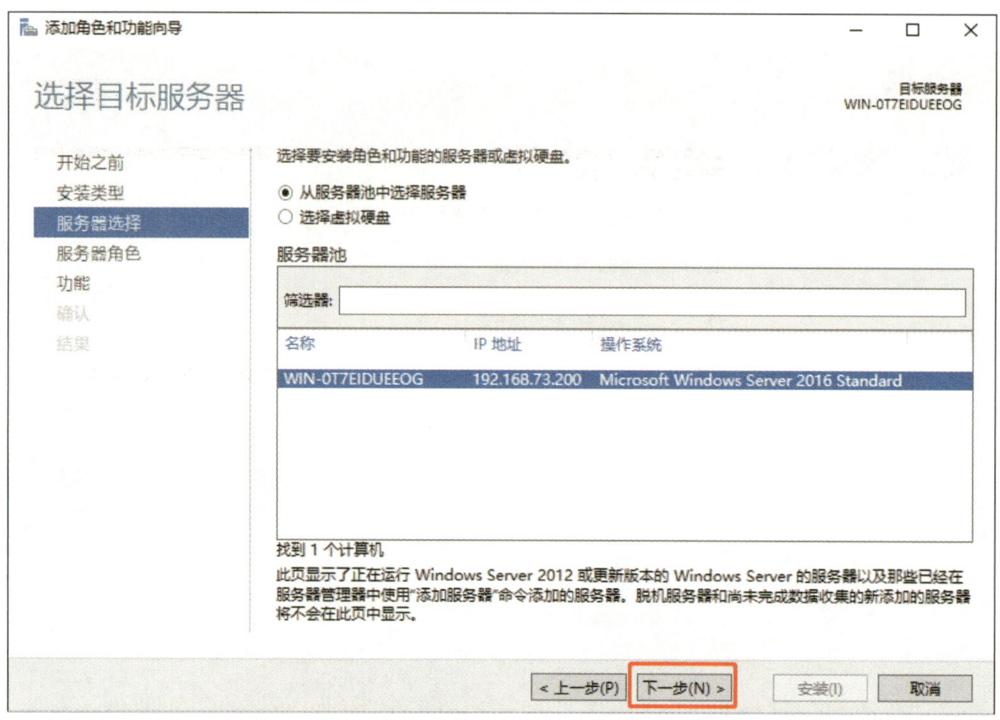

图 9-24　添加角色和功能向导——选择目标服务器界面

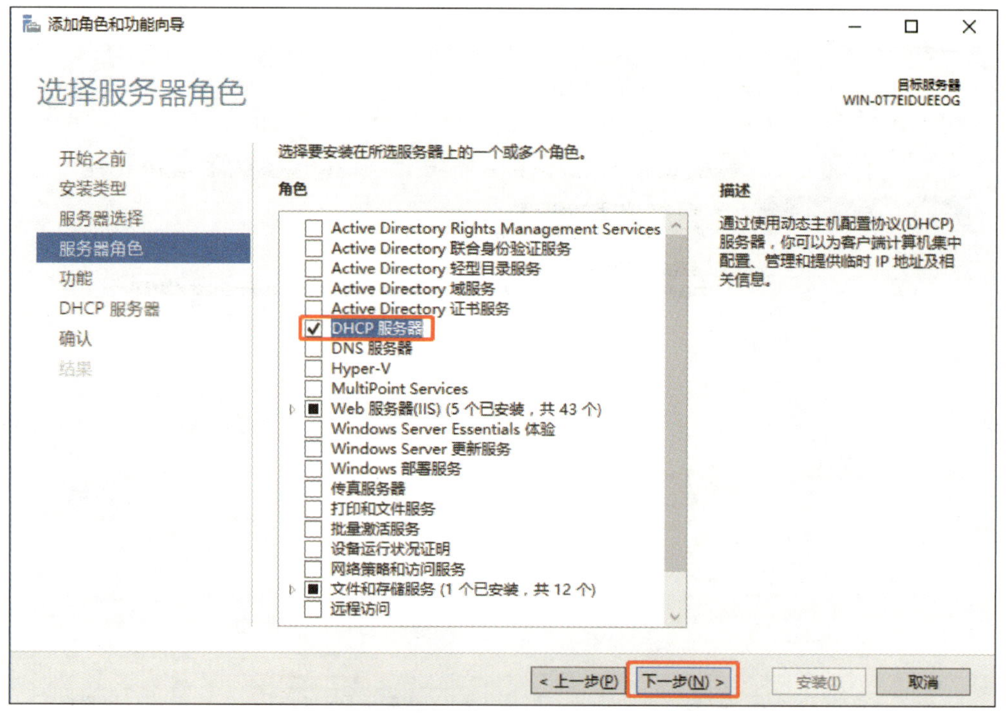

图 9-25　添加角色和功能向导——选择服务器角色界面

（7）在添加角色和功能向导界面中选择“功能”，如需要添加 .NET 功能可以勾选其复选框，单击“下一步”按钮，如图 9-26 所示。

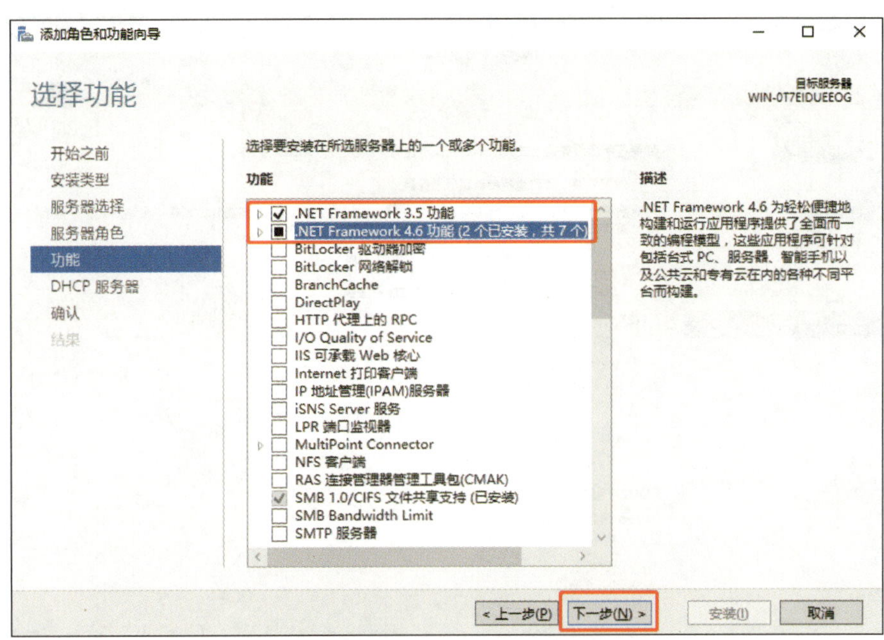

图 9-26 添加角色和功能向导——选择功能界面

（8）在添加角色和功能向导界面选择“DHCP 服务器”，单击“下一步”按钮，如图 9-27 所示。

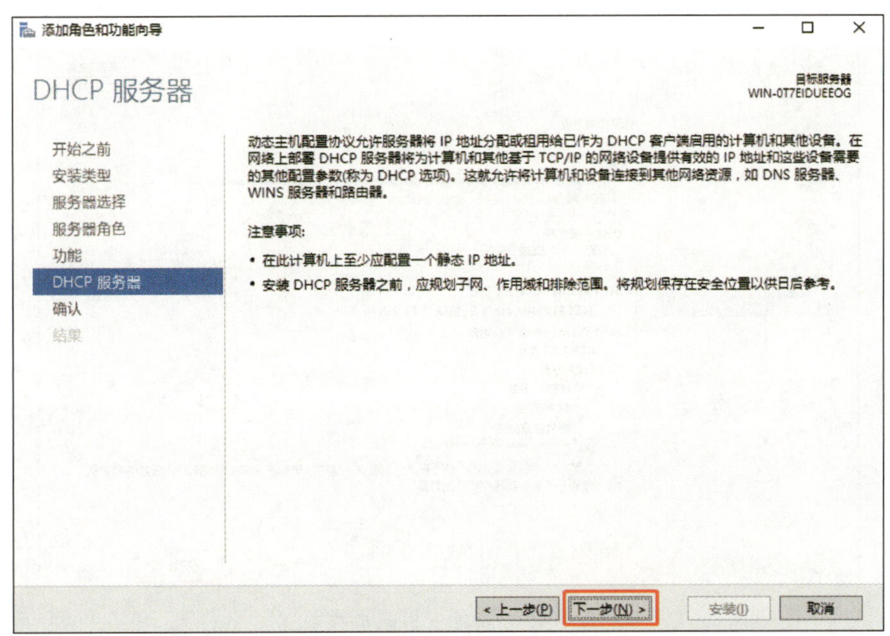

图 9-27 添加角色和功能向导——DHCP 服务器界面

（9）在添加角色和功能向导界面选择“确认”，单击“安装”按钮，如图 9-28 所示。

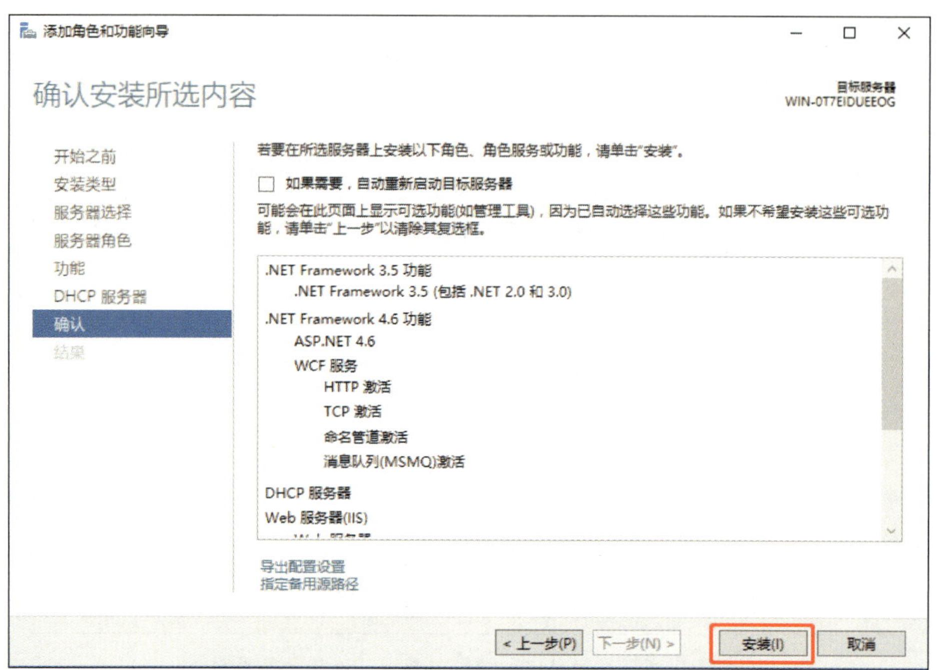

图 9-28　添加角色和功能向导——确认安装所选内容界面

（10）功能安装完成后单击“关闭”按钮即可，如图 9-29 所示。

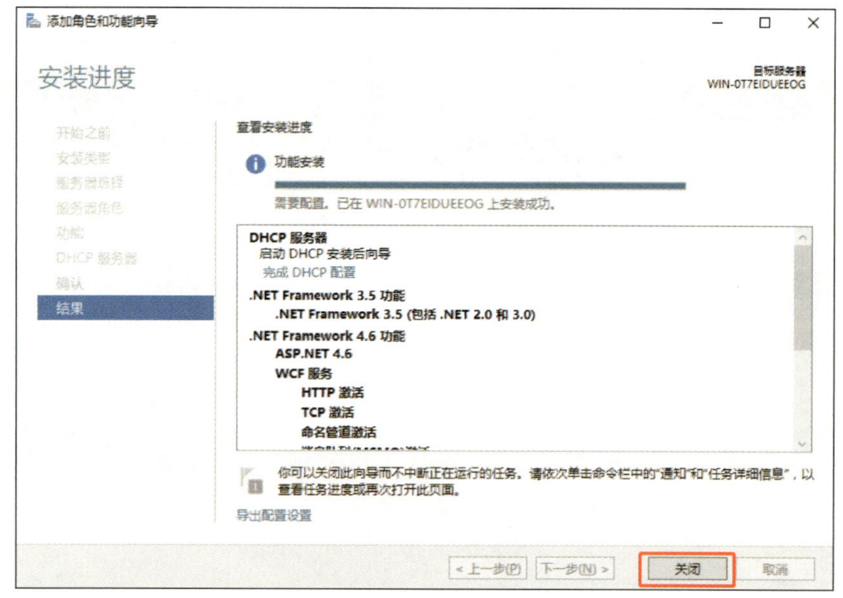

图 9-29　功能安装完成界面

提示

为保证 DHCP 服务器的配置与使用正常，建议在实验前关闭 Windows Server 2016 的系统防火墙，关闭方法参考项目五中的方法。

（11）在服务器管理器界面中单击右上角的“工具”，在下拉菜单中单击“DHCP”，如图 9-30 所示。

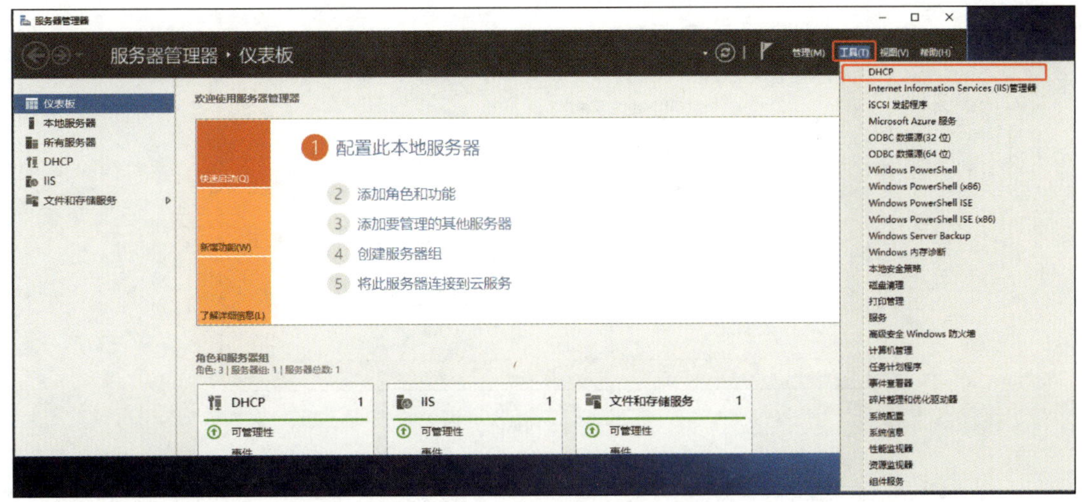

图 9-30　服务器管理器界面

（12）在 DHCP 界面中右键单击“IPv4”，在弹出的菜单中单击“新建作用域”，如图 9-31 所示。

（13）在新建作用域向导界面中单击“下一步”按钮，如图 9-32 所示。

（14）在作用域名称界面中输入名称和描述，可以随意填写，方便识别即可，输入完毕单击“下一步”按钮，如图 9-33 所示。

（15）在 IP 地址范围界面中输入起始 IP 地址和结束 IP 地址（填写的 IP 地址必须和 DHCP 服务器静态 IP 地址属于相同网段），长度与子网掩码会根据 IP 地址的类别自动生成，填写完毕单击“下一步”按钮，如图 9-34 所示。

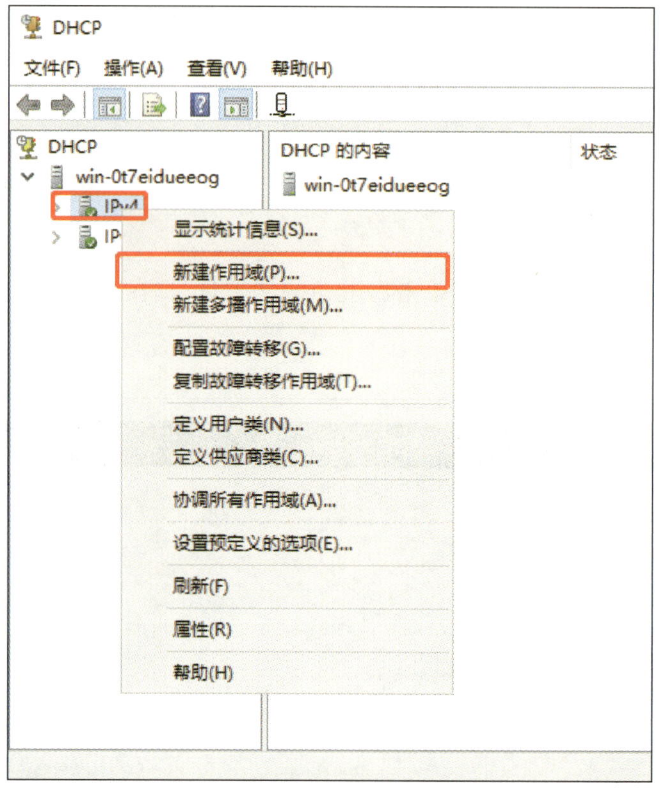

图 9-31 DHCP 界面

图 9-32 新建作用域向导界面

新建作用域向导
作用域名称
你必须提供一个用于识别的作用域名称。你还可以提供一个描述(可选)。
键入此作用域的名称和描述。此信息可帮助你快速识别该作用域在网络中的使用方式。
名称(A):
Test
描述(D):
Test
< 上一步(B)
下一步(N) >
取消

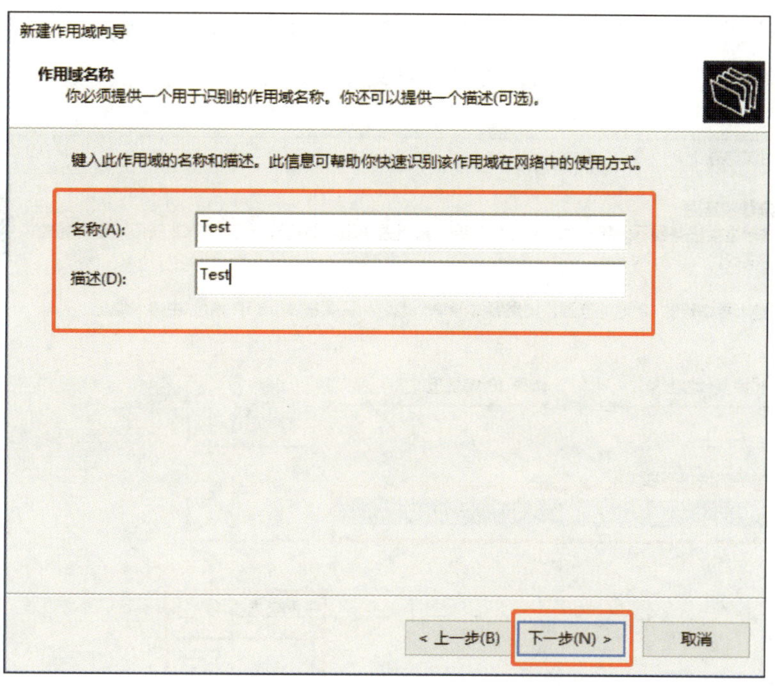

图 9-33　作用域名称界面

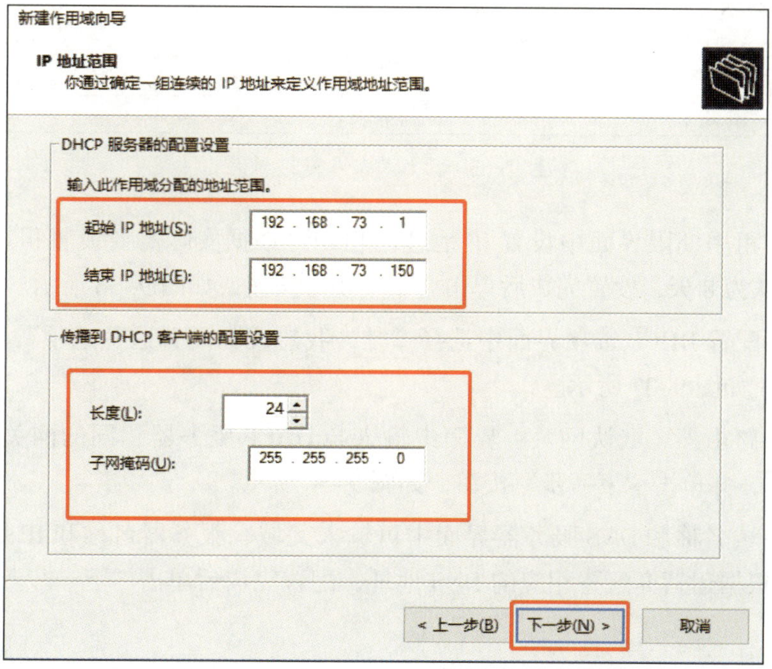

新建作用域向导
IP 地址范围
你通过确定一组连续的 IP 地址来定义作用域地址范围。
DHCP 服务器的配置设置
输入此作用域分配的地址范围。
起始 IP 地址(S):
192 . 168 . 73 . 1
结束 IP 地址(E):
192 . 168 . 73 . 150
传播到 DHCP 客户端的配置设置
长度(L):
24
子网掩码(U):
255 . 255 . 255 . 0
< 上一步(B)
下一步(N) >
取消

图 9-34　IP 地址范围界面

（16）在添加排除和延迟界面中输入排除的地址范围或单个 IP 地址（若不需要排

除则不需要填写），填写完毕单击“添加”按钮，子网延迟一般情况下默认为 0 mm 即可，完成后单击“下一步”按钮，如图 9–35 所示。

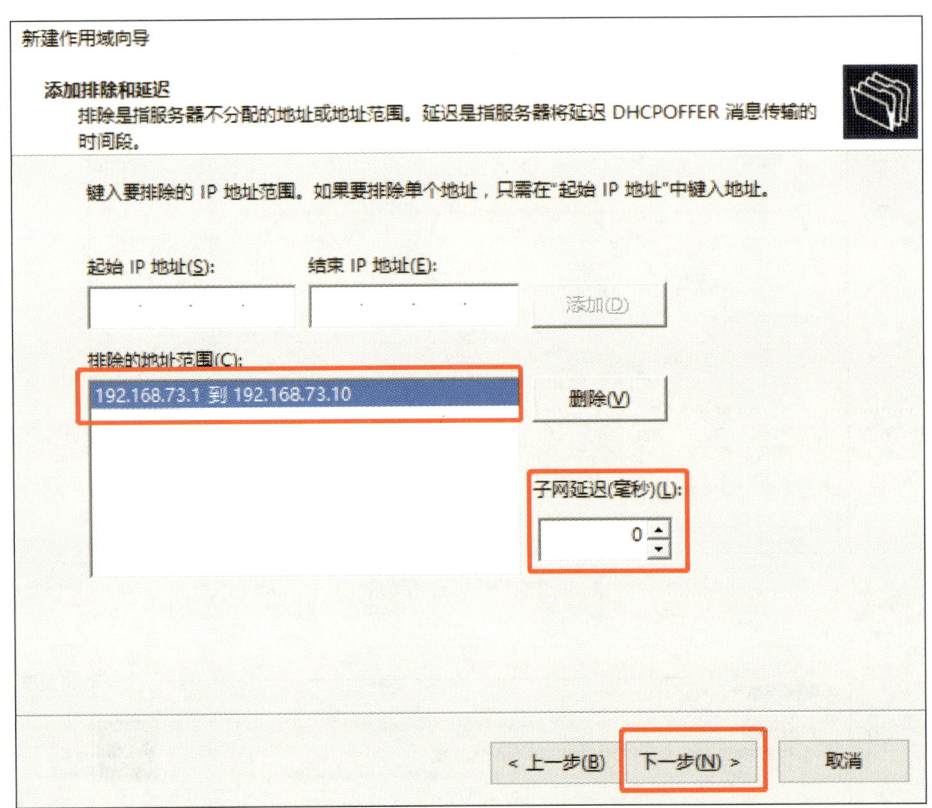

图 9–35　添加排除和延迟界面

（17）在租用期限界面中设置 IP 地址的租期，根据实际需要设置租期限制即可，租期限制默认为 8 天，设置完成后单击“下一步”按钮，如图 9–36 所示。

（18）在配置 DHCP 选项界面中选择“是，我想现在配置这些选项”，并单击“下一步”按钮，如图 9–37 所示。

（19）在路由器（默认网关）界面中输入与 DHCP 服务器相同的网关地址，单击“添加”按钮，并单击“下一步”按钮，如图 9–38 所示。

（20）在域名称和 DNS 服务器界面中可输入父域、服务器名称和 IP 地址等信息，一般情况下根据运营商配置相应的 DNS 地址，配置完成后单击“下一步”按钮，如图 9–39 所示。

（21）在 WINS 服务器界面一般不需要进行配置（因为 WINS 现在基本不使用），直接单击“下一步”按钮即可。

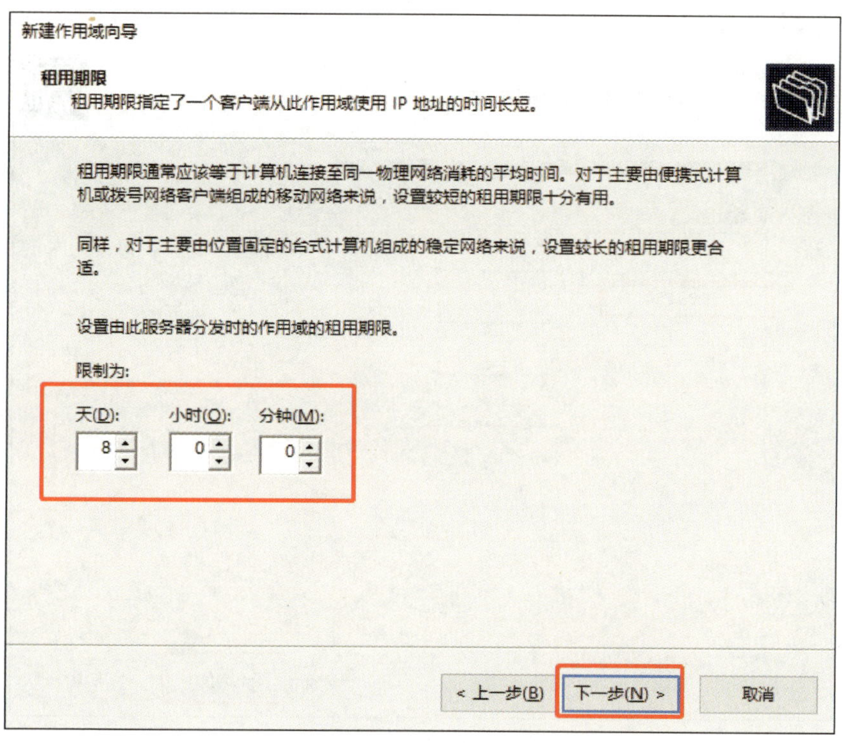

图 9-36　租用期限界面

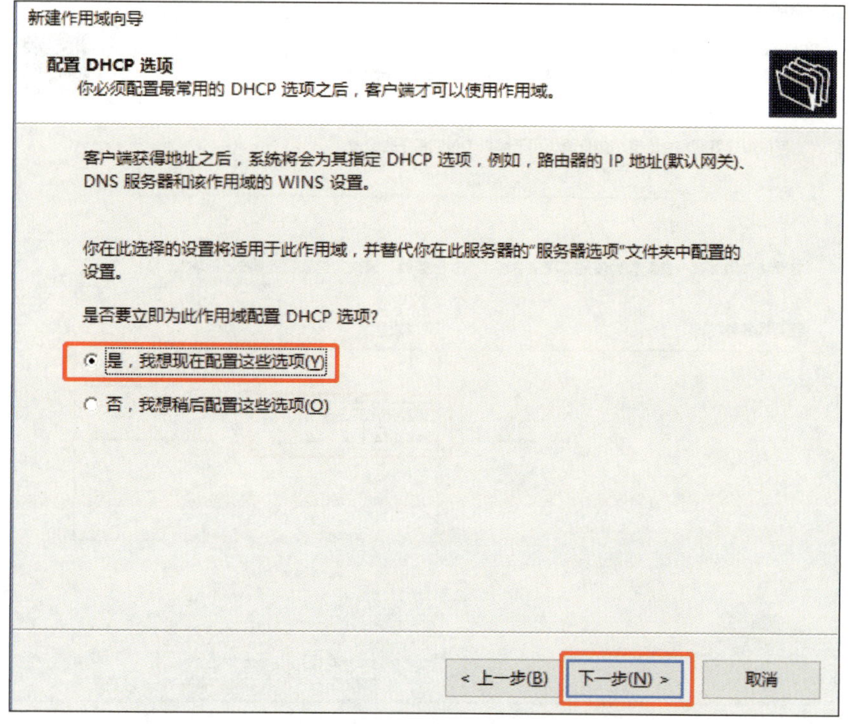

图 9-37　配置 DHCP 选项界面

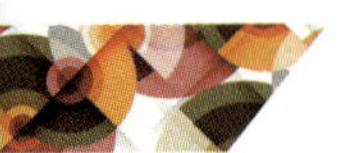

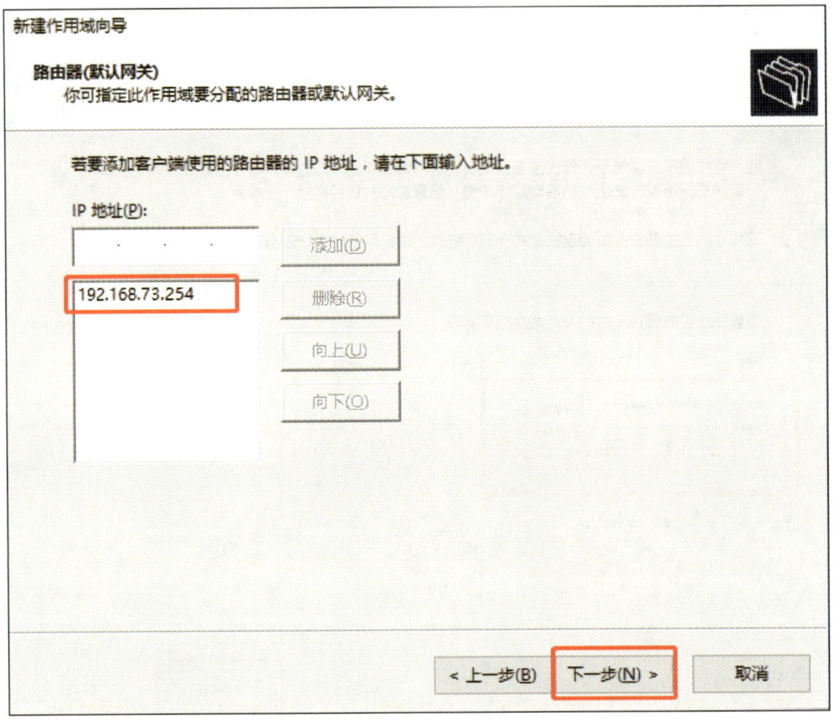

新建作用域向导
路由器(默认网关)
你可指定此作用域要分配的路由器或默认网关。
若要添加客户端使用的路由器的 IP 地址，请在下面输入地址。
IP 地址(P):
添加(D)
192.168.73.254
删除(R)
向上(U)
向下(O)
< 上一步(B)
下一步(N) >
取消

图 9-38　路由器（默认网关）界面

新建作用域向导
域名称和 DNS 服务器
域名系统 (DNS) 映射并转换网络上的客户端计算机使用的域名称。
你可以指定要网络中的客户端计算机用于解析 DNS 名称的父域。
父域(M):
若要将作用域客户端配置为使用你网络中的 DNS 服务器，请输入这些服务器的 IP 地址。
服务器名称(S):
IP 地址(P):
添加(D)
解析(E)
202.96.128.86
114.114.114.114
删除(R)
向上(U)
向下(O)
< 上一步(B)
下一步(N) >
取消

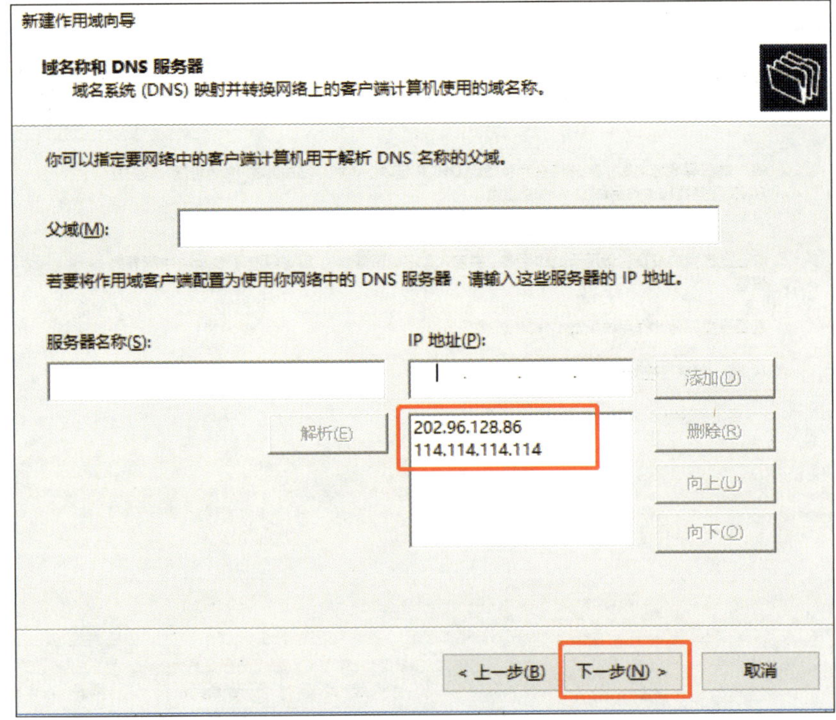

图 9-39　域名称和 DNS 服务器界面

（22）在激活作用域界面中选择“是，我想现在激活此作用域”，并单击“下一步”按钮，如图 9-40 所示。

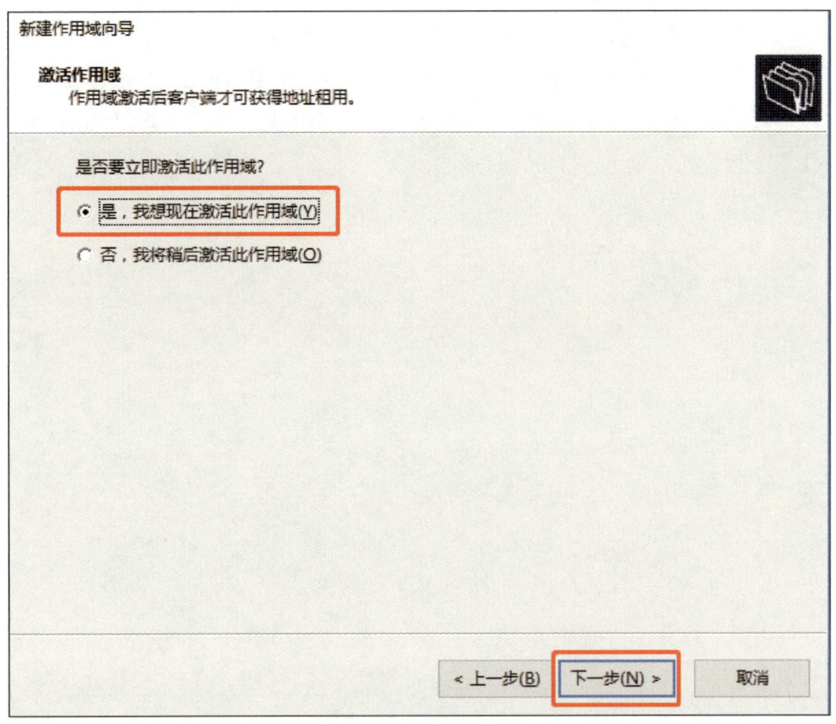

图 9-40　激活作用域界面

（23）在正在完成新建作用域向导界面中单击“完成”按钮。

（24）在 IPv4 作用域界面中可配置作用域的激活与停用，如图 9-41 所示。

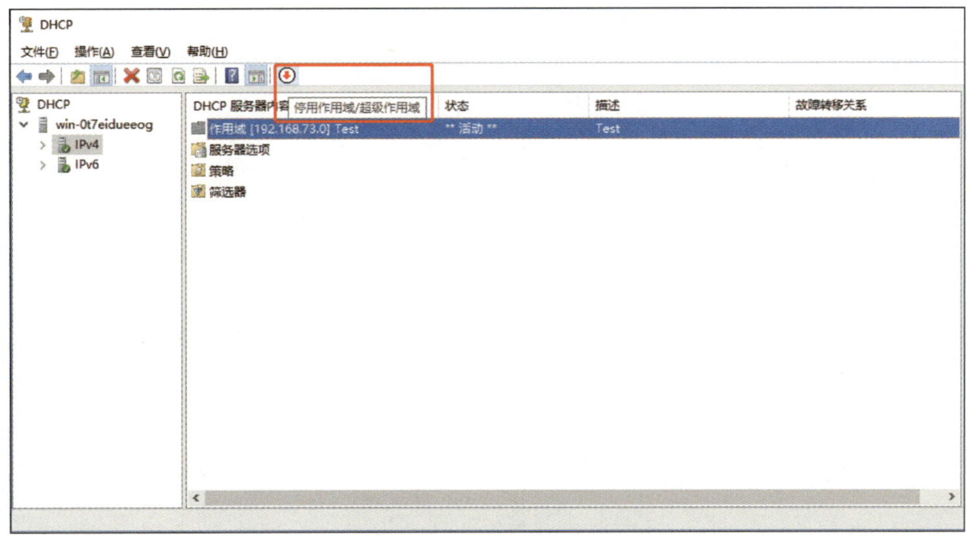

图 9-41　IPv4 作用域界面

提示

此实验在同一个局域网内必须分组分时段进行，如果在一个网段内同时激活一个以上作用域，会导致IP地址冲突甚至出现网络风暴。在一个小组激活作用域进行实验时，其余小组的作用域必须停用。

项目十
局域网服务器的架设

任务1　架设 Web 服务器

1. 了解 Web 的基本概念。
2. 掌握 Web 的工作原理。
3. 能使用 Cisco Packet Tracer 模拟 Web 服务器搭建。

在日常上网中人们会访问各种不同类型的网页，可大家有没有想过，网页看似虚拟，实际也需要实体地方来存放。网页上生动的内容其实都是文件，那这些文件存放在哪里？如何展示出来？这些问题的答案将在本次任务中一一揭晓！本任务的内容是在 Cisco Packet Tracer 中搭建实验拓扑，通过实验学习 Web 服务器的工作原理与使用。

一、Web 的定义与起源

Web 是一种分布式图形信息系统，基于超文本以及 HTTP，具有全球性、动态交互、跨平台等特点。Web 是一种建立在 Internet 上的网络服务，使用者在 Internet 上查

找和浏览信息时，Web 提供了图形化、易访问、易操作的直观界面，其中的文档以及超链接将 Internet 上的信息节点组织成一个互为关联的网状结构。所以，Web 也直接被称为网页和网站，以及 WWW（world wide web）。

二、Web 的特点

Web 具有以下特点。

1. 图形化

Web 成为使用主流最重要的原因就是 Web 具有在一个页面上同时显示色彩丰富的图形以及文本的性能，在 Web 出现之前，Internet 上的信息只有文本形式，Web 具有将图形、音频、视频等元素集合于一体的特性。

2. 分布式

图形、音频、视频信息通常会占用非常大的磁盘空间，而且用户无法预知信息量的大小，但是对于 Web 来说，完全没有必要将所有信息都堆放在一个地方，不同类型的信息可以存放在不同的站点上，用户只需要在浏览器中选中这个站点即可。

3. 动态

每个 Web 站点都包含站点本身的信息，信息的提供者经常会对站点上的信息进行更新，如新闻网站的头条、游戏官网的动态等。通常每个信息站点都尽可能保证信息的实效性，所以 Web 站点上的信息都是动态的、实时更新的，更新工作由信息的提供者或站点的运维人员负责。

4. 交互性

Web 的交互性最突出的表现就是超链接，用户浏览网页的顺序以及所到的站点完全由用户自己决定。简单来说，当用户单击一个链接时跳转到一个新页面的过程便体现了交互性。

5. 不受平台限制

除了 Windows 系统平台，还存在某些必须使用 Linux 系统平台、UNIX 系统平台的环境，但无论用户使用哪种系统平台，都可以使用浏览器访问 Web，如 Microsoft 的 Internet Explorer、Google 的 Chrome、360 的 360 极速浏览器等。

三、超文本传输协议

1. 超文本传输协议的定义

超文本传输协议通常被简称为 HTTP，是一个简单的“请求－响应”协议，HTTP 通常运行在 TCP 之上，指定了客户端可能会发送给服务器什么形式的请求以及会得到什么形式的响应。

2. 超文本传输协议的应用场景

HTTP 发布初期主要的作用是针对 Web 端的内容获取，网页内容较为单一，排版也不美观，用户几乎不存在交互场景。随着科技与时代的进步以及 Web 2.0 的诞生，更多的元素（图片、音频、视频）开始被 Web 所展示，页面排版也变得更精美，许多复杂的交互也被引入。用户打开一个网站所加载的总数据量以及请求的数量也在不断增加。

3. 超文本传输协议的工作过程

HTTP 是基于客户端 / 服务器结构的，并且是面向连接的，典型的 HTTP 工作有以下过程。

（1）客户端与服务器建立连接。

（2）客户端向服务器提出请求。

（3）服务器接受请求，并根据请求返回相应的文件作为响应。

（4）客户端与服务器断开连接。

提示

HTTPS 就是带安全套接字层的 HTTP（也就是安全性更高的 HTTP）。

四、Web（WWW）的工作过程

当用户使用浏览器访问某一个网页时，其实也是客户端访问服务器的过程，客户端是在 Internet 上使用浏览器向 Web 文档发送请求的站点，服务器是指保存 Web 信息的计算机。Web 利用 HTTP 允许用户在客户端上发出请求，在服务器与浏览器之间传输超媒体信息，浏览器的作用则是把服务器传回的超媒体信息经过解析后，把从 Web 获取的内容展现在用户面前。

五、URL

URL（uniform resource locator）的中文名称为统一资源定位符，是用于标识网络上的资源位置的地址，URL 是标准的编址机制，用于在 Web 上任何地方检索文件。URL 一般包括所使用的传输协议、服务器名称、文件路径名称等。

六、IIS

IIS（internet information services）的中文名称为互联网信息服务，是微软公司提供的基于 Windows 系统平台的 Internet 基本服务，其中包含了 Web 服务器、Gopher 服务器以及 FTP 服务器的服务。用户可以通过 IIS 创建并发布网页，并且可以通过使用 ASP、Java、Vbscript 等插件实现功能的扩展。

（1）根据实验拓扑图（见图 10–1）为客户机与服务器配置 IP 地址（因为交换机是连接相同网络的设备，所以客户机与服务器必须处在同一网络内，具体配置方法参考项目四）。

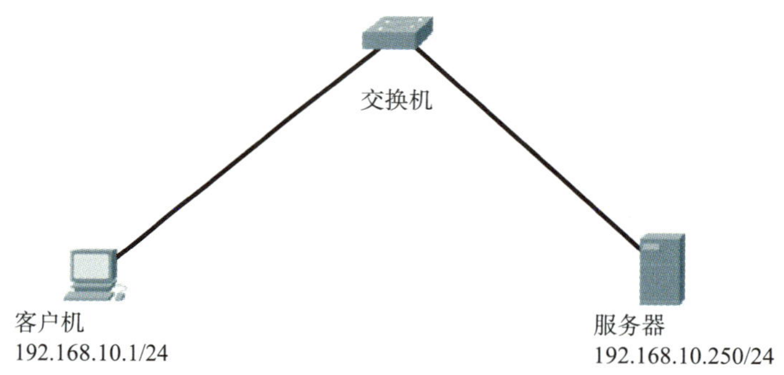

图 10–1　实验拓扑图

（2）在 Server 中开启 Web 服务的操作步骤如图 10–2 所示。

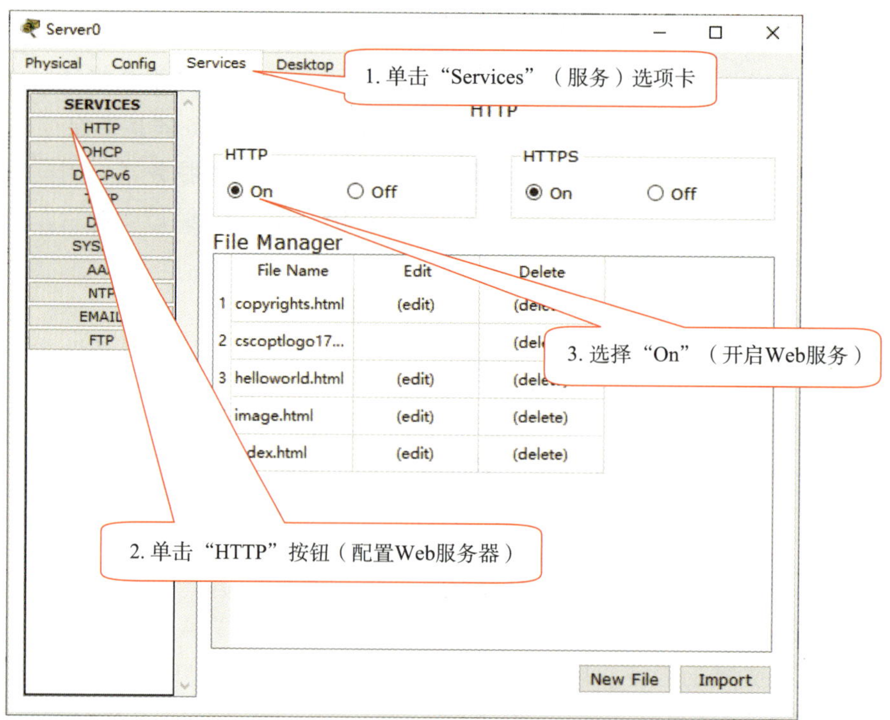

图 10–2　在 Server 中开启 Web 服务

（3）在 PC 配置界面中单击“Web Browser”打开浏览器，如图 10–3 所示。

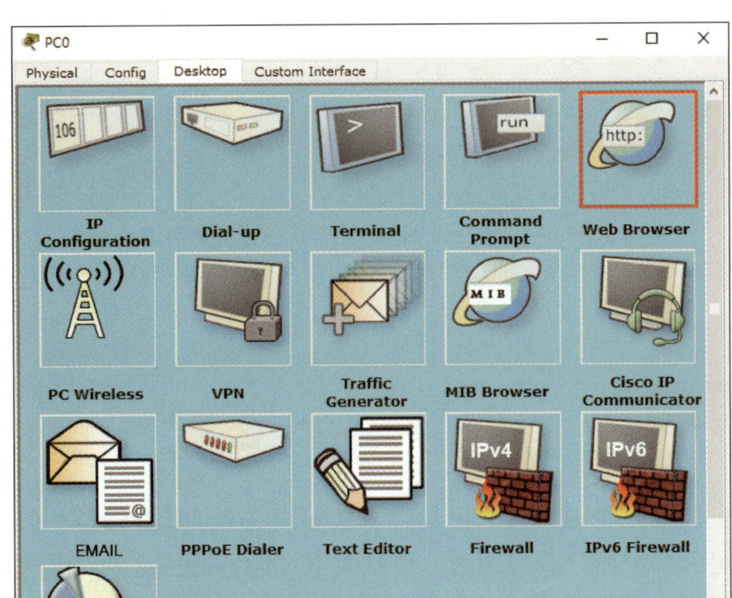

图 10–3　PC 配置界面

（4）在 PC 网页浏览器界面中的 URL 处输入服务器的 IP 地址，并单击“Go”按钮，当显示出图 10–4 所示的界面时，表示成功访问服务器。

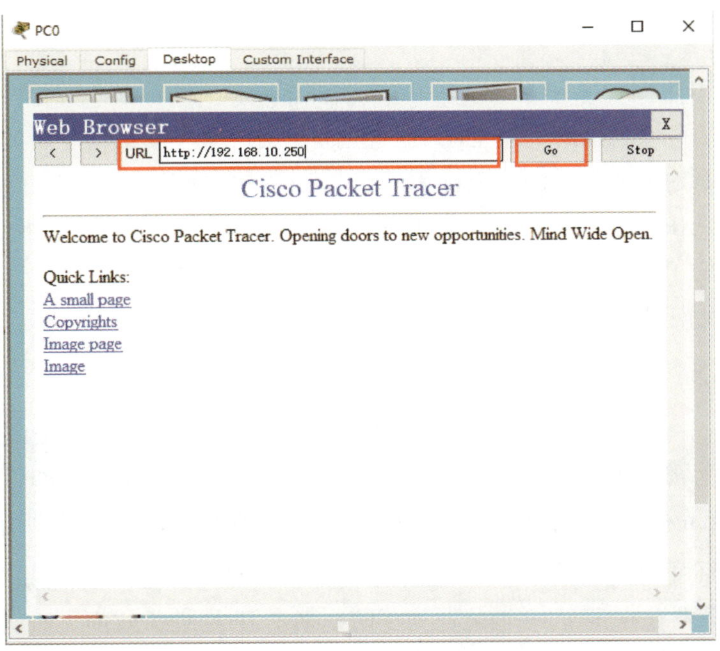

图 10–4　PC 网页浏览器界面

任务 2　架设 DNS 服务器

1. 了解 DNS 服务器的基本概念。
2. 掌握 DNS 服务器的工作原理。
3. 能使用 Cisco Packet Tracer 模拟 DNS 服务器搭建。

大家日常生活中是否遇到过自己的计算机可以登录 QQ 和微信，但是打不开网页的情况？相信绝大部分用户都经历过，但是大家可能不清楚这到底是怎么回事。其实网络是没有问题的，但因为网页地址无法解析，所以无法打开网页，而 QQ 和微信不需要解析，所以可以登录。本任务的内容是在本项目任务 1 的实验拓扑基础上增加一台 DNS 服务器，并在 PC 浏览器中使用域名方式访问 Web 服务器上的网页。

一、域名解析

域名解析是将域名指向网站空间 IP 地址，让用户通过网站所注册的域名访问网站的一种服务。IP 地址通常是网络上标识站点所使用的数字地址，但为了方便用户记忆，采用域名来代替 IP 地址作为标识站点的地址。域名解析就是将域名转换为 IP 地址的过程，域名解析的工作通过 DNS 服务器完成，域名解析也被称为域名指向、域名配置、服务器设置、反向 IP 登记等。

二、DNS

在 Internet 中，用户主机的访问都是通过 IP 地址实现的，也就是说用户所访问的某个网站实际上就是访问某个网站的 Web 服务器上所发布的网页，如可以在命令提示符界面中使用 ping 命令检测出百度网页服务器的 IP 地址，如图 10–5 所示。

检测出的百度网页服务器的 IP 地址为 163.177.151.109（需要注意的是，很多大型网站的网页服务器存在多个 IP 地址，为了防止某个 IP 地址失效而无法访问，同时也为了对应不同的运营商，在不同环境中使用 ping 命令检测出的百度网页服务器的 IP 地址不一定相同）。用户直接在浏览器中输入“163.177.151.109”是可以直接访问到百度网页的，如图 10-6 所示。

```
命令提示符
Microsoft Windows [版本 10.0.18363.592]
(c) 2019 Microsoft Corporation。保留所有权利。

C:\Users\Administrator>ping www.baidu.com

正在 Ping www.a.shifen.com [163.177.151.109] 具有 32 字节的数据:
来自 163.177.151.109 的回复: 字节=32 时间=12ms TTL=55
来自 163.177.151.109 的回复: 字节=32 时间=12ms TTL=55
来自 163.177.151.109 的回复: 字节=32 时间=12ms TTL=55
来自 163.177.151.109 的回复: 字节=32 时间=12ms TTL=55

163.177.151.109 的 Ping 统计信息:
    数据包: 已发送 = 4，已接收 = 4，丢失 = 0 (0% 丢失)，
往返行程的估计时间(以毫秒为单位):
    最短 = 12ms，最长 = 12ms，平均 = 12ms

C:\Users\Administrator>_
```

图 10-5　命令提示符界面

图 10-6　浏览器界面

虽然通过输入 IP 地址可以直接访问网站，但 IP 地址为一串数字，没有规律性，在 Internet 中的网站数量也多得数不胜数，如果每个网站的 IP 地址都用一串数字来标识，对于用户来说是非常难记忆的，正因如此，DNS 就诞生了。

作为 Internet 中 IP 地址与域名相互映射的一个分布式数据库，DNS 可以使用户不再需要对 IP 数字串进行强制记忆，只需要记忆域名就可以方便地访问网站。正如刚才的案例：域名 www.baidu.com 所对应的 IP 地址是 163.177.151.109，在使用了 DNS 服务后，用户访问百度网站只需要输入“www.baidu.com”即可。

三、DNS 的工作原理

DNS 一般分为客户端和服务器，客户端会询问服务器某个网站的域名，服务器则必须回答此域名真正的 IP 地址，计算机本地的 DNS 通常会通过网络查询自己的资料库，如果自己的资料库没有该信息，则会向该 DNS 服务器上的资料库询问，在得到答

案后将 IP 地址反馈给客户端。DNS 服务器会根据不同的授权区域（zone），记录所属该网域中的各种资料，这些资料包括网域下的次网域名称及主机名称。

在每一个域名服务器中都有一个高速缓存（cache），作用是将其所在的域名服务器中可以查询出的域名及相对应的 IP 地址记录并保存起来，当有客户端到此服务器上查询相同域名时，服务器就可以直接在高速缓存中找出该域名记录资料反馈给客户端，而不需要通过其他服务器去寻找，这样可以大大加快客户端对域名查询的速度。

例如，DNS 客户端向指定的 DNS 服务器查询 Internet 上某台主机的名称，当 DNS 服务器在资料记录中查询不到用户所指定的域名时，会转向该服务器的高速缓存查询是否有该资料，当高速缓存也不存在此资料时，则会向离自己最近的域名服务器请求寻找该名称的 IP 地址，在另一台服务器上也会有相同动作的查询，当查询成功后会回复原本要求查询的服务器，该 DNS 服务器接收到另一台 DNS 服务器查询的结果反馈后，会先将所查询到的主机名称及对应 IP 地址记录到高速缓存中，最后再将所查询到的结果反馈给客户端。

四、DNS 服务器

在 Internet 中，所有主机使用的域名都有一个对应的 IP 地址，而能将域名转换为 IP 地址的服务器则被称为 DNS 服务器。

一个域名对应一个或多个 IP 地址，而一个 IP 地址不一定有域名。域名系统采用类似树形的等级结构。域名服务器为客户端 - 服务器模式中的服务器方，主要包含两种形式：主服务器和转发服务器。

以百度网站为例，它的其中一个 IP 地址是 163.177.151.109，但是用户要访问这台网站服务器上的网站时，并不需要使用这些复杂的数字，而是用输入域名 www.baidu.com 的方式来访问，www 表示的是“万维网”，baidu 则是“百度”的拼音，com 后缀表示的是“公司”，也就是说用户访问的是百度公司的万维网页面，当用户在浏览器中输入 www.baidu.com 的时候，DNS 服务器就会把 www.baidu.com 翻译为 163.177.151.109 进行访问。用户访问任何网站，都只需要记住这些网站有意义的名称就可以了，不需要对 IP 地址的数字进行记忆，翻译、转换这些工作都交给 DNS 服务器去完成即可。

五、DNS 的域名空间

DNS 的域名空间是指用于组织名称结构化的阶层式域空间，是一个分层逻辑树形结构，该结构就像一棵倒立的大树，树根在最上方，每个等级都可以代表树的一个分支，分支则是多个用于标志组命名的名字信息，用 DNS 服务器来管理域名，每台 DNS 服务器中都有一个数据库文件，其中包含了区域信息，以及命名方式和对名字的管理方式。

在 Internet 中，通常会将所有联网主机的名称空间划分为许多不同层次的域，域名逻辑图如图 10-7 所示。

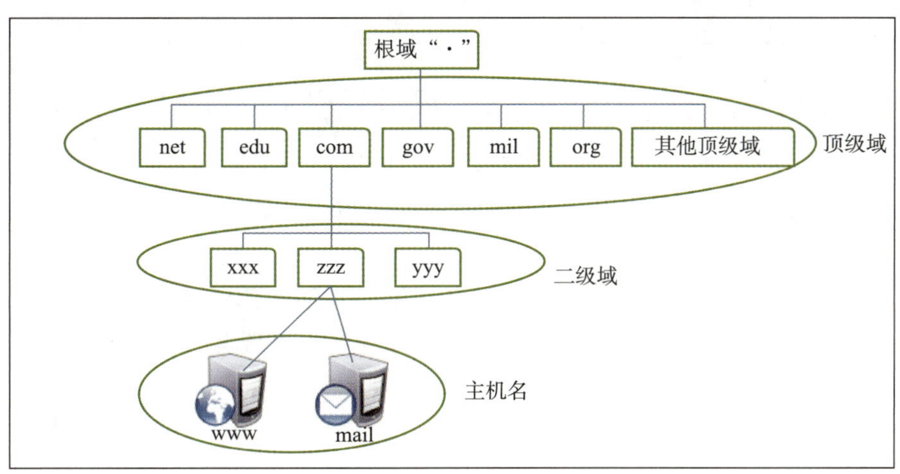

图 10-7　域名逻辑图

1. 根域

根（root）域是“.”（英文输入法中的句号），通常由 Internet 名称的注册授权机构管理，该机构会将域名空间各部分的管理责任分配给连接到 Internet 的各个组织。根域 DNS 服务器一般只负责处理一些顶级域名 DNS 服务器的解析请求，全球的 DNS 域名空间都由位于美国的 InterNIC 负责管理或者进行授权管理，根域服务器共有 13 台，分布于世界各大洲，并由 InterNIC 总管。

2. 顶级域

DNS 根域的下一级就是顶级域，由 Internet 名称的注册授权机构直接负责管理。

3. 二级域

二级域通常是从顶级域中划分出来的。

4. 主机名

主机名处于域名空间结构的最底层，主机名和域名结合成 FQDN（全限定域名），主机名是 FQDN 最左端的部分，如 111.222.com 中的 111 是主机名，222.com 则为 DNS 的后缀。用户在访问 Internet 上的 Web、FTP 等服务器时，通常使用 FQDN 进行访问，如 www.baidu.com。但是 FQDN 并不能真正定位目标服务器的物理地址，而是需要 DNS 服务器将 FQDN 解析成 IP 地址。

5. 域名划分

DNS 域名通常以组织的不同形式进行划分，较为常见的域名见表 10-1。

表 10-1　常见域名及所属组织

标识	组织	标识	组织	标识	组织
gov	政府组织	aero	航空业	edu	教育机构
org	其他组织	mil	军事部门	int	国际组织
com	商业组织	net	网络服务机构	name	个人
info	信息服务单位	biz	公司	coop	商业合作机构
pro	专业人士	museum	博物馆		

一般情况下，可以向提供域名注册服务的网站在线申请域名。例如，可以在中国网络信息中心的网站 http://www.cnnic.net.cn 中查看并注册域名。目前全世界三大网络信息中心在前文中已有介绍，此处不再赘述。

（1）在任务 1 的基础上添加一台 DNS 服务器，并配置 IP 地址，如图 10-8 所示。

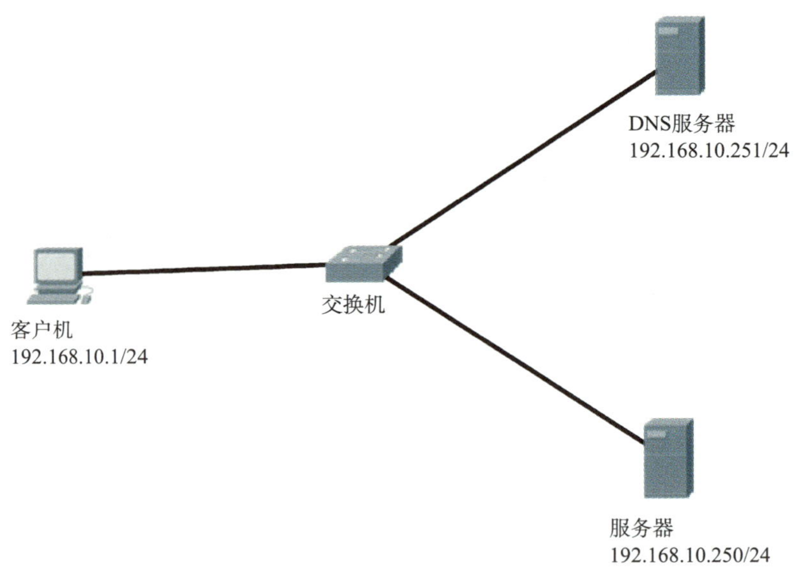

图 10-8　实验拓扑图

（2）DNS 服务器的配置界面如图 10-9 所示。

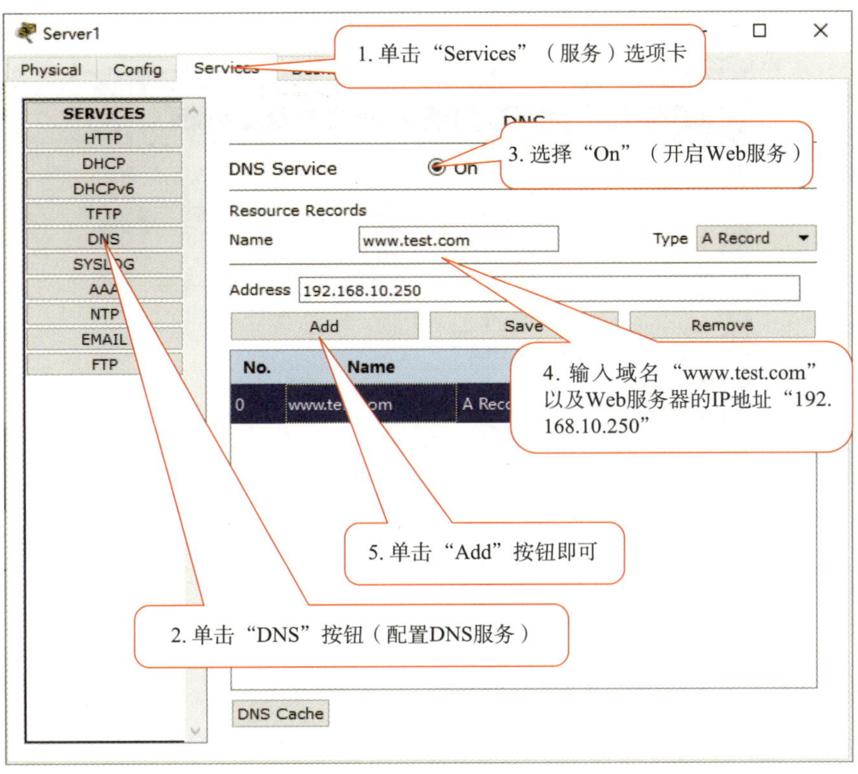

图 10-9　DNS 服务器的配置界面

（3）DNS 服务器配置完成后，在 PC 以及 Web 服务器的 IP 配置界面中填写 DNS 服务器的 IP 地址，如图 10-10、图 10-11 所示。

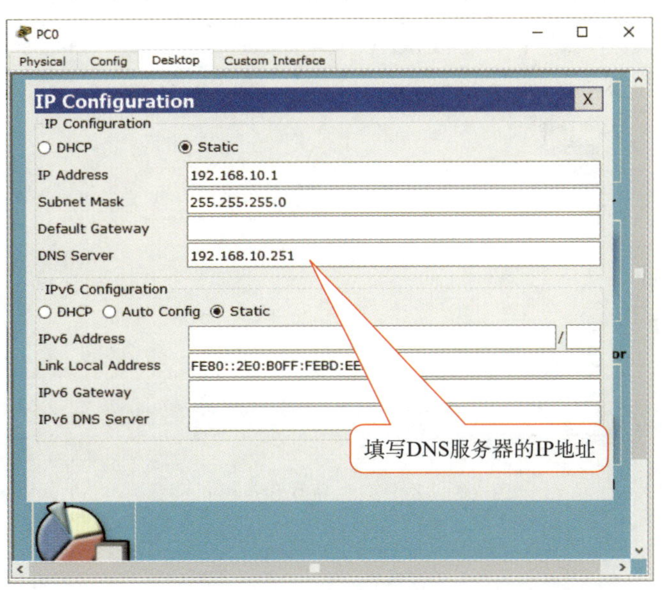

图 10-10　PC IP 配置界面

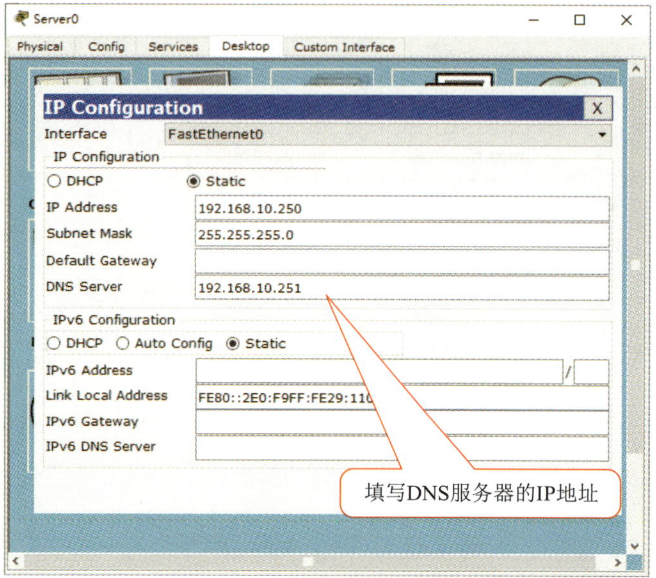

图 10-11　Web 服务器 IP 配置界面

（4）配置完成后，在 PC 的 Web Browser 中使用域名 www.test.com 访问 Web 服务器，能成功访问表示 DNS 服务器配置成功，可以顺利进行域名解析，如图 10-12 所示。

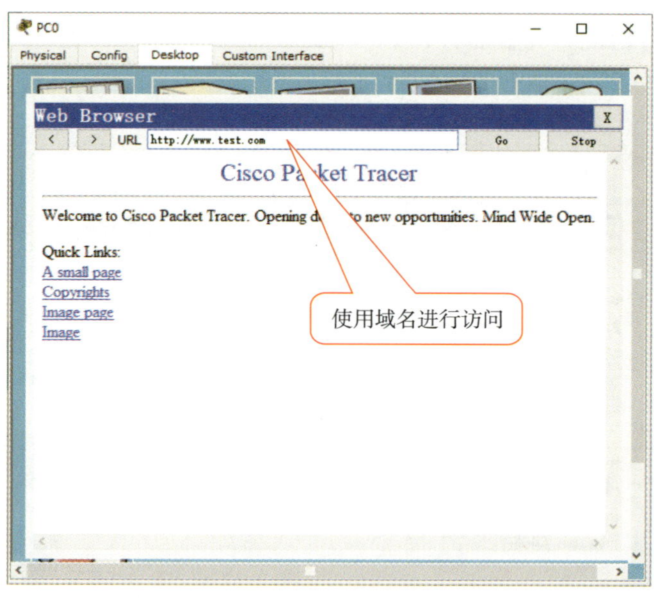

图 10-12　PC 的 Web Browser 界面

任务 3　架设邮件服务器

1. 了解邮件服务器的基本概念。
2. 掌握邮件服务器的工作原理。
3. 能使用 Cisco Packet Tracer 模拟邮件服务器搭建。

在日常生活中，用户与用户之间传输资料或文件的途径有很多种，其中必不可少的一个方式就是使用邮件，因为发送邮件是一种非常方便且实用的方式，无论是文字还是文件，邮件都可以完美地将资料送达。那么大家有没有想过，日常发送与接收的邮件到底是经过了怎样的过程呢？本次任务将使用 Cisco Packet Tracer 模拟搭建邮件服务器，并在 PC 端测试邮件的发送与接收功能。

一、邮件服务器的概念

邮件服务器是一种专门负责电子邮件收发以及管理的设备，比网络上常见的免费邮箱拥有更高安全性和效率，因此，邮件服务器一直是各种企业的必备设备之一。与传统邮件不同的是，电子邮件拥有传输速度快、易于分发、成本低廉的特点，并且如今的电子邮件内容可以包含超链接、HTML 格式文本、图片、声音甚至是视频数据。

邮件服务器与其他程序协同工作并组成被称作消息系统的内容，消息系统包含了所有必要的应用程序来确保电子邮件按照应有的路径传输。当用户使用电子邮件程序（如最常见的 Outlook）发送邮件时，系统将发送消息到邮件服务器，邮件服务器再将消息依次发送到另外的邮件服务器或同一服务器的数据保存区，之后再发送出去。

二、POPv3

POPv3（post office protocol version 3）的中文名称为邮局协议第 3 版，是 TCP/IP 协议族中的一员，并由 RFC1939 定义，POPv3 的主要作用是支持客户端对服务器上的电子邮件进行远程管理。

POP（post office protocol）通常支持“离线”邮件处理，具体过程是当邮件发送到服务器上时，客户端调用邮件客户端程序以连接服务器，并下载所有未读的电子邮件。这种离线访问模式实际上是一种存储转发服务，邮件从服务器端转发到个人终端上，一旦邮件发送到终端上，邮件服务器上的邮件就会被删除。但 POPv3 邮件服务器可以在下载邮件到个人终端的同时也在服务器端保留此邮件。

POPv3 的特性有以下几点。

- 默认端口：110 端口。
- 默认传输协议：TCP。
- 适用的架构：C/S 架构。
- 访问模式：离线访问。

三、SMTP

SMTP（简单邮件传送协议）是一个相对简单的文本协议，但可以提供可靠且有效的电子邮件传输，在其之上通常会指定一条信息的一个或多个接收者。SMTP 相当于是一个“推”的协议，但不允许在远程服务器中“拉”来消息。想要做到这一点，邮件客户端必须使用 POPv3 或 IMAP（因特网信息访问协议）。另一个 SMTP 服务器则可以使用 ETRN 命令在 SMTP 上触发一个发送。

SMTP 的工作过程有以下 3 个阶段。

1. 建立连接

在这个阶段，SMTP 客户端会请求与服务器的 25 端口建立一个 TCP 连接，一旦连接成功建立，SMTP 服务器和客户端就开始相互通告自己的域名，并同时确认对方的域名。

2. 传输邮件

利用指令，SMTP 客户端将邮件的源地址、目的地址以及邮件的具体内容传输到 SMTP 服务器，SMTP 服务器会进行相应的响应并接收邮件。

3. 释放连接

SMTP 客户端发送退出指令，SMTP 服务器在接收指令后进行响应，随后关闭 TCP 连接。

提示

邮件服务器存在一个规则：使用 SMTP 或 ESMTP（扩展 SMTP）发送电子邮件，使用 POPv3 或 IMAP 接收电子邮件。目前使用较多的发送和接收协议就是 SMTP 与 POPv3。

四、邮件服务器的工作原理

邮件服务器是电子邮件系统的核心部分，每个收件人都会有一个位于某个邮件服务器上的邮箱。例如，A（收件人）的邮箱用于管理其已经接收的邮件消息。一个邮件消息的旅程是由发件人的用户代理开始，从发件人的邮件服务器中转到收件人的邮件服务器，最后投递到收件人的邮箱中，当 A 需要查看自己邮箱中的邮件消息时，存放该邮箱的邮件服务器将认证 A 提供的用户名及口令。此外，B（发件人）的邮件服务器还得处理 A 的邮件服务器故障的情况，如果 B 的邮件服务器无法把邮件消息立即转发到 A 的邮件服务器，B 的服务器就把邮件消息存放在消息队列中，过后再尝试转发，转发尝试通常 30 min 执行一次，但如果超过了规定时间仍未转发成功，该服务器就将这个消息从消息队列中去除，同时以另一个邮件消息通知发件人（即 B）。邮件服务器的工作原理图如图 10-13 所示。

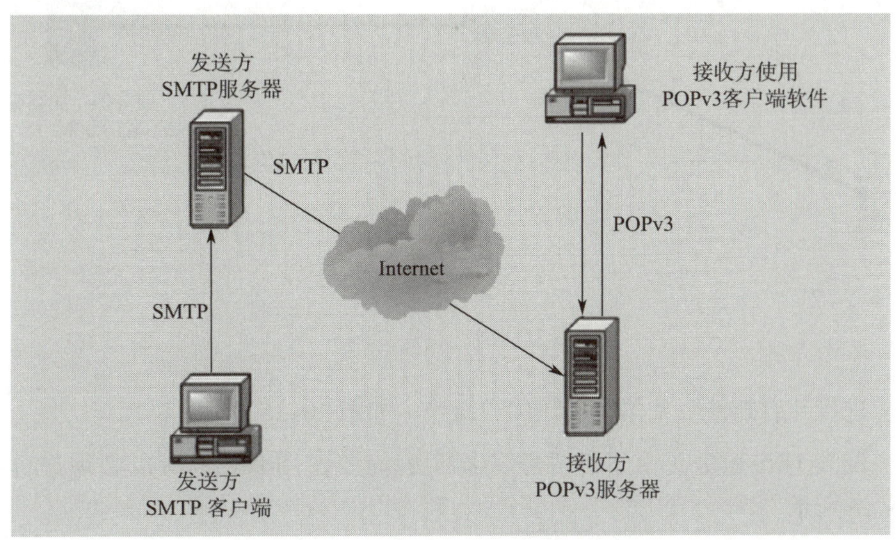

图 10-13　邮件服务器的工作原理图

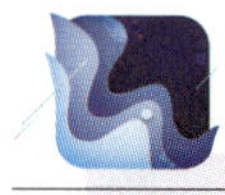

提示

在不同区域内，SMTP 服务器与 POPv3 服务器是分开的，但是如果在同一局域网内（如公司内部、学校内部等），SMTP 与 POPv3 可以同时在一台服务器上实现。

任务实施

（1）本次实验的拓扑及 IP 地址如图 10–14 所示（服务器同时作为邮件服务器与 DNS 服务器，所以必须在客户机及服务器的 DNS 服务器处填写服务器 IP 地址）。

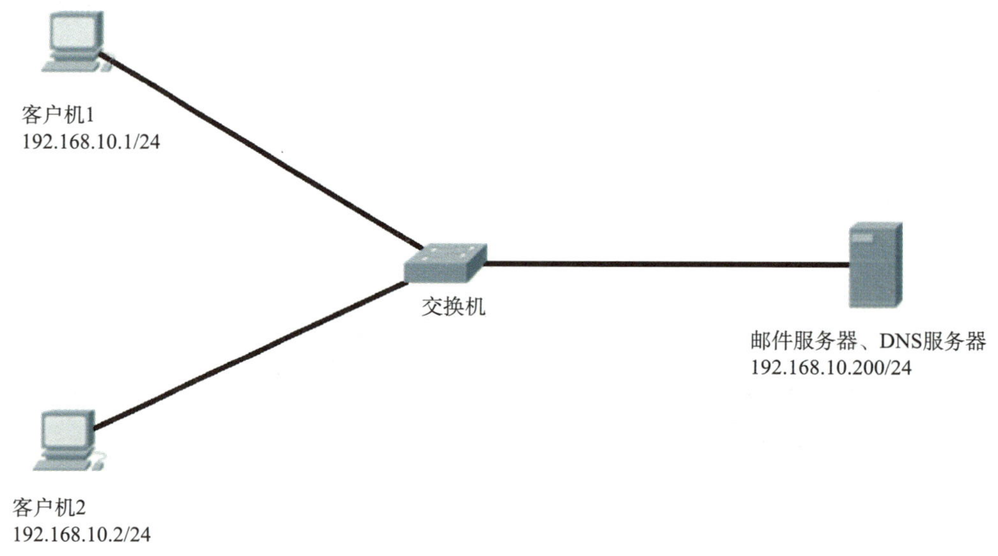

图 10–14　实验拓扑图

（2）进行开启邮件服务器及创建用户操作，如图 10–15 所示。

（3）配置 DNS 服务（由于邮件服务器实验需要使用 DNS，所以必须进行配置），如图 10–16 所示。

（4）在客户机 1 与客户机 2 中开启 EMAIL 界面，如图 10–17 所示。

（5）在 Configure Mail 界面中填写用户信息并保存，如图 10–18、图 10–19 所示。

（6）使用客户机 1 发送邮件，如图 10–20、图 10–21 所示。

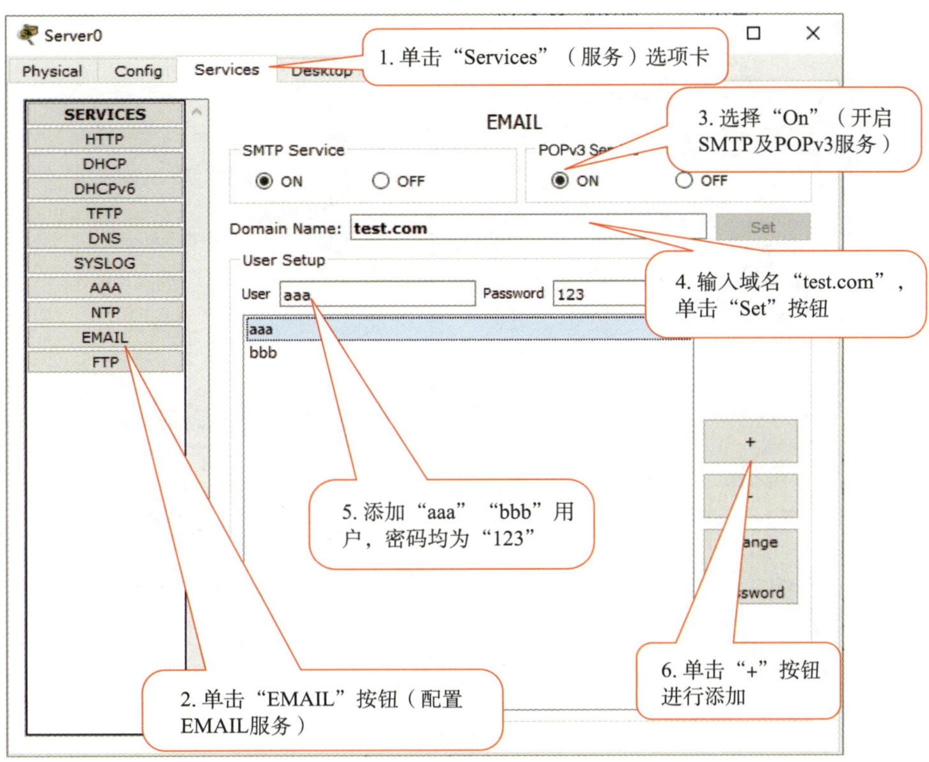

图 10-15　EMAIL 服务配置界面

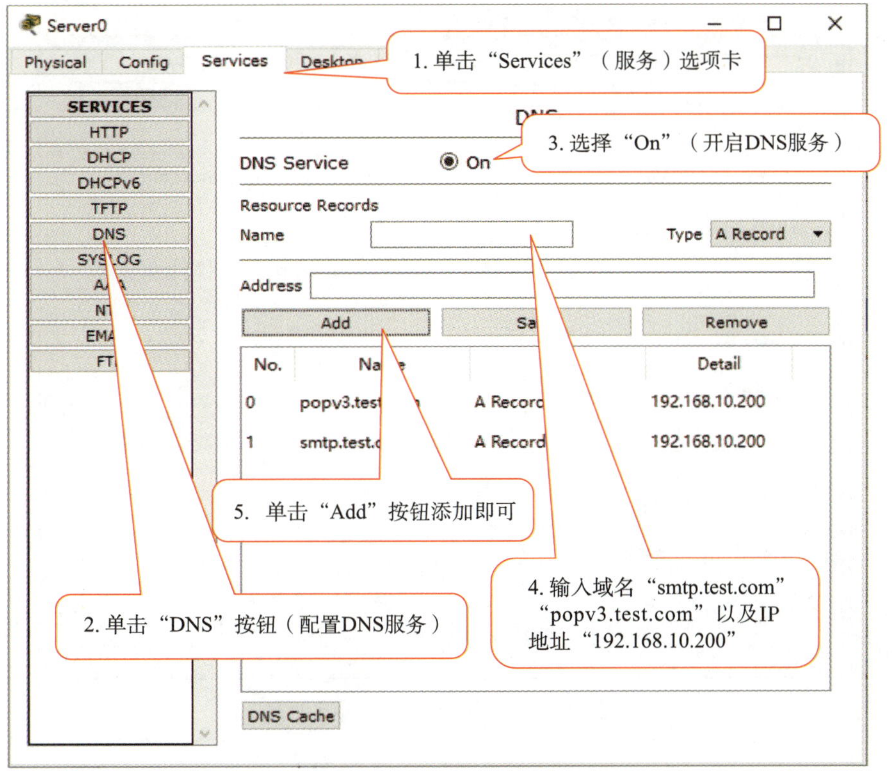

图 10-16　DNS 服务配置界面

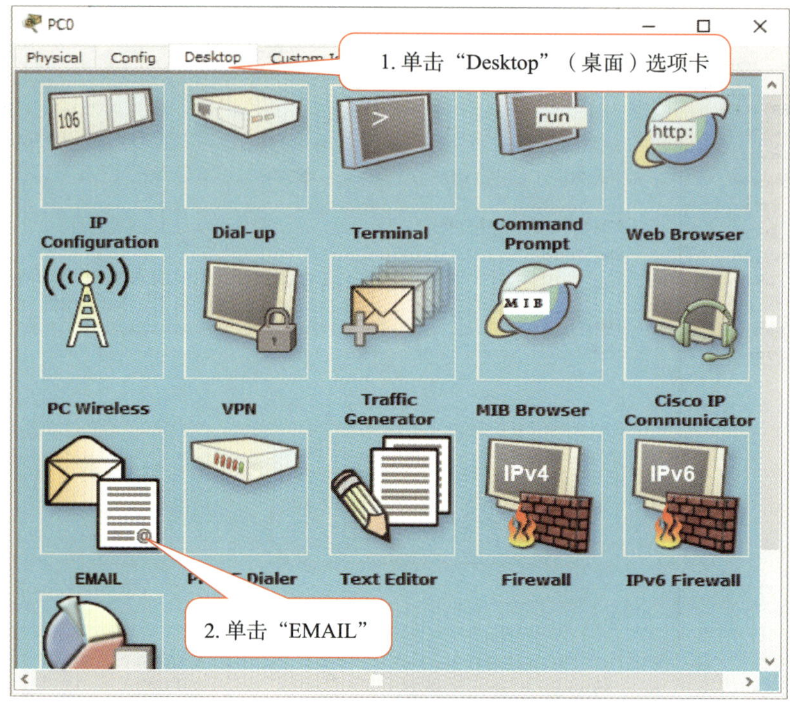

图 10-17　在客户机中开启 EMAIL 界面

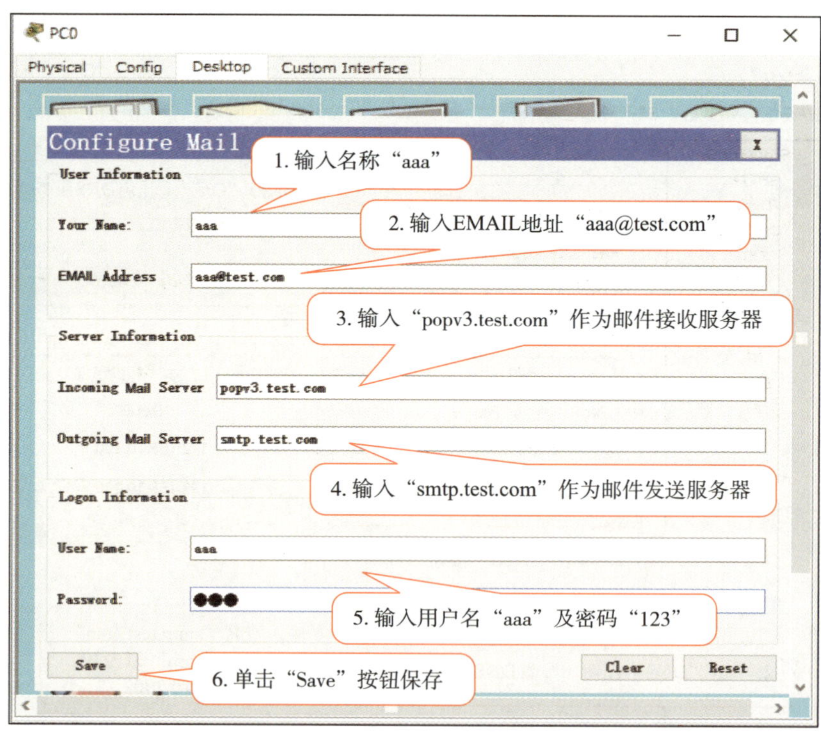

图 10-18　客户机 1 配置邮件用户界面

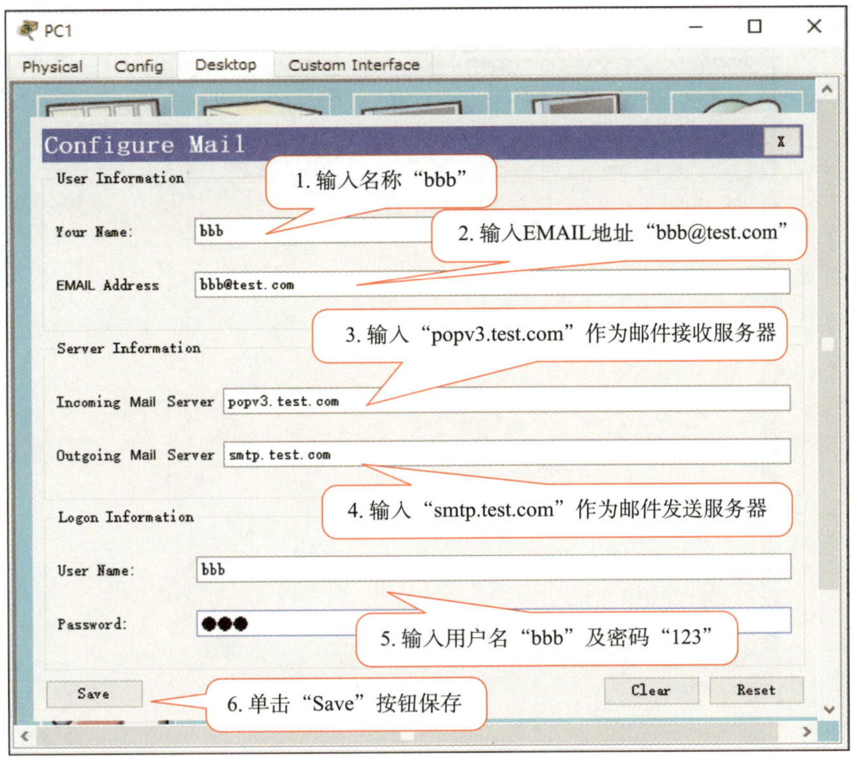

图 10-19　客户机 2 配置邮件用户界面

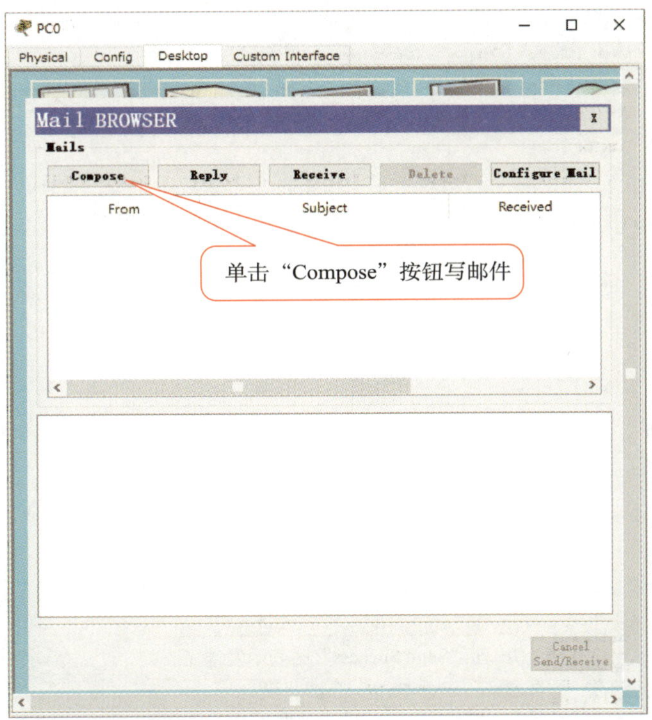

图 10-20　客户机 1 电子邮件界面

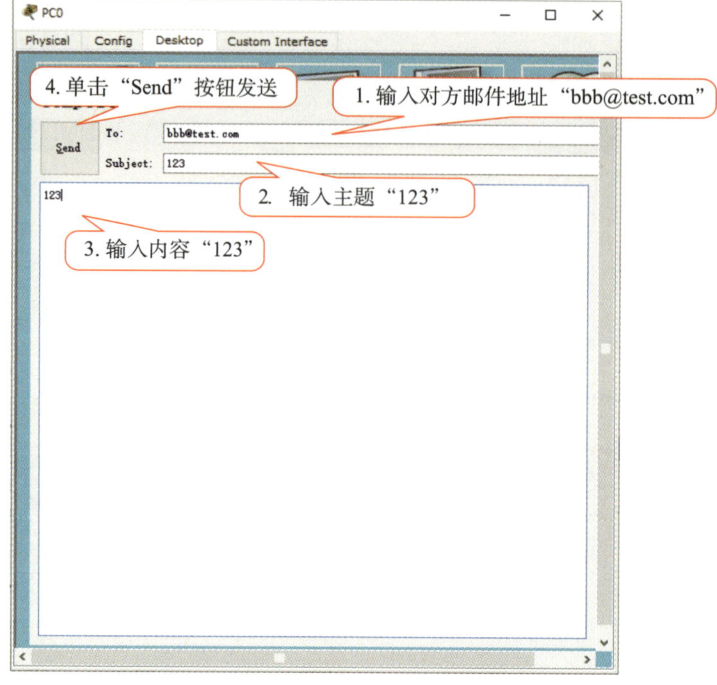

图 10-21　客户机 1 编写邮件界面

（7）邮件发送完成，如图 10-22 所示。

图 10-22　邮件发送完成界面

（8）在客户机 2 中打开 EMAIL，检查邮件是否成功接收，如图 10–23 所示。

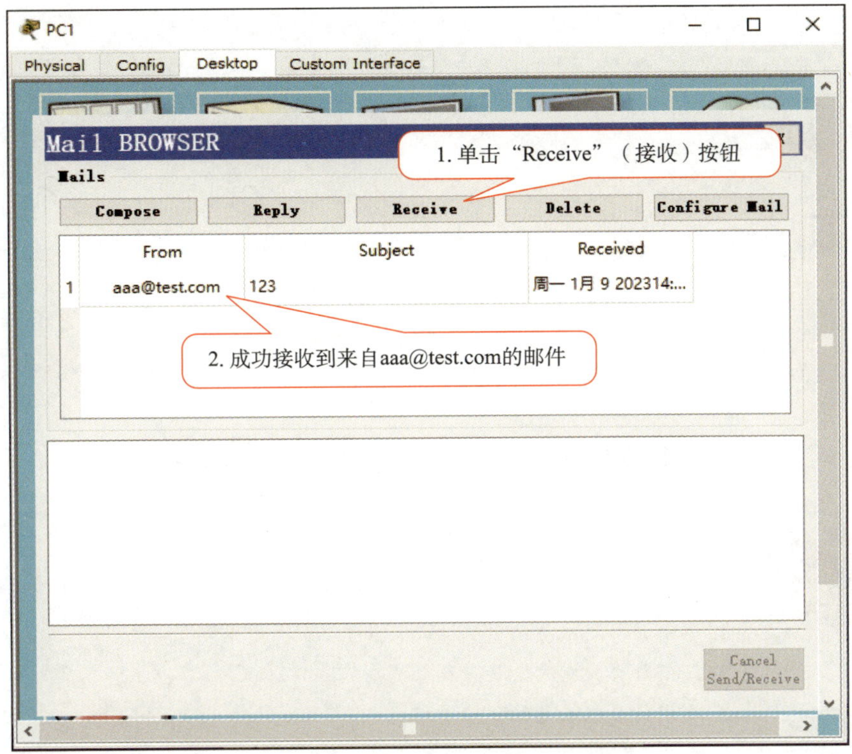

图 10–23　客户机 2 接收邮件界面

（9）PC0 与 PC1 之间的邮件发送与接收实验成功，证明邮件服务器已成功搭建。

项目十一
局域网安全

任务 1　了解计算机病毒

1. 了解计算机病毒的定义。
2. 了解计算机病毒的特点及分类。
3. 了解计算机病毒的防治手段。

在计算机和网络中存在一个任何人都不能忽略的问题，那就是病毒。由于计算机病毒的存在会导致计算机信息或计算机系统被破坏，所以绝大部分人对于病毒会“谈虎色变”。本任务将详细介绍计算机病毒的定义、特点、分类及防治手段，并完成火绒安全软件的下载和安装。

一、计算机病毒的定义

计算机病毒（computer virus）是编制者在计算机程序中插入的破坏计算机功能或者数据的一组计算机指令或程序代码，会影响计算机使用，能自我复制，一般通过网络传播或者硬件设备传播。

二、计算机病毒的特点

1. 传染性

传染性是计算机病毒的一大特征，病毒能通过 U 盘、网络等途径入侵计算机。入侵后通过网络环境感染其他计算机，从而造成大面积的网络瘫痪等事故。

2. 衍生性

因为病毒具有衍生性，所以有些病毒程序也被称为“病毒制造机”，这类病毒不但可以自我复制，还可以生产出大量的新病毒，对计算机系统及网络环境造成更严重的破坏。

3. 隐蔽性

计算机病毒往往都以隐藏文件或是程序代码的方式存在，通过一般的病毒扫描软件难以发现。计算机病毒的隐蔽性使得计算机的安全防范大多数时候都处于被动状态，造成非常严重的安全隐患。

4. 潜伏性

计算机病毒有依附于其他媒体寄生的能力，病毒入侵后往往不是马上发动攻击，而是潜伏到条件成熟才发作。

5. 破坏性

计算机病毒具有破坏性，如会破坏计算机内的数据信息、占用 CPU 资源、干扰计算机系统正常运行、攻击数据存储区、攻击各类型的文件、干扰外部设备运行等，甚至会造成大面积的计算机及网络瘫痪。

6. 可触发性

绝大多数计算机病毒的发作都需要一个激发条件，也可以称为控制条件。这个条件往往是由病毒的制造者设计的，可以是日期、时间、特定程序的运行等。

7. 主动攻击性

计算机病毒对系统的攻击行为往往是主动的，无论采取多么严密的保护措施都不可能完全消除病毒的攻击，保护措施只能是一种预防的手段。

8. 针对性

某些计算机病毒是针对特定的计算机和操作系统设计的。有些病毒是专门针对 IBM 公司的 PC 机及其兼容机的，有些病毒是专门针对 Apple 公司的 Macintosh 设备的，还有些病毒是专门针对 UNIX 操作系统的，如小球病毒就专门针对 IBM 公司的 PC 机及其兼容机上的 DOS 操作系统。

三、计算机病毒的分类

1. 蠕虫病毒及其变种

流传十分广泛、危害极大的“熊猫烧香”病毒就是蠕虫病毒的变种，这类病毒是能自动传播、自动感染硬盘和具有强大破坏能力的病毒，不但能感染系统中的 exe、com、pif、src、html、asp 等文件，还能终止大量的反病毒软件进程并删除扩展名为 gho 的文件。

2. 勒索病毒

勒索病毒主要以邮件、程序木马、网页挂马的形式传播。该病毒性质十分恶劣、危害极大，会加密用户的资料，黑客通常会向用户勒索网络货币后再给用户资料解密。

3. 脚本病毒

脚本病毒的前缀是 Script，其特性是使用脚本语言编写，通过网页界面传播。

4. 宏病毒

宏病毒是脚本病毒的其中一种，但由于宏病毒具有特殊性，因此单独分为一类。该类病毒的共有特性是能感染 Office 系列文档，通过 Office 通用模板传播。

5. 后门病毒

后门病毒的前缀是 Backdoor，其特性是通过网络传播，开启用户计算机操作系统的后门，给用户的计算机带来安全隐患。

6. 破坏性程序病毒

破坏性程序病毒的前缀是 Harm，其特性是具有好看的图标或名称，诱惑用户进行单击操作，当用户运行这类病毒时，病毒便会直接对用户的计算机产生破坏。

7. 捆绑机病毒

捆绑机病毒的前缀是 Binder，其特性是病毒编制者会使用特定的程序将病毒与一些应用程序捆绑起来（如 QQ、微信、浏览器等），这些应用程序表面上看起来是正常的文件，一旦用户运行这类应用程序，在后台则会隐藏运行捆绑机病毒，从而给用户的计算机造成危害。

四、计算机病毒的防治

对付计算机病毒最有效的方法就是日常防治，这比在计算机病毒出现之后再去扫描和清除更有效。为做好计算机病毒的防治，要养成良好的计算机使用习惯并建立有效的防范体系，学会使用反病毒软件发现计算机病毒并清除。

计算机病毒的防治手段可总结为以下几点。

1. 增强自我防范意识

防范计算机病毒最基本的要求就是用户需要保持清醒的头脑。在平时使用计算机的过程中，要时刻保持发现问题、解决问题的习惯，一旦发现某种病毒的征兆，要正确操作和处理。

2. 掌握科学的使用方法

计算机病毒主要通过文件复制、传输、执行等方式传播，传播需要途径，如果用户能避免外来信息进入计算机，或保证所有进入计算机的信息都是安全的，计算机病毒就不存在传播渠道，那么计算机就不会受到病毒感染。

3. 掌握对应的防范措施

（1）计算机操作系统要定时升级，同时启用自动升级功能。

（2）必须在官方网站或者知名的大网站下载软件以及驱动程序。

（3）安装软件前最好先使用杀毒软件对软件安装包进行病毒扫描，并仔细查看安装提示。

（4）避免浏览非法网站和安装任何网站的插件。

（5）不随便打开某些来路不明的邮件与附件程序。

（6）日常使用即时通信软件如 QQ、微信、skype 时，不随意打开对方发过来的网址，也不随便接收未知文件。

（7）养成定期备份文件并进行病毒扫描检测的习惯。

五、杀毒软件

常见的杀毒软件有 360 杀毒、百度杀毒、卡巴斯基、瑞星、金山毒霸、小红伞、诺顿、腾讯电脑管家、NOD32、火绒等。其中火绒安全软件是新一代全功能安全软件，性能卓越，在用户中享有盛誉，被认为具有以下特点：功能强大，可高效查杀已知、未知病毒和木马；体形轻巧，系统资源占用极小，工作、游戏时不卡机；干净，不弹窗、不捆绑、不劫持浏览器，并可以拦截阻止其他软件的流氓行为。本书将以火绒安全软件为例介绍杀毒软件的使用。

（1）下载火绒安全软件。使用浏览器访问火绒安全软件的官方网站 https://www.huorong.cn/，在主页中单击“个人产品”，如图 11-1 所示。

图 11-1　火绒安全软件官方网站主页

（2）根据个人需求单击“个人免费下载”按钮（选择普通版）或单击“下载完整版（含扩展工具）”按钮，如图 11–2 所示，一般情况下下载普通版即可。

图 11-2　火绒安全软件下载界面

（3）下载完成后运行安装包进行软件安装，安装时可以选择默认路径，也可以在“安装目录”选项中根据用户自身需求修改安装路径，设置完成后单击“极速安装”按钮，如图 11–3 所示。

（4）安装完成后火绒安全软件会自动运行，其软件主界面中有一个“升级”按钮，如图 11–4 所示，用于升级软件和病毒库，但是一般情况下只要计算机能访问网络，火绒安全软件就会自动更新升级，不需要用户手动操作。

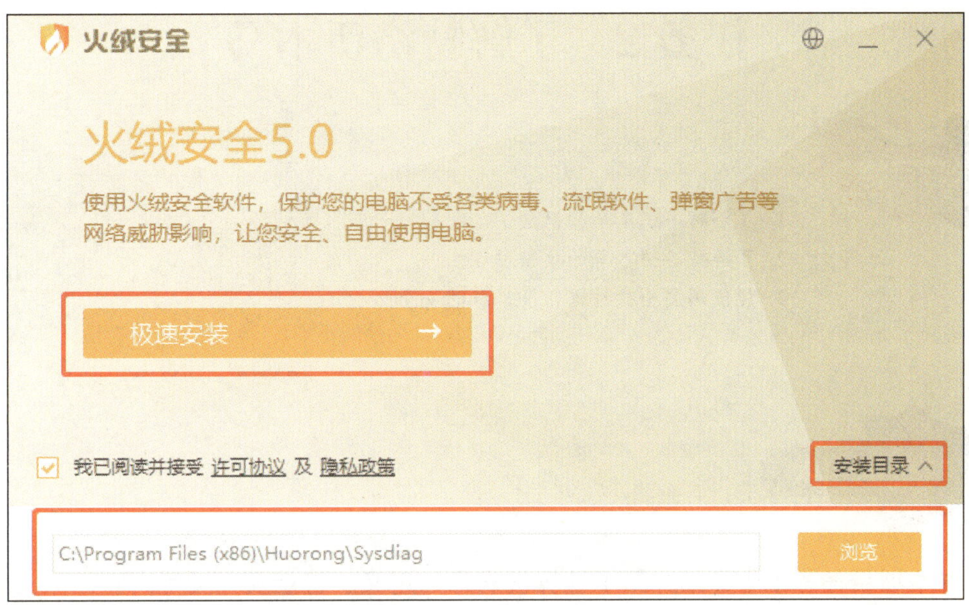

图 11-3　火绒安全软件安装界面

图 11-4　火绒安全软件主界面

用户在计算机上安装了杀毒软件，便相当于为计算机穿上了一层铠甲，可以抵御来自计算机病毒的攻击。

任务 2　了解特洛伊木马

1. 了解特洛伊木马的概念。
2. 了解特洛伊木马的攻击原理。
3. 能使用安全软件进行计算机的安全防护。

在本项目任务 1 中详细介绍了计算机病毒的定义、特点及分类等内容，但实际生活中对计算机安全威胁最大的还有一种被称为木马的程序。对于绝大部分人来说，“木马 = 病毒”或者“病毒 = 木马”的思维已经根深蒂固，但实际上木马与病毒并不完全相同，木马是一个非常特殊的存在，本任务将单独介绍木马程序，综合上一任务学习的病毒知识，使用火绒安全软件完成病毒、木马等恶意程序的查杀，并进行相关的安全防护设置。

一、木马名称的来源

木马的全称为特洛伊木马，这个名称来源于一个很多人耳熟能详的传说故事：相传在西方上古时期，古希腊国王下令出兵攻打特洛伊王国，却久攻不下。有一个谋士给古希腊国王献上了一计，让古希腊军队在战场上假装撤退，然后留下一个巨大的木马，特洛伊王国的守军眼见古希腊军队撤退，便开始庆祝胜利，并将这个巨大的木马运回城内作为战利品，可是这个木马是中空的，在夜深人静之际，隐藏在木马中的古希腊士兵便蜂拥而出，与城外的士兵里应外合攻打特洛伊王国，自此特洛伊王国沦陷。木马程序借用其名，有“一经潜入，后患无穷”之意。

二、木马的定义及原理

木马（trojan）是指控制另一台计算机的特定程序。木马通常有两个可执行程序：一个为控制端程序，另一个为被控制端程序。木马程序是目前比较流行的病毒文件，但是与一般的病毒不同，木马不会自我繁殖，一般也不会去破坏其他文件，它会将自身伪装起来吸引用户下载执行，然后向木马控制端主机开放，让控制端主机可以破坏、窃取被控制端计算机上的数据，甚至远程操控被控制端计算机。木马的产生严重危害着现代网络的运行安全。

三、木马的分类

1. 网络游戏木马

网络游戏木马通过记录用户键盘输入等方法盗取游戏账号、密码以及网络游戏中的虚拟财富。近几年来游戏代理商使用电子口令卡、手机口令卡、游戏虚拟物品锁等来防止木马的入侵。

2. 网银木马

网银木马是针对网上交易系统编写的木马，其目的是盗取用户的卡号、密码，甚至安全证书。网银木马针对性非常强，木马编制者一般先对某银行的网上交易系统进行仔细分析，然后针对安全薄弱环节编写木马程序来盗取用户卡号和密码，最终导致受害用户面临直接的经济损失。

3. 下载类木马

下载类木马程序的体积一般很小，其功能是从网络上下载其他病毒程序或安装广告软件。由于体积小，下载类木马的传播更为方便，一般情况下用户的计算机遭受入侵后会把后门的主程序下载到本机自动运行。

4. 代理类木马

用户计算机感染代理类木马后，会在本机开启 HTTP、HTTPS、SOCKS 等代理服务功能。黑客把受感染计算机作为跳板，以被感染用户的身份进行其他黑客活动，从而达到隐藏自身的目的。

5. FTP 木马

FTP 木马可以打开被控制计算机上的 21 号端口（FTP 所使用的默认端口），使任何人都可以用一个 FTP 客户端程序绕开密码验证而直接连接到被控制端计算机上，并且可以进行系统最高权限的操作，从而窃取被控制端计算机上的机密文件。

6. 通信软件木马

通信软件木马主要的目标在于获取即时通信软件的登录账号和密码，其工作原理和网络游戏木马类似。黑客在盗取他人账号后，可能对聊天记录等隐私内容进行窥视，并在各种通信软件内向其账号中的好友发送不良信息、进行广告推销等，或将盗取而来的账号卖掉以获取非法收入（最典型的就是 QQ 账号被盗）。

7. 网页单击类木马

网页单击类木马会恶意模拟用户单击广告链接等动作，使某个广告链接在极短的时间内产生数以万计的单击量。此类木马程序的编制者一般是为了非法获取高额的广告推广费用而编制木马程序。

四、病毒与木马的区别

病毒和木马有一定的相似性，其主要区别是病毒具有自传播性，能够自我复制，而木马并不具备这一功能。从技术层面来说，病毒是使用底层语言编写的概率非常高，而木马则更倾向于是使用高级语言编写的。木马的目的是非常精准地定位传播，病毒则是迅速复制自己进行广泛的传播。

下面通过一个简单的例子进行分析，假设一台计算机感染了病毒，因为计算机感染病毒后不需要人为操作，会自动进行传播感染，所以对于计算机来说，轻则影响运行速度，或出现各种各样的弹窗广告；重则文件丢失、系统崩溃，甚至造成硬件损坏。但如果计算机上的重要文件都已备份，对用户来说并不会有太多实质性的损失。木马则不一样，木马通常是人为植入计算机内并进行控制的，其目的性极强，一旦时机成熟，木马操控者就会通过操作盗取计算机上的信息，如 QQ 密码、网银密码、网络游戏装备等，使计算机用户造成巨大损失。

一、查杀病毒

（1）在火绒安全软件的主界面单击“病毒查杀”，如图 11–5 所示。

图 11–5　火绒安全软件主界面

（2）在病毒查杀主界面单击“全盘查杀”，如图 11–6 所示。

图 11-6　病毒查杀主界面

（3）全盘查杀会对引导区、系统进程、启动项、服务与驱动、系统组件等进行病毒扫描来全盘查杀各种病毒，用户只需等待扫描完成即可，如图 11–7 所示。

图 11-7　全盘查杀执行界面

二、设置防护功能

（1）在火绒安全软件的主界面单击“防护中心”，如图 11-8 所示。

图 11-8　火绒安全软件主界面

（2）火绒安全软件的防护中心具有病毒防护、系统防护、网络防护三大模块，每个模块中的功能在一般情况下会自动运行，以确保火绒安全软件对计算机的防护作用，如图 11-9、图 11-10、图 11-11 所示。

图 11-9　病毒防护

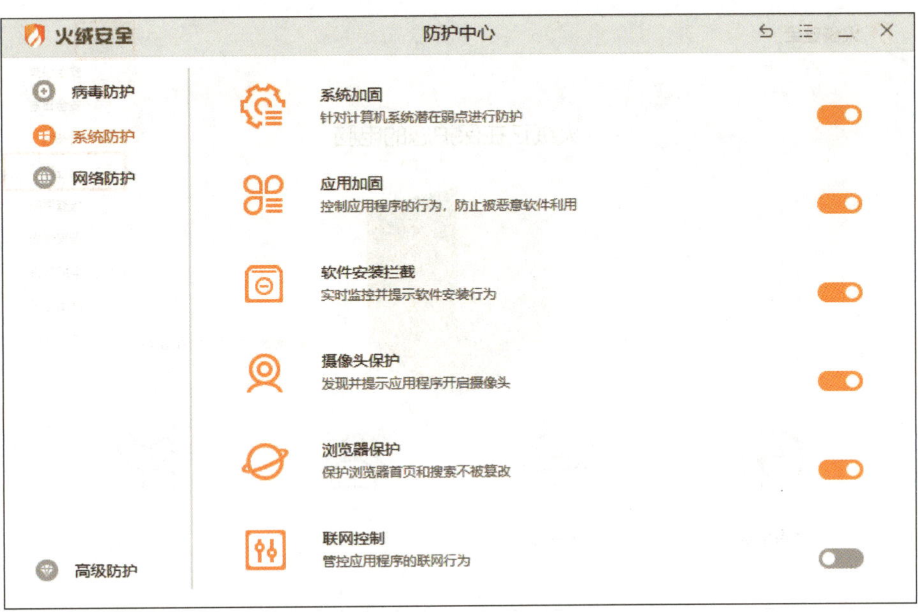

图 11-10　系统防护

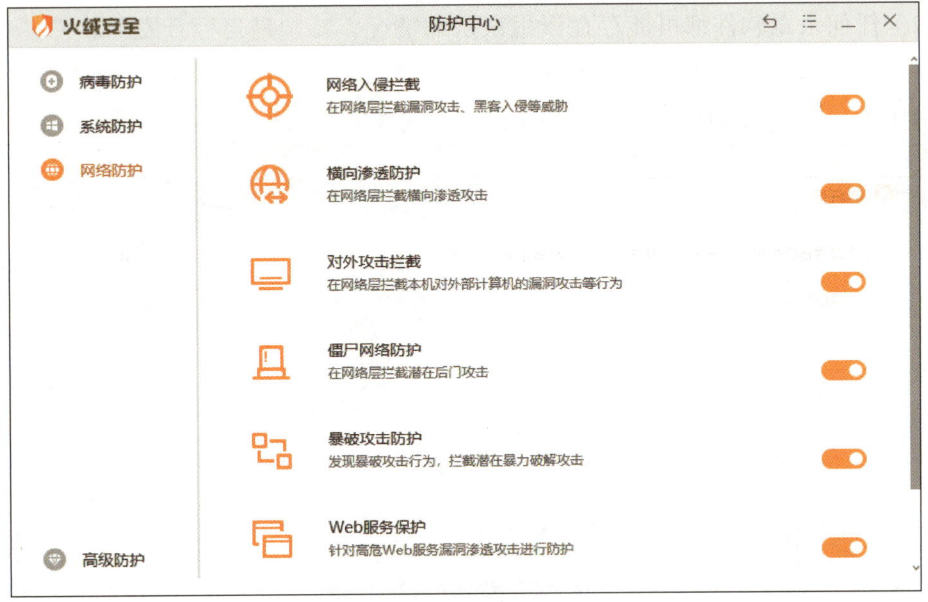

图 11-11　网络防护

三、设置信任区

（1）在火绒安全软件主界面的右上角单击“更多”按钮，选择“信任区”，如图 11-12 所示。

图 11-12 选择“信任区”

（2）任何杀毒软件都可能存在误报误杀的情况，特别是自行开发的软件更容易被误报误杀。如果用户能确认某个软件是绝对安全的，那么就可以将其文件或文件夹添加至信任区，以避免被误报误杀，如图 11-13 所示。

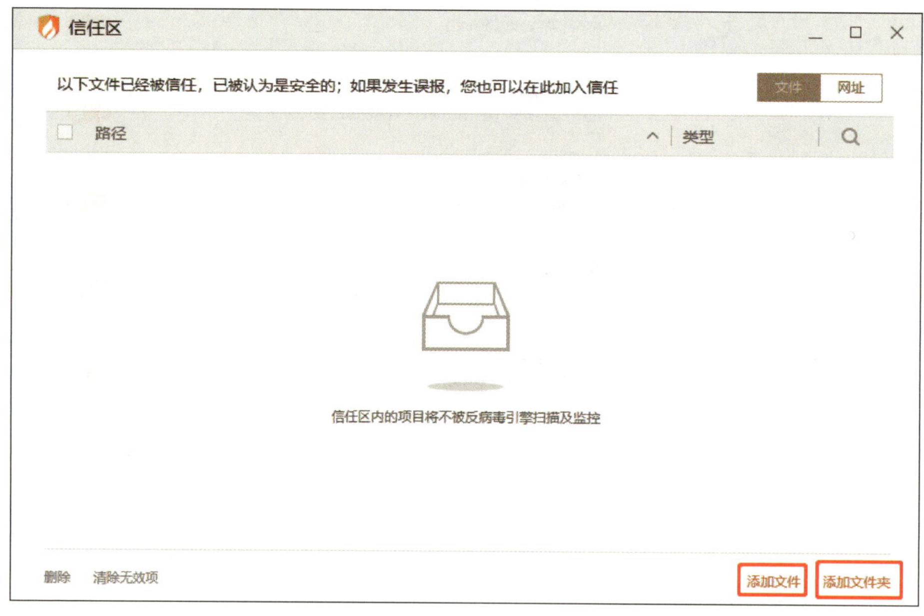

图 11-13 在信任区添加文件或文件夹界面

四、启用火绒剑

（1）在火绒安全软件主界面中单击“安全工具”，如图 11–14 所示。

图 11–14　火绒安全软件主界面

（2）在安全工具界面中的“高级工具”中单击“火绒剑”，如图 11–15 所示。

图 11–15　单击“火绒剑”

（3）利用火绒剑工具，对系统、进程、启动项、内核、钩子扫描、服务、驱动、网络、文件、注册表等进行扫描及实时监测，如图 11–16 所示。

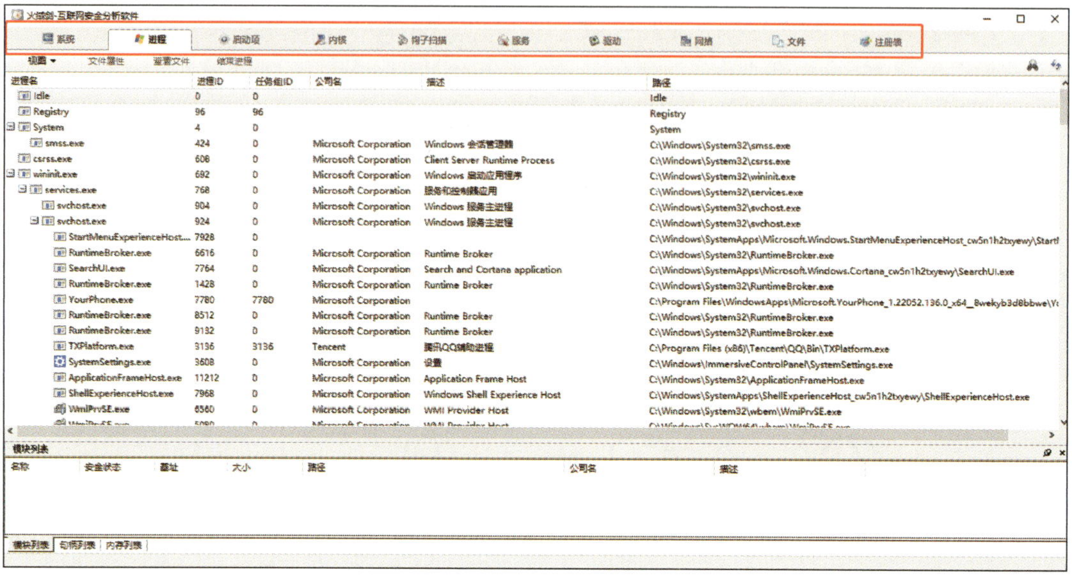

图 11–16　火绒剑工具界面

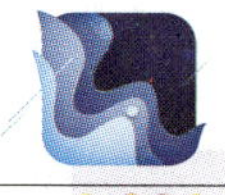

提示

钩子扫描是指程序在接收信息之前预先启动的函数，用于检查和修改传给该程序的信息。

火绒安全软件还有很多其他功能，用户可以慢慢摸索。需要牢记的是杀毒软件必须在安装后实时更新，用户既要掌握杀毒软件的使用方法，还要养成良好的使用习惯，以避免计算机遭受病毒与木马的攻击。

任务 3　配置 Windows 防火墙

1. 了解防火墙的概念。
2. 能完成 Windows 防火墙的配置。

伴随着互联网的不断发展，网络安全问题正变得越来越重要，网络运营商或大型的企业每年都会在网络安全方面投入大量的资金。防火墙就是解决网络安全问题的方案之一。对比其他网络安全技术，防火墙是一种非常成熟的技术，它能通过监测、限制等多种手段尽可能隔绝一切有可能对网络及计算机系统产生危害的因素，保护网络环境的安全。本任务将介绍防火墙的概念、特征等，并通过实验体验防火墙的使用和功能如通过配置 Windows 防火墙，禁止本机中的微信程序访问网络；通过配置 Windows 防火墙，全面禁用本机的 135、139、445 端口与 3389 端口。

一、防火墙的概念

防火墙是一种由计算机硬件和软件组成的系统，通过在互联网与局域网之间建立一个安全网关（scurity gateway），保护局域网免受非法用户的入侵，相当于互联网和局域网的隔离带。

防火墙主要依靠硬件与软件相结合的方式作用于内、外部网络环境，产生一种保护屏障，它能根据企业的安全政策，对出入网络的信息流实施监测、允许、拒绝等行为，并且防火墙自身便拥有较强的抗攻击能力。

防火墙的主要功能在于及时发现并处理计算机网络及系统运行时可能存在的安全、数据传输等问题，其中处理措施包括保护、隔离等，同时可对计算机网络及系统中各项操作的实施记录进行检测，以确保计算机网络及系统运行的安全性，保障用户资料与信息的完整性，为用户的计算机网络及系统的使用环境保驾护航。

二、防火墙的特征

（1）内部网络（如局域网）和外部网络（如互联网）之间的所有网络数据流都必须经过防火墙，这是防火墙所处网络位置的特性，同时也是必要的前提条件。因为只有当防火墙是内、外部网络之间通信的唯一通道时，它才能全面、有效地保护内部网络免受侵害。

（2）只有符合安全条件策略的数据流才可以通过防火墙。防火墙最基本的功能是确保网络流量的合法性，并在此前提下将网络流量快速地从一条链路转发到其他的链路上。

（3）防火墙自身具有非常强的抗攻击免疫力，这也是防火墙能担当内部网络安全防护重任的决定性因素。

三、防火墙的作用

1. 网络安全的重要屏障

防火墙作为控制网络大门开关的重要角色，可过滤不安全的因素，降低风险，能极大限度地提高内部网络环境的安全性，如防火墙可以禁止不安全的 TCP/IP 进出受保护网络，这种情况下身处外部网络的攻击者就不可能利用外网环境攻击内部网络。

2. 强化版的网络安全策略

通过以防火墙为中心的安全方案配置，可以将所有安全软件（如密码、身份认证、行为审计等）配置在防火墙上。相比于将网络安全问题分散到每个终端上，防火墙的集中管理更安全、更经济实惠。

3. 对网络存取和访问进行监控审计

只要所有的网络访问路径都经过防火墙，那么防火墙就可以记录下这些访问信息并生成日志文件，同时也可以将网络使用情况的数据进行统计分析。当网络环境内发生可疑操作时，防火墙会及时报警，并提供网络是否受到监测及攻击的详细信息。

4. 防止内部信息的外泄

利用防火墙对内部网络的管理功能可对内部网络存在的重点网段进行隔离，从而最大限度地控制局部重点或敏感网络安全问题对全局网络环境造成的影响。用户隐私是内部网络环境中最需要重视的问题，一个内部网络环境中不引人注意的细节就可能包含了有关安全的线索，从而引起外部攻击者的兴趣，甚至暴露内部网络的某些安全漏洞。

四、Windows 防火墙

防火墙一般分为硬件防火墙与软件防火墙两大类，虽然硬件防火墙的功能十分强大，但其价格不菲，所以小型网络中更多的是使用软件防火墙。Windows 防火墙就是微软公司的 Windows 操作系统中自带的软件防火墙。

Windows 防火墙最大的特点就是利用规则针对某个程序的运行判断是否进行限制，或者针对某一个 TCP/UDP 端口进行禁用或启用。例如，在勒索病毒泛滥的时期，几乎所有大型企业和国有单位的计算机都会被强制禁用 Windows 系统中的 135、139、445、3389 端口，其中 135、139、445 端口都是共享服务端口，局域网内进行文件共享或是打印机共享就是通过这些端口实现的，虽然禁用后不能使用共享功能存在一定的不便，但也有效地避免了局域网内一台计算机感染病毒导致其他计算机全部被感染的风险；3389 端口则是远程桌面服务端口，禁用后用户不能通过本机使用远程桌面功能访问另一台主机，其他主机也无法通过远程桌面功能访问本机，有效避免了外部设备入侵的可能性。

一、禁止微信访问网络

1. 打开 Windows Defender 防火墙

打开 Windows Defender 防火墙并进入“高级设置”，具体操作参考项目五中的任务 2。

2. 新建出站规则

在高级安全 Windows Defender 防火墙界面中新建出站规则，如图 11-17 和图 11-18 所示。

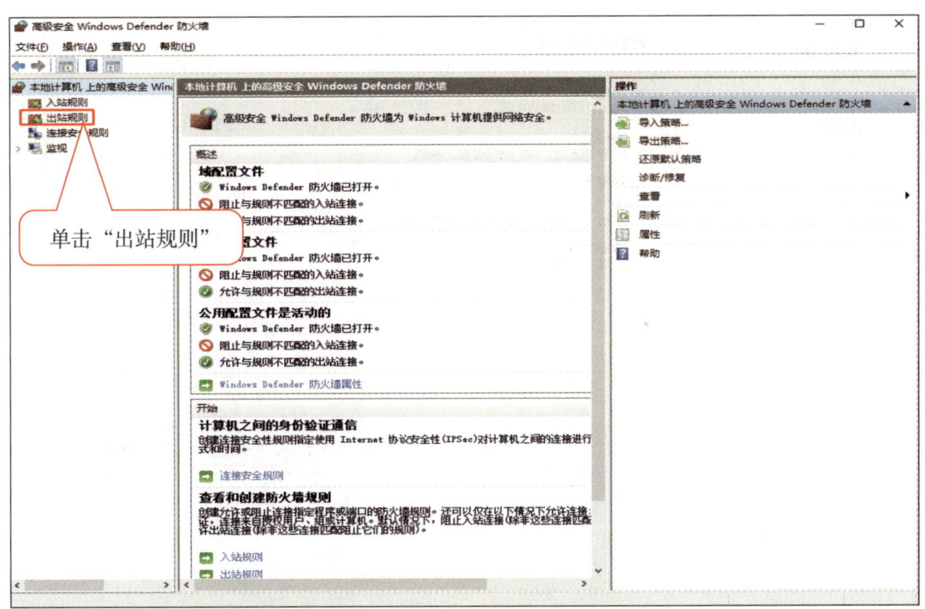

图 11-17　在高级安全 Windows Defender 防火墙界面中单击“出站规则”

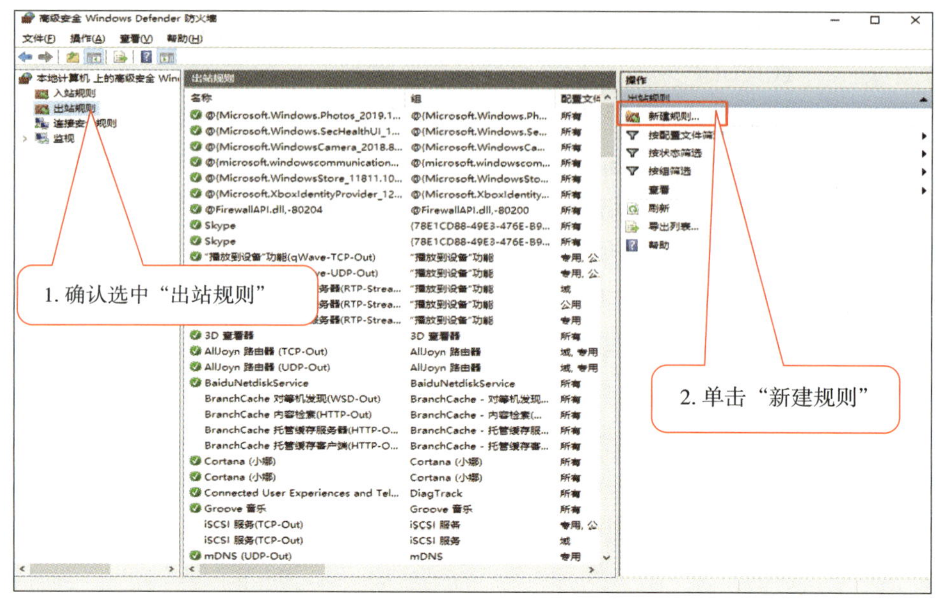

图 11-18　在出站规则界面中单击“新建规则”

3. 根据向导进行操作

根据新建出站规则向导进行规则类型选择并添加微信主程序，如图 11-19 至图 11-24 所示。

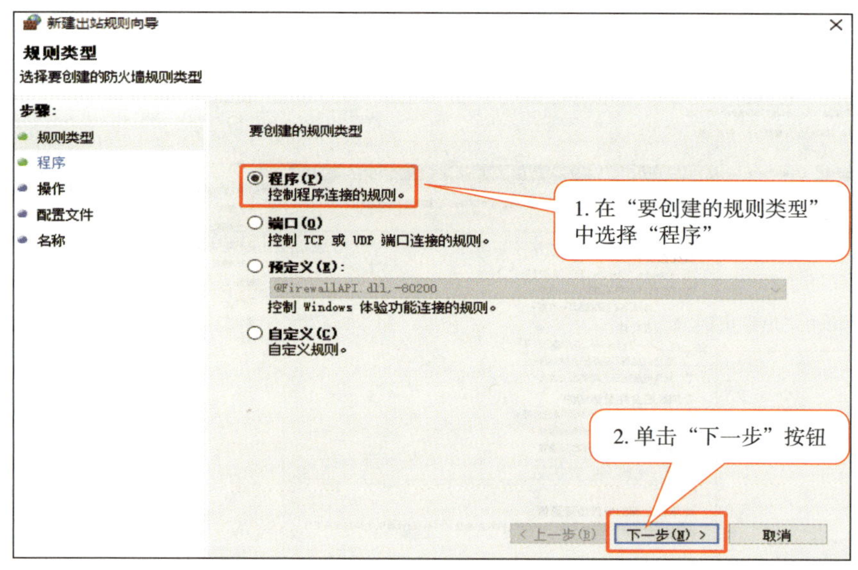

图 11-19　规则类型界面

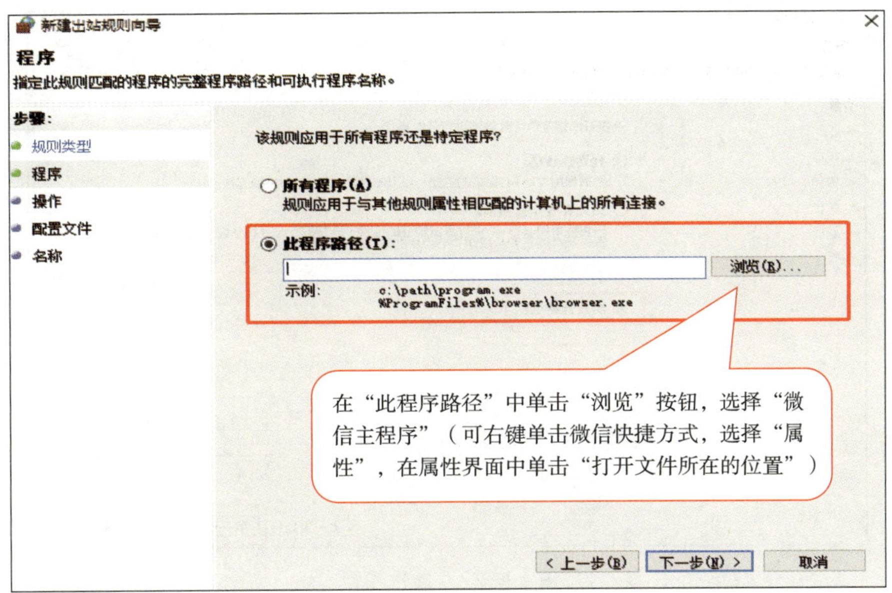

图 11-20　程序界面

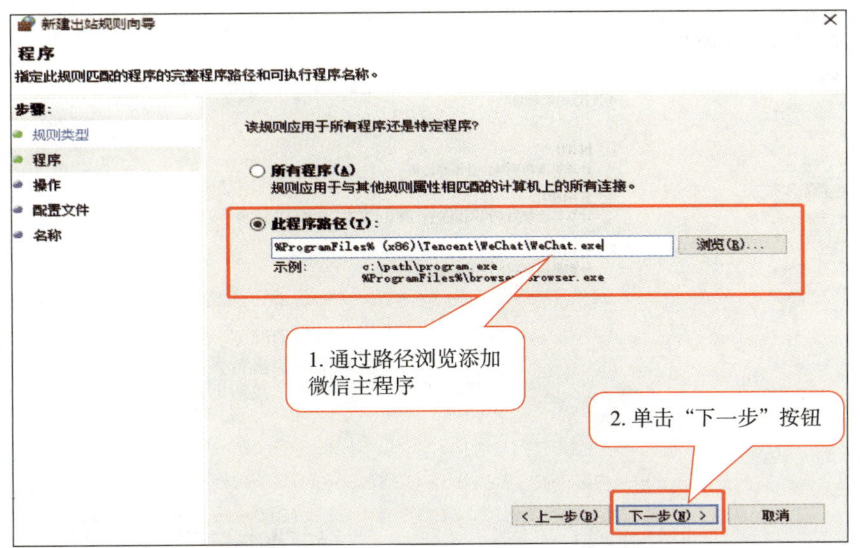

图 11-21　主程序添加完毕界面

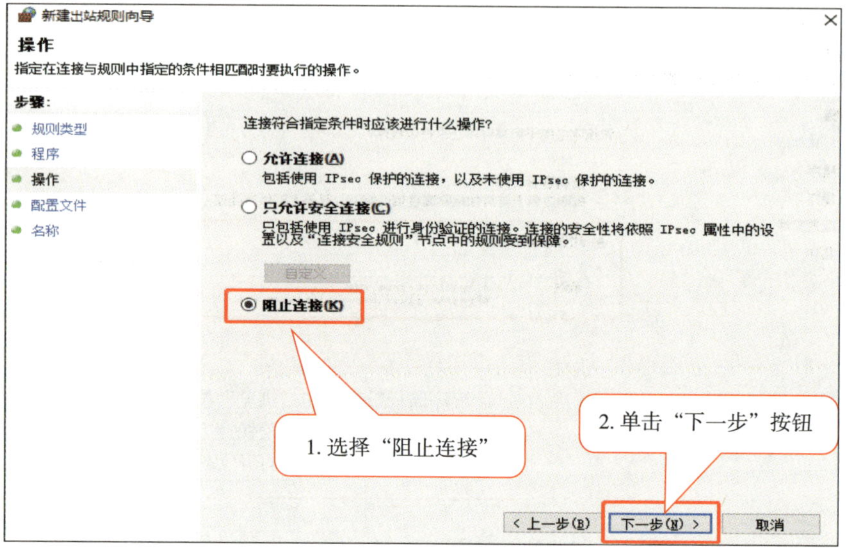

图 11-22　操作界面

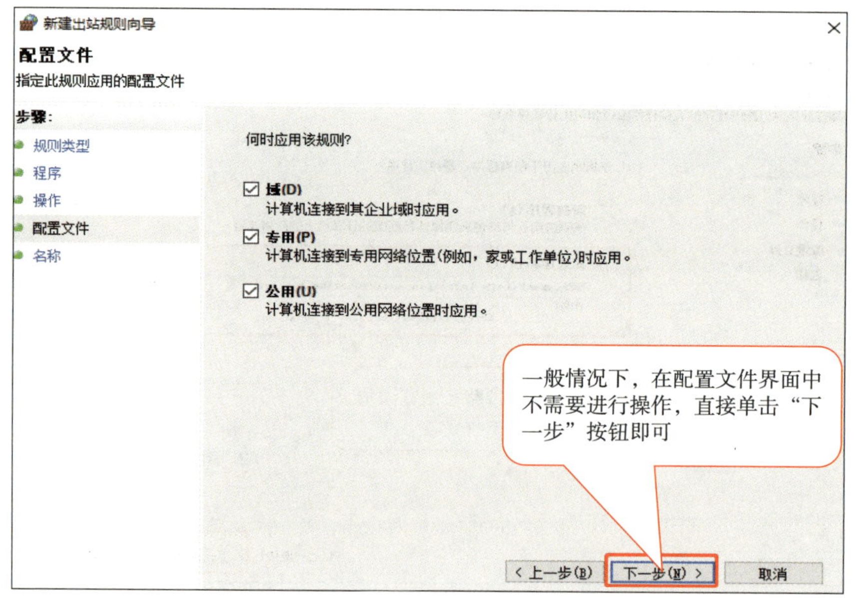

图 11-23　配置文件界面

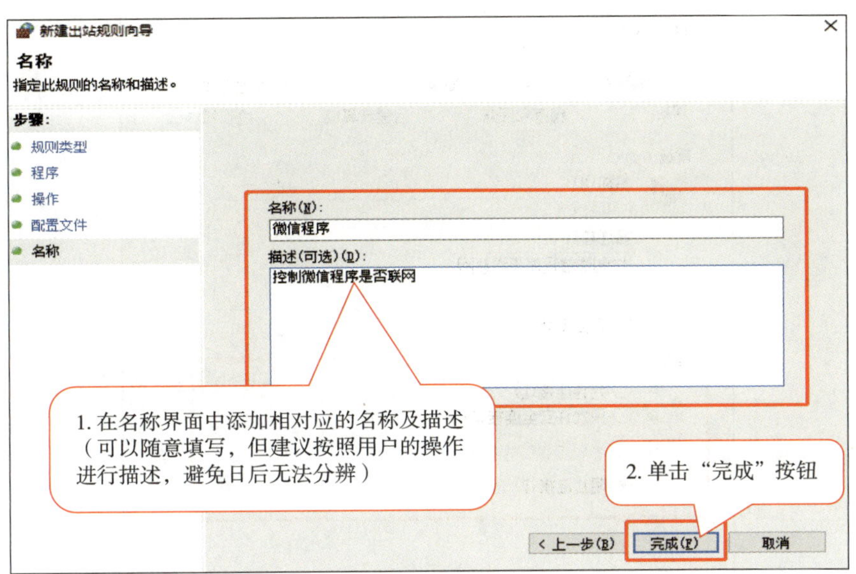

图 11-24　名称界面

4. 检测新建的规则是否生效

配置完毕，在出站规则界面中会显示刚才新建的规则，可进行规则的修改（见图 11-25、图 11-26）及测试。

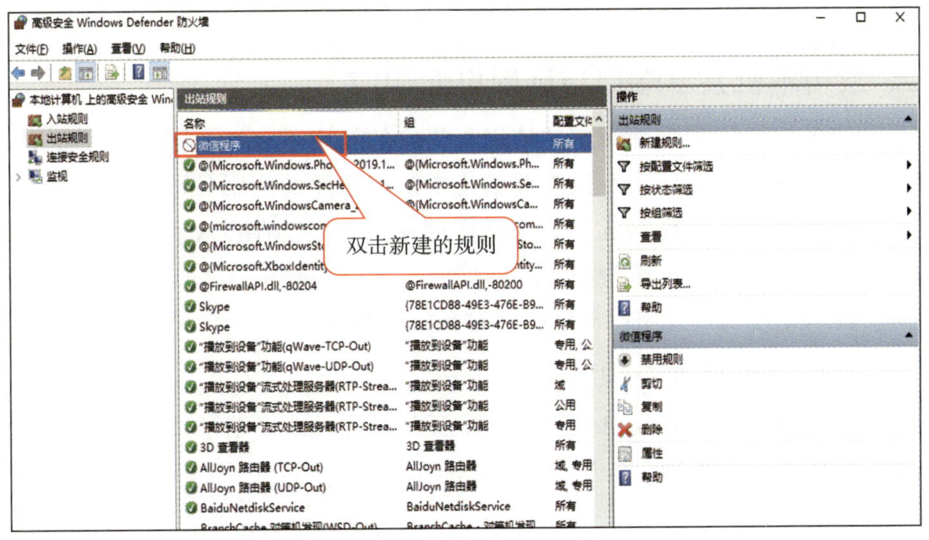

图 11-25　在出站规则界面中显示新建的规则

确认规则配置无误后，运行本机中的微信程序，若微信显示网络连接已断开，证明规则已生效，即通过规则限制微信程序访问网络的配置已成功生效。

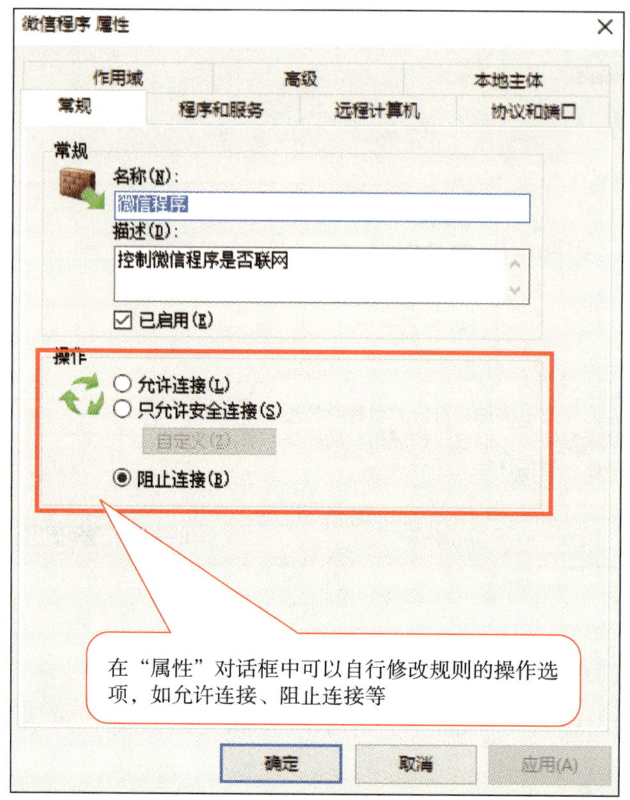

图 11-26 “属性”对话框

二、禁用本机共享端口与远程桌面端口

本机共享端口与远程桌面端口的禁用与程序的禁用不一样，因为程序使用时都是由本机向服务器发送数据请求，只需要禁止本机的程序访问服务器，就不会出现后续的使用问题，但是共享操作与远程桌面操作存在相互性，存在 A 作为共享端、B 作为访问端或 B 作为共享端、A 作为访问端的情况，所以一般情况下，对于有必要进行限制的端口会在入站规则以及出站规则中同时新建限制规则。

1. 新建入站规则并进行相应配置

在高级安全 Windows Defender 防火墙界面中新建入站规则，添加需要禁用的端口并进行相应的配置，如图 11–27 至图 11–34 所示。

2. 检测新建入站规则

规则配置完成后，使用两台计算机进行共享文件夹及远程桌面访问测试，即可检测出规则是否成功生效。

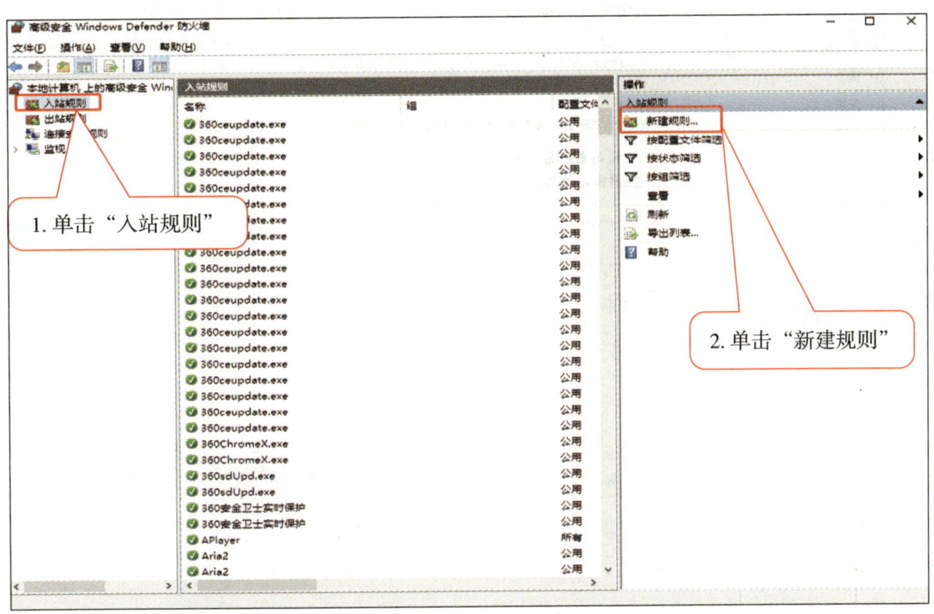

图 11-27　在高级安全 Windows Defender 防火墙中新建入站规则界面

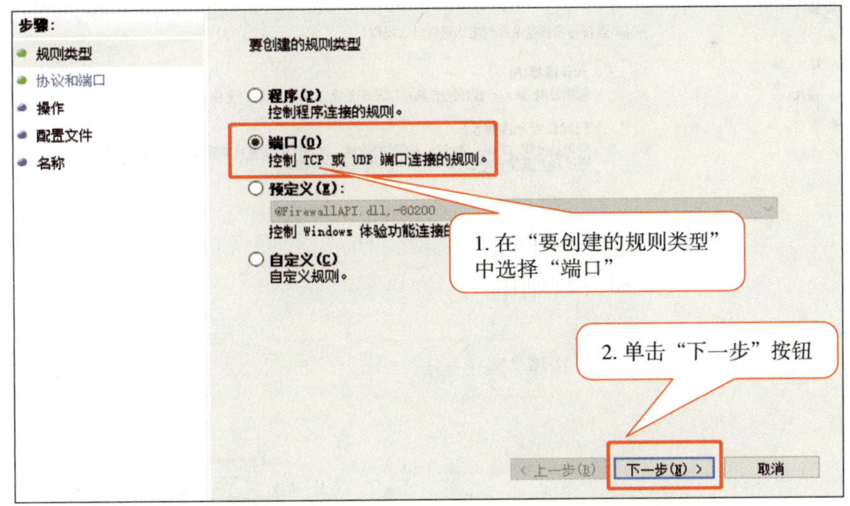

图 11-28　规则类型界面

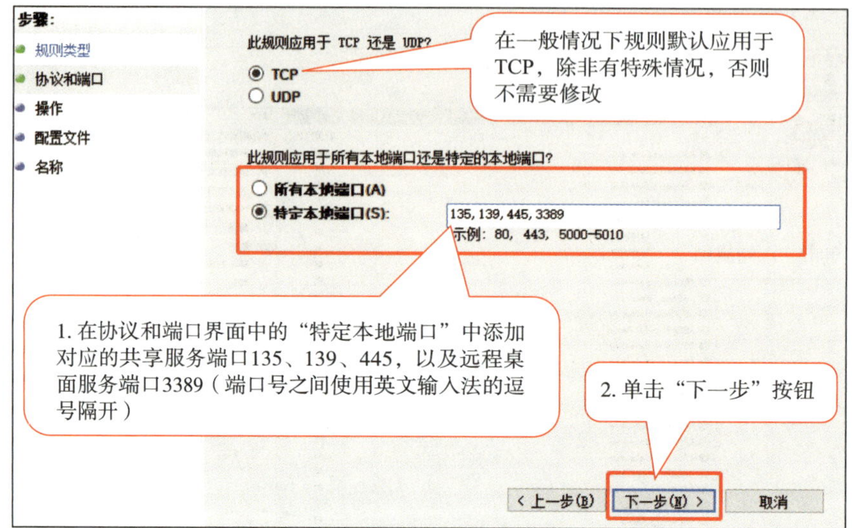

图 11-29　协议和端口界面

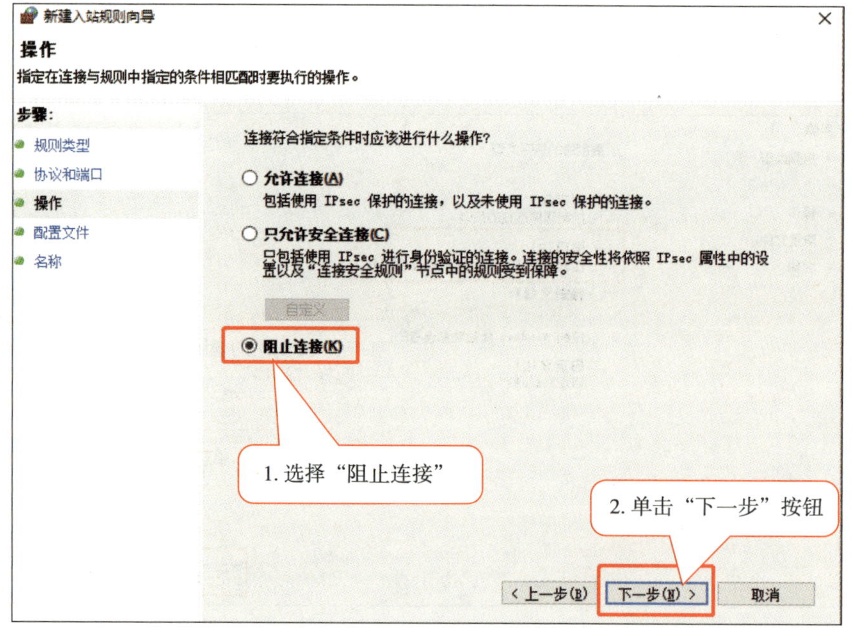

图 11-30　操作界面

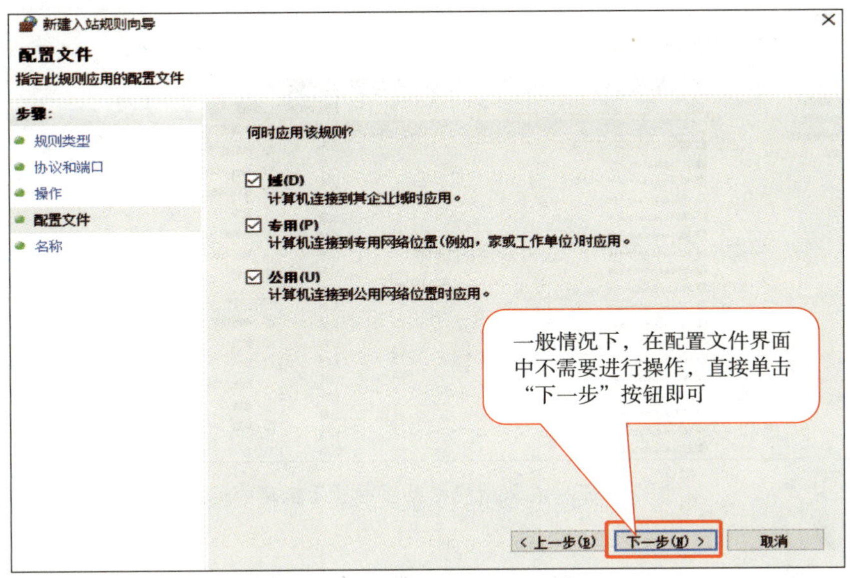

图 11-31　配置文件界面

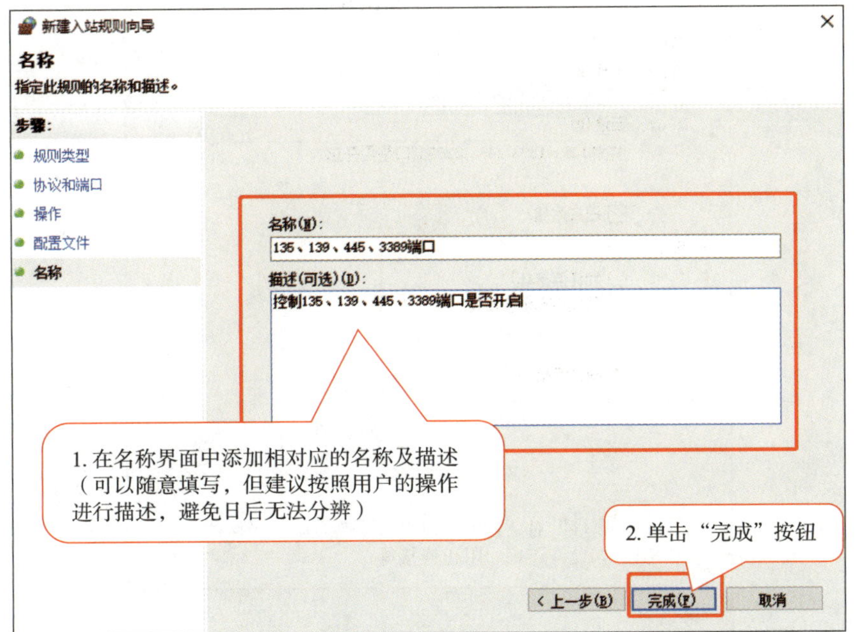

图 11-32　名称界面

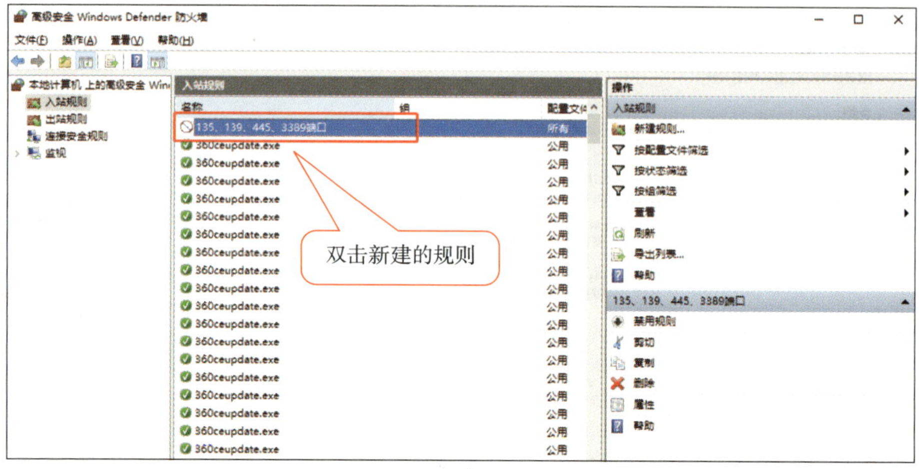

图 11-33　在入站规则界面中显示新建的规则

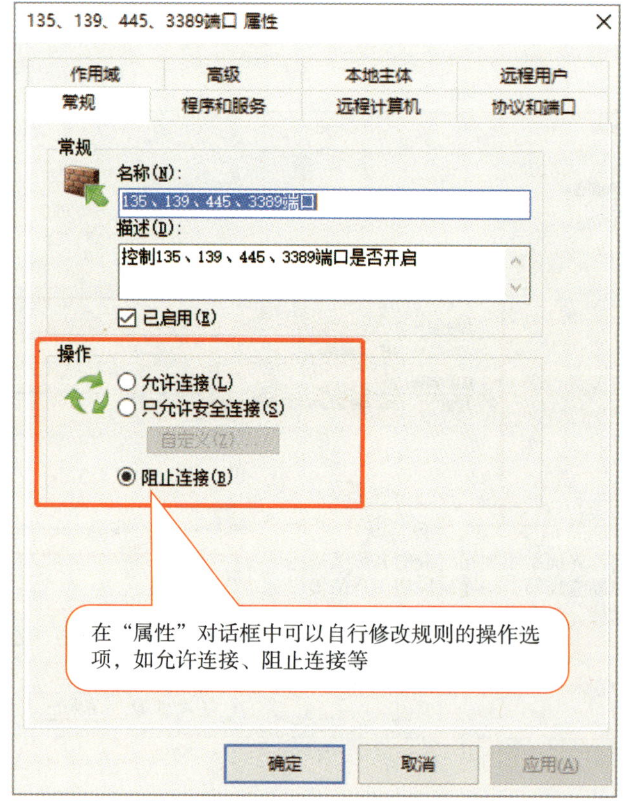

图 11-34　“属性”对话框

提示

在现实生活中，绝大多数用户很难完全不使用这些端口，如果把所有端口控制在一条规则上，就会出现要么全部端口禁用，要么全部端口启用的情况，出于安全性考虑，建议用户以一个端口一条控制规则的方式进行操作，虽然前期较为麻烦，但日后使用方便。